Susanne Orrù-Benterbusch

Dein Seelenhund zeigt dir den Weg

Ein Praxis-Leitfaden für
eine gesunde & glückliche
Mensch-Hund-Beziehung

Schirner Verlag

Die Ratschläge in diesem Buch sind sorgfältig erwogen und geprüft. Sie bieten jedoch keinen Ersatz für kompetenten medizinischen Rat. Alle Angaben in diesem Buch erfolgen daher ohne Gewährleistung oder Garantie seitens der Autorin oder des Verlages. Eine Haftung der Autorin bzw. des Verlages und seiner Beauftragten für Personen-, Sach- und Vermögensschäden ist ausgeschlossen.

Dieses Buch enthält Verweise zu Webseiten (zuletzt abgerufen am 03.05.2021), auf deren Inhalte der Verlag keinen Einfluss hat. Für diese Inhalte wird seitens des Verlags keine Gewähr übernommen. Für die Inhalte der verlinkten Seiten ist stets der jeweilige Anbieter oder Betreiber der Seiten verantwortlich.

Wir verzichten auf das Einschweißen unserer Bücher – **UNSERER UMWELT ZULIEBE!**

ISBN Printausgabe 978-3-8434-1500-2
ISBN E-Book 978-3-8434-6385-0

Susanne Orrù-Benterbusch:
Dein Seelenhund zeigt dir den Weg
Ein Praxis-Leitfaden für
eine gesunde & glückliche
Mensch-Hund-Beziehung

Umschlag: Hülya Sözer, Schirner,
unter Verwendung von # 393674770
(© Elya Vatel), www.shutterstock.com
Layout: Hülya Sözer, Schirner
Lektorat: Claudia Simon, Schirner
Printed by: Ren Medien GmbH,
Germany

www.schirner.com

Erweiterte Neuausgabe 2021 – 1. Auflage Juni 2021

Inhalt

Für Basco

Vorwort

Als ich im Herbst 2016 die Druckfreigabe für dieses Buch unterschrieb, war mir klar, dass es im Grunde niemals vollständig bzw. abgeschlossen sein würde. Jeder, der im medizinischen Bereich arbeitet und über den Tellerrand hinausblickt, weiß, dass wir auf diesem Gebiet Tag für Tag dazulernen, unseren Horizont erweitern und neue Erfahrungen sammeln. Daher haben der Schirner Verlag und ich uns für diese erweiterte Neuauflage entschieden, in der noch mehr wichtige Informationen enthalten sind, um unseren Hunden und dadurch auch uns selbst ein glückliches und gesundes Leben zu ermöglichen. Die Naturheilkunde bzw. alternative Medizin hat ein so breit gefächertes Spektrum an Behandlungsmöglichkeiten zu bieten, dass es mir ein Herzensanliegen ist, das Bewusstsein der Hundebesitzer dafür zu öffnen. Ich möchte meine Erfahrungen mit ihnen teilen und ihnen von neuen Erkenntnissen, Produkten und Methoden berichten, die heilsam und auch gesundheitspräventiv sehr empfehlenswert sind. Ein ganzheitlich bewusstes Leben in Einklang von Körper, Geist und Seele zu führen, ist der Weg zu mehr Freude, auf dem ich dich und deinen Hund begleiten möchte.

Unser Körper ist wie ein Baum. Wir entstehen aus einem Keim, wachsen heran, erblühen zu voller Schönheit, halten jedem Sturm, so gut es geht, stand, bis unsere Zeit sich dem Ende zuneigt und wir schließlich zu Erde werden, um dann irgendwann erneut zu keimen. Unser Leben gleicht einem Fluss, der sich durch die verschiedenen Jahreszeiten schlängelt. Kein Hindernis kann diesen Fluss aufhalten, sondern ihn nur dazu bringen, sich zu teilen, um später wieder zusammenzufließen.

Als mein Seelenhund Basco am 3. März 2017 in meinen Armen für immer die Augen schloss, fühlten sich die folgenden Monate an, als wäre mein Lebensfluss in einem Stausee zum Stillstand gekommen. Es gab Momente, in denen meine Sehnsucht nach ihm so groß war, dass ich es kaum aushalten konnte. Basco war mein bester Freund und der wichtigste Wegweiser in meinem Leben. Er hat mich zurück zu meiner ursprünglichen Natur geführt und mich mit bedingungsloser Liebe überschüttet. Ich weiß, dass ich ihn eines Tages wieder in die Arme schließen werde, und bis dahin werde ich mein Leben in seinem Namen dem Wohlergehen der Tiere und somit auch der Menschen widmen.

Heute fließt der Fluss meines Lebens so stark wie nie zuvor, denn ich habe gelernt, den Stürmen des Lebens standzuhalten, auch wenn ein Stück meines Herzens für immer fehlen wird. Ich bin unendlich dankbar für mein buntes, abwechslungsreiches Leben voller unterschiedlicher Erfahrungen, und ich wünsche mir, dich mit meinem Buch berühren und inspirieren zu können.

Gleich, ob es um ein Gesundheits- oder ein Verhaltensproblem geht, wir sollten uns stets im Klaren darüber sein, dass jedes Lebewesen einzigartig ist. Jeder Organismus ist ein Unikat und braucht individuelle Heilfrequenzen. Daher sind die in diesem Buch empfohlenen Mittel und Wege immer nur als Möglichkeiten zu betrachten. Was davon für deinen Hund und dich passend ist, musst du selbst oder mithilfe einer Fachperson herausfinden.

In herzlicher Verbundenheit
Susanne

Geliebter Mensch …

wo warst du denn? Ich habe so lange auf dich gewartet, aber du bist nicht gekommen. Niemand ist gekommen, um mich auch nur anzusehen. Eine unscheinbare, alte Hündin wie mich. Weder besonders schön noch so aufgeschlossen, wie es sich die Tierheimbesucher meist wünschen.

So viele Jahre habe ich auf dich gewartet. Und ich hatte nur einen einzigen Wunsch: dir zu zeigen, wie schön dein Leben ist, wenn du es durch meine Augen siehst. Ich wäre immer für dich da gewesen, in guten wie in schlechten Zeiten. In guten Zeiten wäre ich aufgeregt und schwanzwedelnd um dich herumgelaufen. In schlechten Zeiten hätte ich deine Tränen abgeleckt und meinen Kopf auf dein Bein gelegt, um dich zu trösten.

Geliebter Mensch …
ich hätte dir helfen können, ein besserer Mensch zu werden, denn ich hätte dir gezeigt, was bedingungslose Liebe ist. Diese Form der Liebe kennen nur Hunde. Menschen lieben sich ja oft noch nicht einmal selbst, und wenn sie jemand anderem Liebe geben sollen, knüpfen sie das an Bedingungen. So sind sie halt. Ich hätte dich immer geliebt. IMMER. So, wie du bist, hätte ich dich über alles geliebt … in jeder Phase deines Lebens.

Ich hätte dir gezeigt, wie einfach es ist, zu vergeben und Verständnis zu haben. Außerdem hättest du durch mich gelernt, wie gut es sich anfühlt, Verantwortung zu übernehmen. Du hättest stark werden und über dich hinauswachsen können, denn auch in mageren Zeiten hättest du es geschafft, uns beide zu versorgen.

Ich hätte dir gezeigt, wie anspruchslos ich bin. Eine alte Decke vor der Heizung in deiner kleinen Wohnung hätte mir gereicht. Ich hätte kein teures Hundebett in einem Haus mit Garten haben müssen. Deine Zuneigung hätte mich überglücklich gemacht. Das wäre mehr als genug gewesen. Ich hätte jedes Futter gefressen und gern auf teures Spielzeug verzichtet.

Geliebter Mensch …
gern hätte ich auf dich gewartet, wenn du auf der Arbeit gewesen wärst. Auch acht Stunden lang. Im Tierheim muss ich ja auch den ganzen Tag und die

ganze Nacht im Zwinger sein und warten. Auf irgendjemanden, der sich vielleicht in mich verliebt und mir ein Zuhause geben will. Endlose Stunden. Ich hätte mich so sehr gefreut, tagsüber in deiner Wohnung auf dich warten zu dürfen, und wäre vor Freude fast geplatzt, sobald ich deine Schritte im Treppenhaus gehört hätte. Deine Hände hätten meinen Kopf gestreichelt, und du hättest mir ins Ohr geflüstert: »Hallo, meine Süße! Schön, dass du da bist!«

Geliebter Mensch …
ich hätte dir so gern gezeigt, wie wunderschön die Natur ist. Ich wäre mit dir im Wald spazieren gegangen. Du hättest viele verschiedene Laub- und Nadelbäume entdeckt, die du noch nie zuvor gesehen hast. Im Herbst die vielen Pilze und im Frühling die bunten, duftenden Blüten.

Durch mich hättest du sehen können, wie faszinierend der Raureif morgens auf den Spinnenweben aussieht, die zwischen den Grashalmen im Licht der aufgehenden Sonne leuchten wie kleine Kunstwerke. Die Rehe im Wald, die Füchse, Eichhörnchen, Buntspechte und Käuze. Im Winter das Knirschen der Stiefel im Schnee und bei Regen das Geräusch, wenn man gemeinsam durch eine riesige Pfütze läuft. Mit mir hättest du erleben können, wie es sich anfühlt, bei Sonnenuntergang am Strand entlang spazieren zu gehen oder im Naturschutzgebiet die Störche beim Nisten zu beobachten. Ich hätte gern deinen Gesichtsausdruck gesehen, wenn du das erste Mal meinen Pfotenabdruck im nassen Sand gesehen hättest. Die Freude in deinem sonst so ernsten Gesicht, wenn ich glücklich durch die Brandung gelaufen wäre … und immer wieder zurück in deine Arme.

Geliebter Mensch …
du hättest ein mutigerer Mensch werden können, denn wir wären morgens um fünf im Dunkeln durch den Stadtpark gelaufen. Aber du hättest keine Angst haben müssen, denn ich wäre an deiner Seite gewesen. Dem schlafenden Obdachlosen auf der Parkbank hättest du jeden Morgen einen Becher mit Kaffee und ein Butterbrot hingestellt, und er wäre der Überzeugung gewesen, ein Engel hätte ihn besucht. Du hättest gespürt, dass es dir viel mehr Kraft gibt, dankbar zu sein für das, was du hast, als zu denken, alle anderen hätten mehr als du.

Du wärst ein gläubigerer Mensch geworden und hättest deine Angst vor dem Sterben verloren. Denn wenn ich eines Tages glücklich in deinen Armen eingeschlafen wäre, hättest du mich danach noch immer an deiner Seite gespürt und wärst dein Leben lang davon überzeugt gewesen, mich irgendwann auf der anderen Seite des Horizonts wieder in die Arme zu schließen.

Geliebter Mensch …
ich hätte dich zu einem klügeren Menschen machen können, denn durch mich hättest du begonnen, dich mit interessanten Themen auseinanderzusetzen. Den kleinen Weihnachtsbonus deines Chefs hättest du nicht für irgendwelchen Unsinn ausgegeben, sondern für sinnvolle Dinge. Für dich hättest du gute Bücher gekauft und mir ein paar Spielzeuge und ganz viele Dosen mit gesundem Futter. Jeden Abend hättest du mir einen Kong mit eingefrorenem Futter zum Auslutschen gegeben, und den ganzen Tag über hätte ich mich wie wild darauf gefreut.

Du wärst geduldiger geworden und hättest dir verträumt die Wolken am Himmel angesehen, während ich viel zu lange an einer Stelle geschnüffelt hätte. Oder du hättest eine kleine Unterhaltung mit einem Rotkehlchen geführt.

Durch mich hättest du ein glücklicherer Mensch werden können. Ich hätte dir zu mehr Selbstsicherheit und Mitgefühl verholfen. Durch mich hättest du dich nie wieder einsam gefühlt. Ich hätte dich inspirieren können, hätte jeden Tag schöne Momente in dein eintöniges Leben gezaubert und dich zum Lachen gebracht. Morgens schon hätte ich dir eine zerkaute Socke zum Tausch gegen ein Stück von deinem Käsebrot angeboten, und abends hätte ich mir eine Banane oder einen Joghurt mit dir geteilt, und wir beide hätten um die Wette gestrahlt.

Geliebter Mensch …
ich weiß, dass du schon immer einen Hund haben wolltest. Ein Welpe sollte es sein. Und ich bin dir auch nicht böse, dass du einen billigen Welpen aus dem Internet gekauft hast, der kurze Zeit später schwer krank wurde und starb. Vielleicht wusstest du es nicht besser. Eigentlich bist du ein guter Mensch.

Und ich liebe dich noch immer wie verrückt, obwohl du einige Monate später von einer dubiosen Tierschutzorganisation einen Straßenhund aus Rumänien adoptiert hast, der voller Angst war und sich in den Straßen des rumänischen Dorfes viel wohler gefühlt hat als in deiner kleinen Stadtwohnung. Schweren Herzens hast du ihn wieder zurückgegeben und willst nun keinen Hund mehr haben, weil es so wehgetan hat.

Aber warum hast du mich denn nicht genommen? ICH warte doch auf dich! Seit Jahren schon! Ich bin schon da – man muss mich nicht erst produzieren und auch nicht einfangen. ICH bin hier und warte!

Geliebter Mensch …
wo warst du denn? Über fünf Jahre habe ich auf dich gewartet. Aber du bist nicht gekommen.

Jetzt bin ich alt und müde und kann nicht mehr warten. Hier im Tierheim kann sich niemand so gut um meine Leiden kümmern, wie du es hättest tun können. Niemand hört nachts mein Winseln und nimmt mich tröstend in die Arme. Deshalb darf ich nun über die Regenbogenbrücke gehen.

Ich wünsche mir, dass ich dir in meinem nächsten Leben begegnen darf. Vielleicht werden wir dann eine wunderschöne Zeit miteinander verbringen, und du wirst all die schönen Dinge mit mir erleben, für die es nun zu spät ist. Darauf freue ich mich!

Jetzt gehe ich schlafen …
auf Wiedersehen, geliebter Mensch.

Zur Erinnerung
an Lula, Lucky
und unzählige andere Hunde
in deutschen Tierheimen,
die es nicht geschafft haben,
vor ihrem Tod ein neues
Zuhause zu finden.

Einleitung

Dieser Abschiedsbrief, den ich im Dezember 2015 unter Tränen verfasst habe, um meine Trauer über den Tod von Tierheimhündin Lula zu verarbeiten, sagt eigentlich alles darüber aus, was ein Hund für den Menschen sein kann – wenn man ihn lässt und das Leben mit ihm bewusst wahrnimmt. Ein Weggefährte, ein Freund, ein Statussymbol oder ein Kindersatz? Wenn wir einen Hund in unserem Leben willkommen heißen, dann ist er weitaus mehr als das: unser Seelenhund.

Wenn wir bereit sind, uns auf das Abenteuer einzulassen, wenn wir alte Muster loslassen, unseren Weg in dieser Welt finden und nicht mehr an Zufälle glauben wollen, können wir mithilfe unseres Seelenhundes stärkere und glücklichere Menschen werden. Einen Hund an seiner Seite zu haben, ist nicht einfach nur schön, sondern bringt ein unbeschreibliches Gefühl der Verbundenheit und des Geliebtwerdens mit sich.

Schon in vergangenen Zeiten haben berühmte Menschen Gedichte über Hunde geschrieben. In einem davon steht, dass der Hund ein Engel sei, den uns Gott an die Seite gestellt habe, um unser Leben zu verschönern. Ob man das ebenso sehen will, kann jeder für sich selbst entscheiden, aber eines ist sicher: Ein Hund hat eine einzigartige Fähigkeit, um die wir Menschen ihn beneiden können: Er liebt bedingungslos.

In einer Welt, in der Erwartungen erfüllt werden müssen, in der alles, was man tut und sagt, bewertet wird, bringt ein Hund dein Herz zum Schmelzen, wenn er dich anschaut und du seine Botschaft im Herzen spürst: »Ich liebe dich so, wie du bist, auch wenn du Fehler machst. Und ich freue mich so sehr, dass du da bist!« Es ist diese unerschütterliche Liebe, die uns am Hund so fasziniert und uns in unserem oft anstrengenden Alltag so viel Kraft gibt. Der Hund – unser Seelentröster. Durch ihn finden wir zurück zur Natur und dadurch zu uns selbst und erkennen, was im Leben wirklich wichtig ist. Er fordert uns heraus und will, dass wir wachsen – emotional, mental und spirituell. Er ist ein Meilenstein in unserem göttlichen Plan, ein Fels in der Brandung, unsere fellbewachsene Intuition. Der Hund spiegelt unser Verhalten und unsere Gefühle wider und sorgt für unzählige wunderschöne Momente in unserem Leben. Er bringt uns zum Lachen, zum Weinen und zum Nachdenken. Mit ihm sind wir seelisch verbunden, und mit ihm an unserer Seite können wir viel über uns selbst lernen. Wenn du dich darauf einlässt und versuchst, deinen Hund zu verstehen, wirst du erkennen, dass er dein Wegweiser für ein erfülltes Leben in Freude und Gesundheit sein kann.

Ich habe mich in diesem Buch für die Du-Form entschieden, denn ich möchte dein Herz und deine Seele berühren und dadurch vielleicht etwas in deiner Denkweise verändern. Nichts soll zwischen dir und dem Geschriebenen stehen. Ich möchte nicht wie eine Lehrerin, sondern wie eine Freundin zu dir sprechen und wünsche mir, dass dir dieses Buch ein inspirierendes Werkzeug für das gemeinsame Leben mit deinem Seelenhund sein wird.

Je nachdem, was der Hund für den Menschen darstellt, gibt es unterschiedliche Wege, wie er zum Menschen gelangt. Manche brauchen einen Wachhund, andere einen Jagdhund. Nicht selten muss ein Hund als Spielzeug für Kinder herhalten und damit eine Aufgabe erfüllen, der er je nach Rasse und Erziehung oftmals nicht gerecht werden kann, wodurch er im Tierheim landet. Glücklicherweise steht bei einem Großteil der Hundebesitzer die Mensch-Hund-Beziehung im Vordergrund, und der Anschaffung des Hundes ging eine Kopfentscheidung voraus und lag ein Herzenswunsch zugrunde, den viele Menschen nicht in Worte fassen können.

Bei mir war es ganz anders. Ich musste 34 Jahre alt werden, um als ehrenamtliche Ausführerin im Tierheim erstmalig in meinem Leben einen Hund an der Leine zu führen. Ein Jahr später sah ich ihn zum ersten Mal: Basco – verstört, nervös, gestresst, panisch. Ein schwarzer Belgischer Schäferhund, der mit einem Maulkorb versehen von Frauchen mit Kind abgegeben worden war. Bei ihm waren in der Erziehung grobe Fehler gemacht worden. Darüber, auf welche Weise sein Fehlverhalten vom Familienvater gerügt worden war, lassen sich nur Vermutungen anstellen. Nicht weniger

nervös war ich zu dieser Zeit – frisch getrennt von meinem damaligen Lebensgefährten und mit der Aussicht auf einen baldigen Umzug in eine andere Wohnung, die dem Freigängerbedürfnis meines Katers gerecht werden musste. Damals, im Sommer 2006, fühlte ich mich ausgelaugt, ähnlich verstört wie Basco, unfähig und hilflos. Ich verbrachte sechs Tage in der Woche von morgens bis abends in meinem Geschäft. Nicht einen Gedanken verschwendete ich daran, Basco mitzunehmen, da mir meine Lebenssituation bereits schwierig genug erschien. Und dann noch ein verhaltensgestörter Malinois als Ersthund? Völlig unmöglich!

Meine erste Lektion hieß demnach: Du schaffst das! Du bist stärker, als du denkst!

Basco wurde schwer krank, gab sich selbst auf und war nach drei Monaten nur noch ein Schatten seiner selbst. Außerdem war er schwierig im Umgang, bekam während der Spaziergänge regelrechte Panikattacken, die sich dadurch äußerten, dass er an der Leine zerrte, und hatte somit sehr schlechte Vermittlungschancen. Also tat ich das, was ich Menschen nur raten kann, die bereit sind, ihr Herz zu öffnen, Verantwortung zu übernehmen und alles, was passiert, als Teil des Weges willkommen zu heißen: Ich nahm ihn mit. Und mein Leben veränderte sich – inklusive der muskulären Beschaffenheit meiner Arme und Oberschenkel, der Länge der Zeitfenster für das Herumliegen auf dem Sofa nach Feierabend und meiner Autorücksitze, die dem Gebiss eines Junghundes während einer Panikattacke weitaus kürzer standhielten, als ich es mir jemals hätte vorstellen können.

Da war er nun an meiner Seite, mein Seelenhund, und füllte eine Stelle in meinem Herzen aus, von der ich nicht gewusst hatte, dass sie überhaupt existierte. Und obwohl es nicht immer leicht war, habe ich meine Entscheidung nicht einen einzigen Augenblick bereut.

Dass man sich nicht nur mit Tieren verbunden fühlt, wenn man mit Haustieren aufgewachsen ist, beweist mein Vater, der sich in den 1940er-Jahren als Kind in seinem Heimatdorf auf Sardinien mit einem Straßenhund um ein Stück Brot geprügelt hat. Jahrelang ging er mit den Hunden meiner Schwester spazieren und litt furchtbar, wenn unsere Deutsche Schäferhündin Chelly ihn anhimmelte, während er ein Stück Käse aß. »Das tut mir richtig im Herzen weh. Darf ich ihr denn nichts geben?« – »Aber natürlich darfst du.«

Wir können uns jeden Tag neu dafür entscheiden, unser Herz zu öffnen und die Zeichen des Universums zu erkennen. Dein Hund hilft dir dabei, Ja zu Liebe und Dankbarkeit zu sagen, schlechte Gewohnheiten abzulegen und negative Glaubenssätze zu verändern. Vielleicht ist er wirklich ein Geschenk des Himmels, denn er liebt dich – in jeder Sekunde und solange er lebt.

Grobstoffliches

Nahrung und Heilung für den Körper

»Vollwertige, gesunde Nahrung wird deine Zellen zum Leuchten bringen.«

Ernährung

Natürlich gehört die Ernährung in den Teil des Buches, in dem es um Grobstoffliches geht. Schauen wir einmal genauer hin, dann erkennen wir, dass es bei diesem Thema nicht nur um Genuss und Gesundheit geht, sondern darüber hinaus auch um Verhaltensmuster, Gewohnheiten, Eigenverantwortung, Respekt, Geld, Prioritäten, Politik und letztendlich um das größte und wichtigste Thema, das die Menschheit heute betrifft: Selbstliebe.

Ja, eine gesunde Ernährung hat sehr viel mit Selbstliebe zu tun. Wenn wir unserem Körper gute, wertvolle Lebensmittel zuführen, ist das ein Akt der Selbstachtung. Wir sind dankbar für unsere Gesundheit und wollen energiegeladen unsere Lebensaufgaben erfüllen. Dafür nehmen wir es gern in Kauf, weniger Geld für Urlaub und Luxusartikel zur Verfügung zu haben.

Ein täglicher und dauerhafter Konsum von Fertiggerichten, Billigfleisch und toter Nahrung ist ein wenig so wie ein langsamer Suizid. Der Mensch achtet weder sich selbst noch seine Umwelt oder das Wohl der Tiere. Er wird gleichgültig, mutlos, seine Zellen sind unterversorgt, und die Herausforderungen des Lebens überfordern ihn schnell. Das Chaos in seinem Leben spiegelt sich schnell im Zustand seines Hundes und nicht zuletzt im Zustand der ganzen Welt wider.

Wenn wir einen Hund in unserem Leben willkommen heißen, sollten wir unsere Lebensgewohnheiten nicht von denen des Hundes trennen. Wir können nicht vollwertige, frische Nahrung für uns selbst zubereiten und dem Hund Trockenfutter aus dem Discounter füttern. Sollten wir das als normal und richtig empfinden, dürfen wir uns einmal selbst fragen, ob nicht vielleicht noch das »Es ist ja nur ein Hund« der Großeltern in unserem Hinterkopf herumspukt. Wenn du ehrlich zu dir selbst bist, so ist dieser Ausspruch nicht mehr zeitgemäß und sollte direkt aus deinem Sprachgebrauch verbannt werden. Nichts ist einfach nur!

> Jedes Lebewesen ist ein Teil der göttlichen Schöpfung
> und verdient unseren Respekt.

Aus der Sicht des Hundes ist es aber auch nicht akzeptabel, wenn er selbst gut ernährt wird, während sein Mensch Raubbau am eigenen Körper betreibt. Minderwertiges Essen, schlechte Gewohnheiten, wenig Lebenskraft – ein Teufelskreis. Nimm deinen Seelenhund zum Anlass, dein bisheriges Leben Revue passieren zu lassen und bei Bedarf den Reset-Knopf zu drücken.

Gemäß Hippokrates sollte die Nahrung deine Medizin sein. Ist das bei dir so? Was denkst du über Ernährung, und wo kaufst du deine Lebensmittel? Achtest du auf Qualität?

Wenn ein Hund ins Haus kommt, machen sich manche Menschen erstmalig Gedanken über ihre Ernährungsgewohnheiten. Nicht alles Essbare ist wirklich ein »Lebensmittel«. Vieles sättigt uns und lässt uns überleben, aber dauerhaft gut und energiegeladen leben kann man damit nicht. Gesund, wirklich lebendig und belastbar fühlen sich viele Menschen schon lange nicht mehr. Zivilisationskrankheiten, Allergien und psychische Störungen sind bei Mensch und Hund an der Tagesordnung. Viele Produkte im Supermarktregal und im Tierfutterhandel sind reine Kunstprodukte, hocherhitzt und konserviert. Sie sind weder reich an natürlichen Vitaminen und Mineralstoffen noch an Licht und guten Schwingungen. Sie sind tot und machen uns und unsere Umwelt krank.

Übernimm hier und jetzt die Verantwortung für dich und deinen Hund, und sage: »Stopp! Ich will das nicht mehr. Ab sofort werde ich es anders machen.«

Der Verdauungstrakt des Hundes ist kürzer als der des Menschen und daher für Beutetiere, also Fleisch besser geeignet. Die Lebensmittel auf den Speiseplänen von Mensch und Hund sollten daher nicht identisch sein, jedoch immer von guter Qualität.

Den Wunsch, einen Fleisch- bzw. Allesfresser vegan ernähren zu wollen, kann ich nicht nachvollziehen. Es käme doch auch niemand auf die Idee, einem Pferd ein Steak zu braten oder einem Löwen im Zoo Reis mit Bohnen zu servieren, oder? Vielmehr sollten wir uns mit aller Kraft für eine artgerechte Tierhaltung und eine ökologische Landwirtschaft einsetzen. Wir sollten die Natur schützen und respektieren. Dazu gehören auch die natürlichen Ernährungsgewohnheiten eines Tieres. Ich selbst lebe seit Jahrzehnten vegetarisch. Doch ich könnte es nicht ertragen, meinem Hund meine persönlichen Essgewohnheiten aufzuzwingen, weil ich Massentierhaltung, TTIP und die Abholzung der Regenwälder nicht unterstützen will. Wo wollen wir die Grenze ziehen? Auch für konventionelle Sojabohnenprodukte und Palmöl werden Wälder und damit ganze Tiergattungen vernichtet. Wir können durch unseren Hund endlich wieder bewusst wahrnehmen, was in unserem Land und in der ganzen Welt falsch läuft, und uns leidenschaftlich für ethisches Verhalten und Tierschutz einsetzen.

Während die Zahl der vegetarisch oder vegan lebenden Menschen in Deutschland stetig zunimmt, steigt parallel dazu der Konsum von Billigfleisch aus der Massentierhaltung. Fast Food und konservierte Fertigprodukte tun ihr Übriges, um die körperliche Gesundheit negativ zu beeinflussen. Viele junge Veganer, die aus Tierliebe auf tierische Produkte verzichten, sich aber nicht mit dem Nährstoffbedarf ihres Körpers beschäftigen, können aufgrund von Calcium- und Vitamin-B-Mangel ebenfalls ernsthaft erkranken. Insbesondere die Muskeln, also auch das Herz, benötigen Calcium, und die B-Vitamine sind unerlässlich für starke Nerven. Parallel zu diesen Ernährungsdefiziten steigt ständig der Druck im Beruf, es gibt immer mehr Impfempfehlungen, und man kann von einer regelrechten Entfremdung von der Natur sprechen.

Es ist nicht zu übersehen: Die Menschen verlieren den Bezug zur Natur und zu ihren Lebensmitteln. Zwar empfinden viele beim Anblick toter Tiere Ekel, doch in Leberwurst verarbeitet ist die Rinderzunge auf einmal schmackhaft. Viele Kinder wissen gar nicht, wie die Salami in den Kühlschrank kommt, oder kennen nicht den Unterschied zwischen einem Brokkoli und einem Blumenkohl. Wir allein können das ändern, indem wir es anderen entsprechend vorleben!

Die meisten Menschen werden es sich nicht leisten können, ihren Hund mit Biofleisch zu füttern. Dennoch sollte es uns allen wichtig sein, wie die Tiere gelebt haben, die für das

Futter unserer Hunde verarbeitet wurden. Viele Hersteller von hochwertigem Hundefutter verwenden z. B. das Fleisch von Weiderindern, was eine gute Alternative zu Tieren aus biozertifizierter Haltung darstellt.

> Wir können nicht das Unrecht an den Schlachttieren mit dem Unrecht einer nicht artgerechten Fütterung unserer Hunde ausgleichen. Doch wir können versuchen, Dinge positiv zu verändern.

Wie funktioniert der Stoffwechsel – was passiert in den Zellen?

Die Zelle ist die kleinste selbstständige Funktionseinheit eines Organismus mit allen Kennzeichen des Lebens: Stoffwechsel, Wachstum und Entwicklung, Fortpflanzung, Reizbarkeit und Regulation, Bewegungsfähigkeit, Zelltod. Einfacher gesagt: Gutes muss in die Zelle hinein, um in Energie umgewandelt zu werden, und Verbrauchtes muss aus der Zelle heraus, um ausgeschieden werden zu können.

Zellmembran: Sie schützt die Zelle und kontrolliert, welche Stoffe in die Zelle gelangen und welche sie wieder verlassen. Zudem erfüllt sie spezifische Transportaufgaben wie das Ein- und Ausschleusen bestimmter Stoffe gegen Konzentrationsgefälle.

Mitochondrien – Kraftwerke der Zelle: In den Mitochondrien findet der Zitronensäurezyklus statt. Das ist ein Kreislauf biochemischer Reaktionen, der u. a. der Energiegewinnung dient. Gut funktionierende Mitochondrien sind also die Voraussetzung für Leistungsvermögen und Belastbarkeit. Ihre Hauptaufgabe ist es, die in organischen Molekülen gebundenen Nährstoffe in eine Energieform (Adenosintriphosphat, kurz: ATP) umzuwandeln, die die Zelle für Prozesse wie Synthesen, Bewegungsvorgänge oder aktive Transportleistungen verwerten kann.

Was sollte in Nahrung enthalten sein?

Enzyme

Enzyme sind meist Proteine, die dem Organismus bei chemischen Prozessen als Katalysatoren dienen und die Vorgänge in den Zellen regulieren. Einige Enzyme müssen durch die Nahrung aufgenommen werden, andere werden vom Körper selbst gebildet, z. B. Verdauungsenzyme in der Bauchspeicheldrüse. Bei einem Enzymmangel oder einer Pankreasinsuffizienz kann die Nahrung vom Dünndarm aufgrund fehlender Verdauungsenzyme nicht gut verwertet werden, und der Hund verliert trotz normaler Futteraufnahme an Gewicht.

Antioxidantien

Freie Radikale sind sauerstoffhaltige Moleküle, die durch Stoffwechselprozesse im Körper entstehen, welche durch Umwelteinflüsse, minderwertige Ernährung und Noxen begünstigt werden. Sie sind instabil und unvollständig, weil ihnen ein Elektron fehlt. Also entreißen sie dem nächstbesten intakten Molekül ein passendes Elektron. Das können Moleküle der DNA oder Zellmembran sein. Diesen den Körper belastenden Vorgang nennt man Oxidation. Oftmals sind die freien Radikale an der Entstehung von Krebs beteiligt, da sie die Erbinformation im Zellkern schädigen. Daher ist es wichtig, dem Körper Antioxidantien, v. a. Vitamin C, Vitamin E, Selen, Zink und Coenzym Q10, zuzuführen, denn diese fangen die freien Radikale ab und machen sie unschädlich.

Zu den bekanntesten Antioxidantien zählt die Gruppe der Polyphenyle. Von unseren heimischen Früchten haben Heidelbeere, Weintraube (nicht für Hunde geeignet) und Aronia-Beere den höchsten Polyphenylgehalt. Die höchste Konzentration an Polyphenyl findet man in der aus Brasilien stammenden Açaí-Beere. Schonend hergestelltes Açaí-Pulver ist z. B. im Bioladen erhältlich.

Weltweit gibt es eine große Anzahl an sogenannten Superfoods. Diese Lebensmittel sind außergewöhnlich reich an Antioxidantien, Vitaminen und Mineralstoffen. Außerdem hemmen sie das Wachstum von Bakterien, Viren, Pilzen und Tumorzellen und lassen Entzündungen und Infektionen abklingen. Insbesondere bei kranken und immunschwachen Hunden lohnt es sich auf jeden Fall, diese besonderen Lebensmittel einzusetzen. Zu den

Superfoods gehören u. a. die Goji-Beere und viele andere rote Beeren, Noni, Moringa, Hanföl, Leinöl, Granatapfel, Propolis, Olivenöl, Blütenpollen und diverse Algen.

In der folgenden Tabelle sind einige Superfoods aufgeführt, die sich für Hunde eignen.

Superfoods	Eigenschaften
Açaí-Beere – als Pulver	reich an Antioxidantien, Ballaststoffen und gesunden Fettsäuren; schützt das Herz-Kreislauf-System
Aronia-Beere – als Saft	reich an Antioxidantien; wirkt entzündungshemmend; wirkt gegen Bakterien, Viren und Pilze
Chia-Samen	reich an Omega-3-Fettsäuren, hochwertigen Eiweißen und Antioxidantien; fördern die Darmgesundheit
Cranberry	reich an Antioxidantien; wirkt immunstärkend und entzündungshemmend; besonders hilfreich bei Blasenentzündung
Gerstengras – frisch und als Pulver	reich an Chlorophyll, Vitamin C und Enzymen; wirkt antioxidativ und entgiftend; regt Blutbildung an; behebt Eisenmangel; reguliert Blutfettwerte
Goji-Beere	wahres Nähr- und Vitalstoffpaket; reich an Antioxidantien; stärkt das Immunsystem
Granatapfel	reich an Antioxidantien und dreifach ungesättigten Fettsäuren; verbessert die Eigenschaften des Blutes
Kokosnussöl	reich an Antioxidantien; positive Wirkung auf den Fettstoffwechsel; hat sich bei Alzheimer, Gicht und Pilzbefall bewährt
Moringa oleifera	reich an unzähligen Vitalstoffen und Antioxidantien; enthält große Mengen des Botenstoffs Zeatin, der Bioverfügbarkeit dieser Substanzen verstärkt; der Moringabaum wächst extrem schnell und ist als Lebensmittel komplett verwertbar
Noni	reich an Enzymen, Amino- und Fettsäuren und weiteren rund 60 gesundheitsfördernden Substanzen wie Vitamine, Mineralstoffe und Spurenelemente

Bitte verfüttere auch Superfoods nie im Übermaß, sondern in einer entsprechend dem Gewicht des Hundes angemessenen Menge.

> Auch unsere heimischen Superfoods wie Heidelbeere, Brombeere und Himbeere sind echte Vitaminbomben und reich an lebenswichtigen Antioxidantien. Eigentlich ist jedes Lebensmittel ein Superfood, das frisch geerntet und liebevoll zubereitet auf den Teller oder in den Napf kommt.

Mineralstoffe

Mineralstoffe sind lebensnotwendige anorganische Stoffe, die von den Lebewesen nicht selbst gebildet werden können und darum über die Nahrung, das Trinkwasser oder die Atemluft aufgenommen werden müssen. Sowohl ein Mangel als auch ein extremer Überschuss an Mineralstoffen können sich negativ auf den gesamten Organismus auswirken.

Natrium: wichtig für Säure-Basen-Haushalt, Wasserhaushalt sowie Nerven- und Muskelfunktionen
Vorkommen: Salz, Fisch, Blut, Meeresalgen, Ei, Getreide

Kalium: wichtig für Nerven- und Muskelfunktionen, Säure-Basen-Haushalt und Wasserhaushalt
Vorkommen: Fleisch, Joghurt, Obst, Weizenkleie

Calcium: wichtig für Blutgerinnung, Knochen- und Zahnwachstum, normalen Herzrhythmus sowie Nerven- und Muskelfunktionen
Vorkommen: Knochen, Knochenmehl, Eierschalen, Algenkalk, Milchprodukte, grünes Blattgemüse

Magnesium: wichtig für Knochen- und Zahnwachstum, Nerven- und Muskelfunktionen sowie Enzymaktivierung
Vorkommen: Knochen, Knochenmehl, Gemüse, Getreide, Milchprodukte

Phosphor: wichtig für Wachstum, Knochen- und Zahnbildung, Verwertung von Eiweißen, Fetten und Kohlenhydraten; bei Phosphormangel kann es beim Hund u. a. zu Kotfressen kommen
Vorkommen: Knochen, Fleisch, Innereien, Milchprodukte, Pflanzen, Ei

Essenzielle Spurenelemente

Essenzielle, also lebensnotwendige Spurenelemente sind anorganische Stoffe, die der Körper nicht selbst herstellen kann und die ihm deshalb zugeführt werden müssen.

Chrom: reguliert Blutzuckerspiegel
Vorkommen: Fleisch, Käse, Paranuss, Obst, Gemüse

Eisen: wichtig für Blutbildung, Sauerstofftransport und -speicherung sowie Bildung von Enzymen
Vorkommen: Fleisch, Innereien, Eigelb, Hirse, Haferflocken, Gemüse

Jod: wichtig für Schilddrüsenfunktion; reguliert den Energiehaushalt
Vorkommen: Meeresalgen, Fisch, Ei, Geflügel

Kupfer: wichtig für Herz, Nervensystem, Bindegewebe und Knorpel; erleichtert Aufnahme von Eisen aus der Nahrung; hilft bei der Bildung roter Blutkörperchen
Vorkommen: Fleisch, Leber, Knochen, Krabben, Cashewkerne, Haferflocken

Mangan: hilft bei der Verwertung von Calcium und Phosphor und bei der Verstoffwechselung von Eiweißen, Fetten und Kohlenhydraten
Vorkommen: Getreide, Fischöl

Selen: Antioxidans; unterstützt Immunsystem
Vorkommen: Paranuss, Eigelb, Leber, Fisch, Getreide

Zink: wichtig für Knochenwachstum, Wundheilung und Insulinproduktion
Vorkommen: Leber, dunkles Geflügelfleisch, Eigelb

Fettlösliche Vitamine

Vitamin A: unterstützt die Sehkraft; erhöht die Infektabwehr der Schleimhäute; wichtig für die Eiweißsynthese; beteiligt an Plazenta- und Embryonalentwicklung
Vorkommen: Leber, Ei, Käse, Karotte, Spinat, Brokkoli, Pfirsich, Kresse, Brennnessel, Löwenzahn, Alfalfa, Petersilie

Vitamin D: wichtig für Knochen
Vorkommen: Leber, Fisch, Ei, Butter, Käse, tierisches Gewebe

Vitamin E: wirkt hauptsächlich als Antioxidans; wichtig für Herz, Kreislauf, Immunsystem, Bindegewebe und Wundheilung
Vorkommen: Weizenkeimöl, Weizenkeime, Walnuss, Olivenöl, Brokkoli, Apfel, Spinat, Hafer, Spargel, Löwenzahnblätter

Vitamin K: Vitamine K1 und K2 sind die natürlichen Formen des Vitamin K und regulieren die Blutgerinnung und den Calciumstoffwechsel
Vorkommen: Spinat, Meeresalgen, Leber, Eigelb, Fisch

Wasserlösliche Vitamine

Die B-Komplex-Vitamine werden nicht oder nur geringfügig im Körper gespeichert und müssen ihm daher regelmäßig über die Nahrung oder Zusatzpräparate zugeführt werden.

Vitamin B1: wichtig für Kohlenhydratstoffwechsel
Vorkommen: Rindfleisch, Leber, Weizenkleie, Vollkornerzeugnisse, Erdnuss, Gemüse, Salate

Vitamin B2: wichtig für Wachstum, Fortpflanzung, Haut, Haare, Krallen und Augen
Vorkommen: Leber, Niere, grünes Blattgemüse, Ei, Fisch, Joghurt

Vitamin B3: wichtig für Fettstoffwechsel, Verdauung, Magen und Darm
Vorkommen: Fisch, mageres Fleisch, Bierhefe, Leber, Weizenkeime, Ei

Vitamin B5: wichtig für Wundheilung, Zellaufbau und Bildung von Antikörpern
Vorkommen: Fleisch, Leber, Niere, Herz, Getreide, Weizenkeime, Bierhefe, Hühnchen, grüne Gemüsesorten

Vitamin B6: hilft bei Aufnahme vieler Aminosäuren (Proteinbausteine, die Nährstoffe transportieren und speichern); wichtig für Eiweiß- und Fettstoffwechsel
Vorkommen: Leber, Fisch, Ei, Hafer, Erdnuss, Bierhefe, Weizenkeime, Reis

Vitamin B12: hilft, Fette, Kohlenhydrate und Eiweiß zu verwerten; wichtig für Wachstum, Appetit und Nervensystem
Vorkommen: Leber, Innereien, alle Fleischsorten, Käse, Bierhefe

Vitamin B13: sorgt für Verwertung von Vitamin B12 und Folsäure; regeneriert Leber; steigert Blutzellbildung; wirkt krebshemmend
Vorkommen: Milchprodukte, Leber, Wurzelgemüse

Vitamin B15: Antioxidans; wichtig für Sauerstoffversorgung in den Gewebezellen; unterstützt Leberstoffwechsel
Vorkommen: Bierhefe, Naturreis, Vollkorn, Kürbiskerne, Sesam

Vitamin B17: wirkt krebshemmend
Vorkommen: bittere Aprikosenkerne, aber auch Kirsch-, Nektarinen-, Pfirsich-, Pflaumen- und Apfelkerne (Verzehr für den krebskranken Hund wird diskutiert), Hirse

Vitamin C: hilft bei Infektionen, Entzündungen und Wachstumsstörungen
Vorkommen: Hagebutte, Acerola, Petersilie, Paprika, Brunnenkresse, Brokkoli, Alfalfa, Sellerie, Karotte, Zitrusfrüchte

Biotin: lindert Hautausschlag, Ekzeme und Muskelschmerzen
Vorkommen: Leber, Niere, Alfalfa, Eigelb, Bierhefe, Reis, Haferflocken

Folsäure: wichtig für Wachstum, Zellteilung, Bildung roter Blutkörperchen und Eiweißstoffwechsel
Vorkommen: Leber, Niere, Spargel, Karotte, Eigelb, Kürbis, Avocado (nicht für Hunde geeignet), dunkelgrünes Blattgemüse wie Grünkohl und Spinat

Wie bereits erwähnt, kann es bezüglich sämtlicher Mineralstoffe und Vitamine zu Mangelerscheinungen oder auch zu Überdosierungen kommen. Überdosierungen durch frisches Futter sind beim Hund allerdings kaum möglich, sondern meistens die Folge einer Ernährung mit Fertigfutter, dem – oftmals auch zu Konservierungszwecken – synthetische Vitamine im Übermaß zugefügt wurden. Das führt zu einer erhöhten Belastung der Leber, weil diese die Vitamine erst einmal zur weiteren Verwertung umbauen muss. Das ist auch der Grund, warum viele Futtersorten für schlechte Leberwerte des Hundes verantwortlich sind. Durch eine Umstellung auf frisches Futter lassen sich diese Werte meist bereits nach vier Wochen normalisieren. Lebenswichtig ist eine ausgewogene Ernährung, die individuell auf die Bedürfnisse des Hundes abgestimmt sein sollte.

Kleine Organkunde für zwischendurch

Welche Aufgaben hat die Leber?

- Sekretion der Galle
- Beteiligung an der Regulation des Kohlenhydrat- und Fettstoffwechsels, des Wasser- und Hormonhaushaltes
- Auf- und Abbau von Eiweißstoffen
- Bildung von Harnstoffen und Harnsäure
- Speicherung von verschiedenen Vitaminen und Spurenelementen
- Entgiftungsfunktion
- Blutspeicher
- Abbau der alten und funktionsuntüchtigen Erythrozyten (rote Blutkörperchen)

Die Leber hat in Bezug auf Ernährung und Entgiftung eine wichtige Rolle inne und ist bei fast allen Hunden in irgendeiner Form be- bzw. überlastet. Dies kann sich durch Augen-, Verdauungs- und Hautprobleme äußern. Im schlimmsten Fall kann eine dauerhafte Leberbelastung und eine dadurch bedingte erhöhte Ammoniakkonzentration eine Epilepsie begünstigen.

Ich empfehle daher jedem Hundebesitzer, die Leber seines Tieres im Frühjahr und Herbst für ca. vier Wochen mit Kräutern, Presssäften oder Essenzen zu unterstützen. Leberstärkende Pflanzen sind beispielsweise Mariendistel, Löwenzahn und Artischocke. Zwischenzeitlich bringen Euphrasia-Augentropfen (Augentrost) bei Bindehautreizungen und Pechsalbe bei Ekzemen und Juckreiz Linderung. Um den Körper zu entgiften, empfiehlt sich eine Ausleitungskur mit Leberkräutern im Wechsel mit Nierenkräutern, wie z. B. Brennnessel, Petersilie und Goldrute.

Welche Aufgaben haben die Nieren?

- Reinigung des Blutes von harnpflichtigen Stoffen wie Kreatinin, Harnstoff und Harnsäure
- Hormonbildung
- Regulation des Wasser- und Elektrolythaushaltes (Flüssigkeitsbestand des Organismus)
- Regelung des Blutdrucks und der Kaliumkonzentration im Blut
- Regulation des Säure-Basen-Haushaltes und damit die Aufrechterhaltung des pH-Wertes des Blutes (Fleischfresser haben eher einen sauren, Pflanzenfresser eher einen alkalischen/basischen pH-Wert)
- Aufrechterhaltung des Salz- und Mineralstoffhaushaltes

Auch die heutzutage häufig vorkommende Schilddrüsenunterfunktion (Hypothyreose) beim Hund wird neben Schwermetallbelastung, Wohngiften, einem Übermaß an chemischen Medikamenten und permanentem Zerren am Hundehalsband auch mit synthetischen Zusatzstoffen jeglicher Art im Futter in Verbindung gebracht, weil diese in den Hormonhaushalt eingreifen können.

Bei der Hypothyreose produziert die Schilddrüse zu wenig Hormone, und der Stoffwechsel des gesamten Organismus verlangsamt sich, was folgende Symptome nach sich ziehen kann:

- ✓ Juckreiz
- ✓ Fellprobleme
- ✓ Gewichtszunahme
- ✓ Bewegungsunlust
- ✓ Angst im Wechsel mit Aggression aus nicht ersichtlichem Grund

Die Schilddrüse lässt sich durch eine Ernährungsumstellung und regulierende Mittel aus der Homöopathie oder Spagyrik wieder sehr gut in die Balance bringen, sofern die nach der Diagnose in der Regel umgehend verschriebenen Hormonpräparate nicht länger als etwa sechs Monate verabreicht wurden und die Schilddrüse nicht die Hormonproduktion daraufhin komplett eingestellt hat. Außerdem empfehle ich einen kompletten Verzicht auf die Fütterung von Schlundfleisch und Hälsen. Darin können Reste der Schilddrüse enthalten sein, die dauerhaft verspeist unkontrollierbare Reize in beide Richtungen (Hypo- oder Hyperthyreose) abgeben können. Bei einer leichten Schilddrüsenunterfunktion durch Jodmangel ist eine Futterergänzung mit jodhaltigen Seealgen empfehlenswert.

Es gibt neben der normalen Hypothyreose in seltenen Fällen auch die sogenannte subklinische Unterfunktion der Schilddrüse. Die Symptome sind hier eher gegensätzlich. Sollte aufgrund eines ungewöhnlichen Verhaltens der Verdacht auf eine Schilddrüsendysfunktion bestehen, ergibt es Sinn, eine darauf spezialisierte Tierarztpraxis aufzusuchen, damit keine unnötigen dauerhaften Medikationen erfolgen.

In der Praxis fällt auf, dass ein nicht unerheblicher Teil der weiblichen Besitzer von schilddrüsenerkrankten Hunden ebenfalls Probleme mit diesem Organ hat. Manche haben bereits keine Schilddrüse mehr oder nehmen seit Jahren Hormone ein. Das schmetterlingsförmige Organ befindet sich im Bereich des Halses, in dem auch das Halschakra liegt. Dieser Ort steht auf spiritueller Ebene nicht nur für das Sprechen, sondern auch für den kompletten Ausdruck – sowohl im kommunikativen als auch im kreativen Sinne. Besonders Frauen schlucken manchmal um des lieben Friedens willen herunter, was eigentlich gesagt werden will, und schaffen es aus vielerlei Gründen nicht, ihre wahren Talente im Außen wirken zu lassen. Wird uns im Kindesalter oft das Sprechen verboten, können wir Sprachprobleme wie Stottern entwickeln. Verbieten wir uns selbst, unsere Meinung zu sagen, können Schilddrüsenprobleme die Folge sein.

Hunde sind emotional eng mit ihren Bezugspersonen verbunden, was dazu führen kann, dass sie deren körperliche Schwachstellen ebenfalls entwickeln. Im Kapitel »Der Hund als Spiegel seines Besitzers« (S. 118) findest du Erklärungen zu diesem Phänomen. Sollte deine Schilddrüse eine Dysfunktion entwickeln, lasse diese ganzheitlich behandeln – und zwar von einer Fachperson, die sie naturheilkundlich reguliert und die dir gleichzeitig dabei helfen kann, in deine Stärke zu kommen, damit die Energie im Sprachzentrum wieder frei fließen kann. Damit wäre deinem Hund ebenfalls geholfen.

Möglichkeiten der Hundeernährung

Bei kaum einem anderen Thema gibt es so viele unterschiedliche und teilweise gegensätzliche Meinungen wie bei der Ernährung. Bücher, in denen von der Sinnlosigkeit des Verzehrs von Kuhmilch die Rede ist, finden sich neben Ratgebern, in denen das genaue Gegenteil steht. Ähnlich wie im Lebensmittelbereich gehen bei der Haustierernährung Fehlinformationen mit den wirtschaftlichen Interessen einer finanzstarken Lobby einher.

Beispiel 1: »Trockenfutter hilft gegen Zahnstein.« Kaum eine andere Behauptung einiger Futtermittelhersteller hat sich derart in den Köpfen der Hundebesitzer festgesetzt. Richtig ist: Fleisch und Knochen reinigen die Zähne.

Beispiel 2: »Die Anatomie des Hundes hat sich in den letzten 60 Jahren an das Fertigfutter gewöhnt.« Richtig ist: Ein Organismus benötigt ca. 60 000 Jahre, um sich anatomisch an veränderte Ernährungsbedingungen anzupassen. Natürlich leben Straßenhunde von Speiseresten und die Schlittenhunde im Norden des europäischen und amerikanischen Kontinents ausschließlich von Fisch. Aber optimal ist das sicher nicht. Manche Hunde vertragen Essensreste, manche nicht. Das sollte man nicht pauschalisieren.

Folgende Möglichkeiten bieten sich dir für die Ernährung deines Hundes:

- ✓ Industriefutter
- ✓ Selbstgekochtes
- ✓ hochwertiges Fertigfutter
- ✓ Rohfütterung

Industriefutter

Industriefutter wird im sogenannten Extrudationsverfahren hergestellt und ist teilweise Temperaturen von bis zu 250 °C ausgesetzt. 80 % der Haustiere in Deutschland bekommen diese Form des Futters. Neben vielen unappetitlichen Zutaten sind im Industriefutter folgende synthetische Zusatzstoffe erlaubt: Antibiotika, synthetische Antioxidantien, Appetizer, Aromastoffe, Aushärtungsmittel, Bindemittel, Emulgatoren, Farbstoffe, Geliermittel, Konservierungsstoffe, Lösungsmittel, pH-Puffer, Süßstoffe, Schmierstoffe, Stabilisatoren, Synergisten, Trennmittel, Verdickungsmittel.

Die drei großen Hersteller von industriellem Haustierfutter produzieren auch Produkte wie Waschmittel, Süßigkeiten oder diverse Convenience-Lebensmittel. Teilweise werden Abfälle, die bei der Herstellung dieser Produkte entstehen, für die Tierfutterproduktion verwendet. Das Futter wird anschließend in wiederverschließbaren Tüten hübsch verpackt, sodass bei Produkttests sogar noch eine gute Note herausspringt, was die Tierbesitzer gänzlich in die Irre führt.

Der Lebensmittelkritiker, Autor und Journalist Hans-Ulrich Grimm hat für sein Buch »Katzen würden Mäuse kaufen« genauestens recherchiert, wie und aus was Industriefutter hergestellt wird. Seine Erkenntnisse sind teilweise wirklich schockierend, doch als verantwortungsbewusste Hundebesitzer sollten wir aufgeklärt sein, damit wir die richtigen Entscheidungen treffen können.

Definitionen einiger Futtermittelgruppen

Fleisch und tierische Nebenerzeugnisse, Milch und Molkereierzeugnisse, Ei und Eierzeugnisse, Fisch und Fischnebenerzeugnisse, Getreide, Gemüse, pflanzliche Nebenerzeugnisse – wenn sich auf der Verpackung diese Inhaltsangaben befinden, bedeutet das nicht, dass es sich um frische Zutaten handelt. Es kann sich ebenso um Erzeugnisse handeln, die durch ein geeignetes Verfahren haltbar gemacht wurden, sowie um die Nebenerzeugnisse aus der Verarbeitung bzw. Aufbereitung. Tierische Nebenerzeugnisse können Innereien sein, aber auch Hörner, Krallen, Hufe, Fell, Federn, Wolle und Schlachtabfälle wie Köpfe, Schilddrüsen und Keimdrüsen.

Deklaration

Der Hersteller des Endprodukts muss nur die jeweiligen Komponenten seines Futters auf der Verpackung deklarieren, nicht die Stoffe, die in diesen Komponenten unter Umständen enthalten sind.

Beispiel: Der Futtermittelhersteller kauft Rübenschnetzel bei Lieferant XY, welcher die Schnetzel mit Salz vermengt ausliefert. Trotzdem ist der Hersteller nicht dazu verpflichtet, die Zutat Salz auf dem Etikett des Endprodukts zu deklarieren. Bezüglich der Deklaration gibt es dermaßen große Spielräume, dass die Wahl des Futters mittlerweile zur Vertrauenssache geworden ist. Als Tierheilpraktiker, der Futtersorten empfiehlt, gibt man am besten regelmäßig eine Probe des jeweiligen Futters zur Untersuchung in ein unabhängiges Labor.

Zusätze, die weder in Frisch- noch in Trockenfutter gehören

Synthetische Konservierungsstoffe (E 200–297) sollen die Bildung von Pilzen, Schimmelsporen und Bakterien im Futter verhindern, führen jedoch oftmals zu Erkrankungen. Man findet sie unter den Bezeichnungen EG-, EWG- und EU-Zusatzstoffe.

Synthetische Antioxidantien dienen als Konservierungsmittel und verlängern die Haltbarkeit des Futters. Man findet sie unter den Bezeichnungen BHA, BHT, E 320, E 321, Ethoxyquin und den Säuerungsmitteln E 325–385. Unzählige Hunde sind gegen E 320 und E 321 allergisch. Zu finden sind diese Substanzen bedauerlicherweise auch in vielen vermeintlich gesunden Lebensmitteln wie Leinöl, Lachsöl, Hüttenkäse etc.

Synthetische Aromastoffe und Geschmacksverstärker (E 620–635) sollen den Geschmack verbessern und den Appetit anregen. Sie sind nicht angabepflichtig. »Naturnah« oder »naturidentisch« bedeutet in diesem Fall »künstlich«.

Synthetische Stabilisatoren, Emulgatoren, Verdickungs- und Geliermittel (E 400–440, E 460–495) dienen der Verbesserung der Konsistenz und sind ebenfalls nicht angabepflichtig.

Synthetische Vitamine können bei Überdosierung Krankheiten verursachen. Zwar werden sie vom Darm aufgenommen, lagern sich aber dann in den Organen und Geweben ab und belasten den Stoffwechsel.

Synthetische Mineralstoffe und Spurenelemente können bei Überdosierung ebenfalls zu körperlichen Krankheiten führen.

Pflanzliche Nebenerzeugnisse, besonders Soja und Sojanebenprodukte, enthalten pflanzliche Hormone, die das Hormonsystem der Tiere negativ beeinflussen können.

Zucker und Zuckerersatzstoffe (E 950–1518) wirken appetitanregend und können zu Zahn- und Bauchspeicheldrüsenproblemen führen sowie die Darmflora schädigen.

Maiskleber, Fructooligosaccharide und ähnliche Stoffe verhindern Durchfall, weil sie den Kot eindicken. Yucca schidigera vermindert u. a. den Kotgeruch. Diese Zusatzstoffe können daher eine gute Verträglichkeit vortäuschen. Chlorophyllhaltige Kräuter wie Gerstengras und Petersilie sind zwar grundsätzlich gesund, neutralisieren aber auch Maulgeruch, der ein Magenproblem anzeigen kann.

Salz dient als Geschmacksverstärker und führt zu Wassereinlagerungen im Gewebe und dadurch zu Nierenproblemen.

Farbstoffe (E 100–180) im Futter machen es für den Hundebesitzer ansehnlicher.

In Deutschland leben zurzeit ungefähr sechs Millionen Hunde. 80–85 % von ihnen leiden mehr oder weniger chronisch an Zivilisationskrankheiten wie Fettsucht, Leber- und Nierenschäden, Stoffwechselerkrankungen, Magen-Darm-Beschwerden, einem geschwächten Immunsystem, Allergien, Krebserkrankungen und vielfältigen Erkrankungen des Skelettsystems. Hinzu kommen Verhaltensauffälligkeiten, deren Ursachen mitunter auch in der Ernährung zu suchen sind. Ähnlich wie bei Kindern können Konservierungs- und Farbstoffe zu Hyperaktivität beim Hund führen. Die im Industriefutter enthaltenen Gifte und Chemikalien wirken auf das zentrale Nervensystem, greifen in pathologischer Weise in den Stoffwechsel ein und wirken sich somit direkt oder indirekt auf die Gehirnfunktionen aus. Die durch die Fehlernährung verursachten Hormonstörungen und Mangelzustände können das Tier gereizt und angriffslustig machen.

Bitte informiere dich daher über Möglichkeiten, deinen Hund gesund zu ernähren. Mittlerweile gibt es in den meisten deutschen und österreichischen Städten kleine Fachgeschäfte, die sich auf die artgerechte Fütterung von Hunden spezialisiert haben. Hier findest du auch weiterführende Fachliteratur und gut ausgebildete Ernährungsberater.

Es bedarf keines BWL-Studiums und auch keines Taschenrechners, um zu erkennen, dass der Inhalt einer großen Dose Hundefutter, die im Geschäft für einen Euro angeboten wird, absolut minderwertig sein muss. Aber auch das teure Spezialfutter besteht größtenteils aus Füllstoffen wie billigem Weizen, Mais und tierischen Nebenprodukten.

Bei Hundefutter gilt: Teuer ist nicht in jedem Fall gleich hochwertig. Schaue genau auf die Inhaltsangaben, auch wenn du dafür eine Lupe benötigst.

Selbstgekochtes

Wer für seinen Hund mit Liebe frische Nahrung selbst zubereitet, hat sicher die allerbesten Absichten in Bezug auf die Gesundheit seines Tieres. Bei der Futterzubereitung für Hunde gilt jedoch: Wenn Fleisch und Gemüse schon nicht roh verfüttert werden, dann sollten sie zumindest so schonend wie möglich gegart werden, denn desto gesünder sind sie. Dabei austretende Flüssigkeiten sollten mit verfüttert werden, da sich darin gelöste Vitamine und Mineralstoffe befinden. Den Hundemahlzeiten sollten anschließend wertvolle, kalt gepresste Öle zugeführt werden. Durch langes Kochen werden wichtige Aminosäuren zerstört, und so wird das Fressen für den Hund fast wertlos. Wenn du die Mahlzeiten deines Hundes mit Getreide erweitern möchtest, um ihn überhaupt satt zu bekommen, was bei Arbeitshunden eine Herausforderung sein kann, oder weil es bei manchen organischen Indikationen durchaus empfehlenswert sein kann, dann solltest du auf wenig allergene, glutenfreie Sorten zurückgreifen wie Hirse, Buchweizen, Amaranth, Quinoa oder Vollkornreis – alles matschig gekocht. Das Gleiche gilt für den vegetarischen Tag in der Woche, der in vielen Büchern empfohlen wird, um die Hundeleber zu entlasten. Viele dieser Getreidesorten sind auch als Flocken erhältlich, die man nur kurz quellen lassen muss.

Einige Hunde vertragen gegarte Nahrung besser als rohe. Dazu zählen meist ältere Tiere oder solche mit einer empfindlichen Magenschleimhaut. Der rohe pflanzliche Anteil reizt die Magenschleimhaut und kann zu Reflux (Sodbrennen) führen. Daher ergibt es manchmal auch Sinn, das rohe Fleisch mit gegartem, püriertem Gemüse zu verfüttern. Aber auch hier gilt: Für jeden Hund muss individuell das für ihn passende Futter zusammengestellt werden. Die Sicherheit, dass beim Kochen nicht zu viele Vitamine und Mineralstoffe verloren gehen, hast du eigentlich nur, wenn du einen Dampfgarer benutzt.

Für den Hund ist das teure durchgekochte Rindergulasch vom Metzger völlig wertlos. Lies ein paar gute Bücher über Hundeernährung, und informiere dich über die Physiologie und die Bedürfnisse deines Hundes, bevor du ihn jahrelang mangelernährst, obwohl du es gut mit ihm meinst.

Hochwertiges Fertigfutter

Hochwertiges Feuchtfutter

Es gibt in Deutschland eine Handvoll Produzenten hochwertigen Feuchtfutters. Dieses ist in BARF-Shops erhältlich oder kann direkt von den Herstellern bezogen werden. Wende dich an die Hersteller, und lasse dir erklären, wie das Futter produziert wird. Es sollte roh in lebensmittelechten Dosen abgefüllt und schonend in einem Autoklaven, einer modernen Sprenkelanlage, gegart werden, damit möglichst viele Vitamine erhalten bleiben.

Außerdem sollte es sich durch einen hohen Fleischanteil von mindestens 60 % auszeichnen. Der Rest darf aus Gemüse wie Möhren oder Zucchini, Kräutern, Ölen und einem kleinen Anteil glutenfreien Getreides oder Kartoffeln bestehen. Das Fleisch sollte größtenteils von Tieren aus der Region stammen. Dem Futter sollten keine künstlichen Vitamine zugeführt worden sein, was ansonsten ausdrücklich auf dem Etikett vermerkt sein muss. Auch synthetische Antioxidantien, Konservierungs- und Aromastoffe dürfen nicht enthalten sein, was den Doseninhalt allerdings nur begrenzt haltbar macht. Alternativ zu Fertigmenüs werden auch Reinfleischdosen angeboten, denen man selbst eine individuelle Auswahl an Ölen und gegartem Gemüse hinzufügt.

Leider darf bei der Deklaration der Inhaltsstoffe geschummelt werden, sodass sich bei genauerer Kontrolle auch schon einmal herausstellen kann, dass einer vermeintlich guten Sorte allergen wirkende Zusatzstoffe beigemischt wurden. Daher ist es immer ratsam, die Herstellerfirma und ihre Philosophie genau unter die Lupe zu nehmen.

Gleich, ob du dich für Roh- oder Fertigfutter entscheidest, achte darauf, dass es aus einer artgerechten Tierhaltung kommt. Das Fleisch eines antibiotikabelasteten, kranken Tieres, das mit gespritztem Gemüse und billigem Fischöl vermischt wurde, kann nicht gesund sein. Außerdem sollten wir die ökologische und tierfreundliche Landwirtschaft unterstützen, damit Bio in naher Zukunft der Normalfall sein wird.

In der Praxis erlebe ich immer wieder, dass BARF- und Dosenfutter unterschiedlich gut vertragen werden, obwohl dieselbe Fleischsorte enthalten ist. Auch die benötigten Futtermengen weichen teilweise stark voneinander ab, was ebenfalls mit Qualität und Herstellung in Zusammenhang steht. Bei Hunden mit Allergien oder Magen- und Darmproblemen kommt man an einer Art Ausschlussdiät daher manchmal nicht vorbei.

Hochwertiges, kalt gepresstes Trockenfutter

Beim Trockenfutter möchte ich darauf hinweisen, dass es trocken serviert immer die Nieren der Tiere belastet, auch wenn es schonend hergestellt wurde und die Zutaten sehr hochwertig sind. Das liegt daran, dass Hunde fast nie die nötige Menge an Wasser trinken, um die dem Futter entzogene Feuchtigkeit auszugleichen. Daher sollte das Trockenfutter ca. 15 Minuten vor dem Servieren mit warmem Wasser übergossen werden. So kann den getrockneten Inhaltsstoffen die entzogene Feuchtigkeit wieder zugeführt werden, außerdem riecht und schmeckt es besser. Für Mäkelfresser kannst du anstatt Wasser auch salz- und hefefreie Gemüse- oder Fleischbrühe in Bioqualität verwenden. Ein hochwertiges Trockenfutter ist kalt gepresst und wird daher nicht aufquellen – im Gegensatz zu einem minderwertigen Trockenfutter, das um das Dreifache aufquillt und dem Hund schwer im Magen liegt.

Auch beim Trockenfutter sollten die Inhaltsstoffe wertvoll sein: ein hoher Fleischanteil, Gemüse, Kräuter, Sprossen, Öle und eventuell auch Zusätze wie Algen. Hunde mögen diese Form der Ernährung meist ganz gern. Solltest du dich für die Fütterung mit hochwertigem Trockenfutter entscheiden, würde ich dir trotzdem empfehlen, deinem Hund täglich eine frische Zwischenmahlzeit anzubieten. Außerdem solltest du nicht über Jahre hinweg das gleiche Trockenfutter, beispielsweise mit einem hohen Anteil an Reis, Kartoffeln oder Süßkartoffeln, verfüttern, da die Belastung für die Bauchspeicheldrüse aufgrund des hohen Stärkeanteils auf Dauer zu hoch ist. Bei großen Hunderassen würde ich grundsätzlich ein getreidefreies Trockenfutter empfehlen oder eines mit einem sehr geringen Anteil an Pseudogetreide wie Hirse.

> Im Allgemeinen ist ein sehr gutes Feuchtfutter einem hochwertigen Trockenfutter oder einer unausgewogenen Rohfütterung vorzuziehen.

Rohfütterung – BARF (Bones And Raw Food)

Der Hund ist kein Wolf, aber anatomisch gesehen zweifellos die domestizierte Form des Wolfes, denn noch heute ist sein Verdauungskanal physiologisch dem des Wolfes gleichzustellen. Der Wolf verspeist seine Beute fast vollständig, also neben dem Fleisch auch die Knochen, die Knorpel, die Fette, die Organe, das Fell, die Sehnen und den Darminhalt. Des Weiteren frisst er, je nach Versorgungslage, auch Beeren und andere Früchte, Kräuter und Gemüse.

Wenn du deinen Hund seiner Natur entsprechend ernähren willst, solltest du dich also für die Rohfütterung entscheiden. Zwar sollen Hunde mittlerweile auch ein Enzym für die Verwertung von Getreide entwickelt haben, und viele Hunde dieser Welt fressen Essensreste oder Fisch, doch das ist sicher nicht artgerecht oder förderlich für ein langes, gesundes Leben.

Bei der Rohfütterung wird alles bis auf wenige Ausnahmen roh verfüttert: Fleisch, Innereien, Gemüse und Früchte. Die Nahrung wird mit Ölen (Omega-3-Lieferanten) und eventuell Milchprodukten (Eiweißlieferanten) angereichert, und es werden, sofern sie vom Hund gut vertragen werden, Knochen (Calciumlieferanten) gefüttert. Da der Verdauungsapparat des Hundes Zellulose nicht aufspalten kann, werden Gemüse, Kräuter und Obst püriert.

Vielen Hunden und Katzen mit Futtermittelallergien und Hautausschlägen konnte bereits durch Rohfütterung geholfen werden. Geschäfte, die sich auf Rohfutter für Hunde und Katzen spezialisiert haben, bieten Fleisch an, das bereits gewolft und danach tiefgefroren wurde – eine gute und preiswerte Möglichkeit des Barfens, denn somit sind einige mögliche Krankheitserreger und Bakterien eliminiert worden und können von den Tieren auch nicht mehr auf Menschen übertragen werden.

In der Ausgabe 1/15 der »Dogs today« wurden die Ergebnisse einer Fallstudie der Universität Helsinki veröffentlicht. Diese besagt, dass von 632 Hundebesitzern, die auf Rohfütterung ihrer Hunde umgestiegen waren, nur 0,5 % damit wieder aufhören wollten. Alle anderen waren fast ausnahmslos sehr zufrieden mit dem Ergebnis und hatten bei ihren Hunden gesundheitliche Verbesserungen festgestellt.

Angebliche Gefahren der Rohfütterung:

- ✓ Mangelerscheinungen
- ✓ Magen- und Darmprobleme, schlechte Verträglichkeit
- ✓ Zahnfrakturen und Zahnsteinbildung
- ✓ Aggressionssteigerung durch rohes, blutiges Fleisch
- ✓ erhöhte Parasitengefahr

Bei einer ausgewogenen Ernährung mit viel frischem Fleisch, Innereien, Knorpel, Knochen, püriertem Gemüse und Früchten, Ölen, Algen und Kräutern kann es nicht zu Mangelerscheinungen kommen. Wichtig bei der Rohfütterung ist eine Ausgewogenheit über einen Zeitraum von ungefähr vier Wochen. Um den Mangel an Omega-3-Fettsäuren im Fleisch von Schlachttieren zu kompensieren, sollten die Mahlzeiten mit wertvollen Ölen ergänzt werden, außerdem, je nach Bedarf, mit Aminosäuren und Mineralstoffen.

Die Rohfütterung wird im Allgemeinen gut vertragen. Der Kot kann leicht abgesetzt werden und ist aufgrund der guten Verwertbarkeit der Nahrung von der Menge her gering. Wenn eine Fleischsorte nicht gut vertragen wird, kommt es selten zu Durchfall, sondern eher zu breiigem Kot, und sie sollte nicht mehr verfüttert werden. Obwohl in einigen Ratgebern eine langsame Umstellung von Industriefutter auf BARF empfohlen wird, hat die Praxis gezeigt, dass eine Direktumstellung mit einer parallel durchgeführten Darmsanierung fast ausnahmslos gut vertragen wird.

Die Behauptung, Tiere, die kein Trockenfutter bekommen, neigten vermehrt zu Zahnsteinbildung, ist falsch. Zahnstein entsteht durch Zucker und Kohlenhydrate. Fleisch und Knochen, beispielsweise vom Rind, reinigen die Zähne.

Die Behauptung, Rohfütterung steigere die Aggressivität bei Hunden, ist ebenfalls falsch und kann weder belegt noch logisch nachvollzogen werden.

Die Übertragung von Würmern (Spulwürmern, Fadenwürmern etc.) findet ausschließlich im Außenbereich und meist über Exkremente statt. Der Bandwurm kann durch Rindermuskelfleisch übertragen werden. Möglich ist dies allerdings nur, wenn das Fleisch nicht durch Veterinärtierärzte kontrolliert wird, z. B. auf dem Dorf bei einer Hausschlachtung. Sämtliche Würmer sterben durch Einfrieren oder starkes Erhitzen ab. Durch Geflügelfleisch können Salmonellen übertragen werden. Diese sterben ebenfalls durch Erhitzen ab, beim Einfrieren jedoch erst ab -60 °C, daher reicht die Lagerung in einer normalen Gefriertruhe nicht aus, um mögliche Salmonellen zu eliminieren. Aus diesem Grund sollte bei der Rohfütterung mit Geflügel ganz besonders auf Qualität und Hygiene in der Küche Wert gelegt werden.

Vorteile der Rohfütterung:

- ✓ kein oder sehr wenig Zahnstein
- ✓ weniger Parasiten
- ✓ kein übler Geruch von Fell und aus Maul
- ✓ gesundes, glänzendes Fell
- ✓ starkes Immunsystem
- ✓ geringere Kotmengen
- ✓ starke Bänder und Sehnen
- ✓ bessere Muskulatur
- ✓ weniger Wachstumsprobleme
- ✓ Erleichterung bei arthritischen Krankheiten
- ✓ geringeres Risiko einer Magendrehung

Optimale Zusammenstellung einer BARF-Mahlzeit

Die nachfolgenden Angaben beziehen sich auf gesunde, erwachsene Hunde. Tiere mit schlechten Leber-, Nieren- oder Bauchspeicheldrüsenwerten, Skelett- oder Krebserkrankungen sowie alte oder sehr junge Tiere benötigen einen individuell erstellten Ernährungsplan, für den eine Fachperson hinzugezogen werden sollte. Des Weiteren können die Gesamtmengenangaben je nach Rasse, Stoffwechsel und Aktivität des Hundes stark variieren.

Als Durchschnittswerte kann man zugrunde legen: Bis zu seinem achten Lebensmonat benötigt ein Hund 4–10 % seines Körpergewichts an Nahrung, danach 2–4 % seines (Normal-)Körpergewichts. Bei älteren Hunden oder Kastraten, deren Stoffwechsel langsamer arbeitet, müssen wir die Futtermenge dementsprechend anpassen. Das ist individuell verschieden, daher sind die Mengenangaben als variabel zu betrachten. Die Zubereitung der Mahlzeiten sollte nicht in Stress ausarten. Du musst nicht alles auf das Gramm genau abwiegen. Ein Löffel mehr oder weniger Fleisch und Gemüse schadet nicht.

Die Mahlzeiten sollten zum Zeitpunkt des Servierens stets Zimmertemperatur haben. Gib deinem Hund bitte kein Futter, das direkt aus dem Kühlschrank kommt, denn davon bekommt er Magenschmerzen. Habe keine Angst vor pathogenen Bakterien, die sich im rohen Fleisch bilden können, denn diese werden durch den hohen Salzsäuregehalt im Magensaft größtenteils unschädlich gemacht. Die restlichen Keime und Bakterien benötigt der Hund für den Aufbau einer gesunden Darmflora und eines starken Immunsystems. Das Füttern von zwei bis drei Mahlzeiten pro Tag verringert die Gefahr einer Magendrehung, von der oftmals die groß gewachsenen Rassen betroffen sind. Ein Hund, der morgens zu übermäßigem Grasfressen und Erbrechen neigt, sollte mehrere kleine Mahlzeiten pro Tag bekommen, da ein leerer Magen Übelkeit bei ihm auslöst.

Die Praxis hat gezeigt, dass vereinzelte Hunde die Rohfütterung trotz aller Bemühungen ablehnen oder nicht gut vertragen. Oftmals handelt es sich um Tierschutzhunde aus dem Ausland, aber auch normal aufgewachsene Tiere können betroffen sein. Dies kann mit Verschiebungen im Säure-Basen-Haushalt und Darmmikrobiom oder mit der Futterprägung zusammenhängen. Hier sollte reguliert werden, was möglich ist, und eine individuelle Art der Fütterung gefunden werden, die der Hund verträgt und gern mag – ganz gleich, wie diese aussieht.

Tierische Gesamtration – Fleisch, fleischige Knochen und Innereien

Die tierische Gesamtration sollte etwa 60–80 % der Gesamtfuttermenge ausmachen. Sie setzt sich aus dem reinen Muskelfleisch, den Innereien und den Knochen zusammen:

- ✓ Fleisch (größtenteils Muskelfleisch, Lefzen, Stichfleisch, Kopffleisch, Euter, Sehnen, Pansen und Blättermagen): ca. 80 % der tierischen Gesamtration
- ✓ Knochen (fleischige Knochen, Knorpel): ca. 10 % der tierischen Gesamtration
- ✓ Innereien: 10–15 % der tierischen Gesamtration

Milchprodukte können, müssen aber nicht verfüttert werden.

Fleisch

Fleisch enthält essenzielle Aminosäuren, die für den Aufbau und die Reparatur von Gewebe und Organen notwendig sind. Hier ist zu beachten, dass nicht nur mageres Fleisch verfüttert wird, sondern auch solches mit einem höheren Fettanteil (15–25 %), denn das Fett dient als primärer Energielieferant. Da sich Toxine immer an Fettmoleküle binden, um sich im Körper einzulagern, ist auch bei der Fütterung von Fett unbedingt darauf zu achten, dass es von Tieren stammt, die artgerecht gehalten wurden. Wenn du Schlundfleisch verfüttern willst, gehe bitte sicher, dass die Schilddrüsen der Schlachttiere sauber entfernt wurden.

Durch Schweinefleisch und -knochen kann der Aujeszky-Virus auf den Hund übertragen werden, daher sollten diese vorsichtshalber nicht für die Rohfütterung verwendet werden. Der Aujeszky-Virus ist eine Art Herpesvirus und führt beim Hund zu einer tödlich verlaufenden Krankheit.

Fleisch von Exoten hat im Hundenapf nichts zu suchen. Ziegen- und Entenfleisch müssen einem gesunden Hund nicht unbedingt gefüttert werden, können aber im Fall einer Allergie oder Unverträglichkeit als alternative Nahrungsquelle dienen.

In der folgenden Tabelle sind die Fleisch- und Knochensorten aufgeführt, die sich für Hunde eignen.

rohes Fleisch und Knochen (Energiegehalt)	Verwendbarkeit und Hinweise
Rind (von mager bis fett)	Muskelfleisch, Kopf, Schlund, Pansen, Blättermagen, Innereien, Euter
Lamm (fett)	alles bis auf den Darm; reich an Tryptophan und daher beruhigend
Pferd (mager)	Muskelfleisch, keine Innereien
Geflügel (mager)	alles, insbesondere ganze Hühner und Hühnerhälse
Wild, Kaninchen, Hase (mager)	alles bis auf den Darm; Kaninchen ist reich an Tryptophan und daher beruhigend
Fisch (fett)	ganze Fische inklusive Gräten
Knochen und Knorpel von Rind, Geflügel, Lamm, Pferd und Wild	Knochen ausschließlich roh verfüttern und aufgrund des hohen Phosphorgehalts nicht im Übermaß

Fleisch kann am Stück, gewürfelt oder gewolft verfüttert werden.

Knochen, Knorpel

Knochen sind die wichtigsten Calciumlieferanten und enthalten noch weitere wertvolle Mineralstoffe. Sie dienen dem Hund zur Zahnreinigung, fördern die Kaumuskulatur und sollten etwa 10 % der tierischen Gesamtration ausmachen. Unterschieden werden weiche und harte Knochen. Harte Knochen können vom Hund abgenagt, weiche komplett verspeist werden. Idealerweise verfüttert man Fleischknochen, die zu 50 % aus Knochen und zu 50 % aus Fleisch bestehen. Knochen beinhalten jedoch sehr viel Phosphor und sollten daher nie im Übermaß verfüttert werden. Anders als Calcium wird Phosphor über die Nieren abgebaut, ein Zuviel an Phosphor kann daher Harnsteine begünstigen. Bei manchen Hunden führt eine Verfütterung großer Mengen harter Knochen zu gefährlichen Verstopfungen. Sollten einmal keine Knochen zur Verfügung stehen, so kann die Calciumversorgung auch durch Nahrungsergänzungsmittel (Knochenmehl, Algenkalk oder Eierschalenpulver) sichergestellt werden. Insbesondere bei älteren Hunden sollten Knochen aufgrund des verlangsamten Stoffwechsels nicht mehr gefüttert werden. Im Handel werden auch Karkassen angeboten, meist von Geflügel oder Kaninchen. Dafür werden die kompletten Tiere inklusive Knochen gewolft und bieten Hunden, die keine großen Knochen bekommen, weil sie diese aus Gier komplett zerbeißen, eine gute Calcium- und Phosphorquelle.

Knochen müssen bei der Verfütterung immer roh sein! Durch den Kochvorgang werden sie brüchig und können daher zu schweren Verletzungen der Speiseröhre und des Darms führen. Knorpel können sehr gut vom Hund benagt und verspeist werden. Sie enthalten zwar auch Calcium, sind aber kein Ersatz für Knochen. Lasse deinen Hund beim Benagen eines Knochens bitte nicht unbeaufsichtigt, und nimm ihm diesen vor der Nachtruhe wieder weg. Gleiches gilt für sämtliche Futtermittel, an denen sich ein Hund verschlucken kann. Einem starken Schlinger würde ich keine Knochen, sondern lieber Karkassen und Calciumpräparate geben, denn das Verschlucken von großen, spitzen Teilen kann sehr gefährlich werden.

Innereien

Innereien sind gute Energielieferanten. Neben der Leber, die viel Vitamin A enthält, gehören auch Niere, Milz, Lunge und Herz zu den Innereien. Das Herz ist ein Muskel, sollte aber nicht dem hohen Muskelfleischanteil zugeordnet werden. Bei Leber, Niere und Milz handelt es sich um Entgiftungsorgane, die bei nicht artgerecht gefütterten und übermäßigem Antibiotikaeinsatz ausgesetzten Masttieren sicher nicht die beste Qualität haben. Ich würde bei diesen Organen daher immer großen Wert auf Bioqualität legen. Alternativ zu Leber kann auch Dorschlebertran gegeben werden.

Pansen und Blättermagen vom Rind gehören ebenfalls zu den Innereien. Das Calcium-Phosphor-Verhältnis beim Pansen ist ideal. Er hat einen guten Fettgehalt, enthält viele Vitamine, Spurenelemente und gute Bakterien. Das vorverdaute Grünzeug im Pansen pflegt die Zähne und das Zahnfleisch, und der Hund muss kräftig kauen, um den Pansen zu fressen. Blättermagen ist ebenfalls enzymreich, aber magerer und daher für Hunde, die zu Übergewicht neigen oder fettreduziert ernährt werden müssen, besser geeignet. Ich persönlich empfehle, Pansen und Blättermagen zu den 80 % Muskelfleisch zu zählen und nicht zu den 10 % Innereien. Sie dürfen ruhig ein- bis zweimal wöchentlich oder in geringen Mengen auch täglich verfüttert werden.

Bitte achte beim Pansen und beim Blättermagen ganz besonders auf gute Qualität. Verwende entweder Pansen von Bio- oder artgerecht gefütterten Weiderindern oder von Schafen bzw. Lämmern. Viele Mastrinder bekommen glyphosathaltiges Sojafutter aus Südamerika, was dann direkt in unsere Hunde gelangt und gesundheitliche Schäden verursacht.*

> Das Verfüttern von rohen Entgiftungsorganen wie Leber und Niere oder auch Pansen von Rindern aus der Mast ist eher bedenklich für den Hund. Versuche daher stets, gute Qualität für deinen Hund zu bekommen. Frage in BARF-Fachgeschäften, auf Biohöfen oder auch in Naturkostläden danach.

* www.beauftragter-sicherheit.uni-mainz.de/files/2016/08/Risiko-Glyphosat.pdf (Stand: 03.05.2021)

Milchprodukte

Milchprodukte sind kein Muss, stellen beim Hund jedoch eine gute alternative Fett- und Eiweißquelle bei der Rohfütterung dar, wenn keine Allergien oder andere Unverträglichkeiten vorliegen. Allerdings sollte der Anteil an Milchprodukten nicht mehr als 5 % der tierischen Gesamtration betragen. Ziegenmilch- und laktosefreie Kuhmilchprodukte sind oftmals besser verträglich als laktosehaltige. Im Allgemeinen liefern hochwertige, angesäuerte Milchprodukte wie Kefir, Buttermilch, Joghurt oder Dickmilch lebende Bakterienkulturen, die sich positiv auf die Darmflora des Hundes auswirken und besonders nach Durchfallerkrankungen und Antibiotikagaben hilfreich sein können. Darüber hinaus sind sie reich an Vitamin A und D. Sie sind deshalb bekömmlicher, weil durch die Milchsäurebakterien der Milchzucker in Milchsäure umgewandelt wird, die für den Hund besser verdaulich ist. Milchprodukte von Bioqualität sind eindeutig vorzuziehen, weil sie von Tieren stammen, die naturgerecht gehalten werden und deren Milch deutlich wertvoller und reiner ist als die von ihren konventionell gehaltenen Artgenossen.

In der folgenden Tabelle sind die Milchprodukte aufgeführt, die sich für Hunde eignen.

Milchprodukte	Eigenschaften und Hinweise
Ziegenmilchprodukte	auch für Welpen geeignet, da sehr gut verträglich
Butter	in geringen Mengen verwenden, um Gemüse schmackhafter zu machen
Buttermilch	zum Einweichen von Getreide
Dickmilch	gut verträglich
Sauermilch	gut verträglich
Frischkäse und Sahne	gut für Mäkelfresser zum Verfeinern von Mahlzeiten
Joghurt	zur Regeneration der Darmflora
Käse	als Leckerchen okay
Kefir	zur Regeneration der Darmflora; zum Einweichen von Getreide
Hüttenkäse	auch für Seniorenhunde gut verdaulich; gut für Mäkelfresser zum Verfeinern von Mahlzeiten
Quark	vorzugsweise aus Ziegenmilch, da sehr gut verträglich

Pflanzliche Gesamtration – Gemüse, Obst, Kräuter und Getreide

Gemüse und Obst sind ein weiterer wichtiger Grundbaustein in der Rohfütterung und dienen in erster Linie dazu, den Darminhalt des Beutetieres aus zerkleinerten, vorverdauten pflanzlichen Nahrungsbestandteilen zu imitieren. Die pflanzliche Gesamtration sollte 20–40 % der Gesamtfuttermenge ausmachen. Über diesen Nahrungsbestandteil wird der Hund mit Vitaminen, Mineralien, Enzymen und zum Teil sekundären Pflanzenstoffen versorgt. Faserstoffe im pflanzlichen Teil tragen darüber hinaus zur Darmpflege und Darmreinigung bei und lockern den Stuhl auf.

Die pflanzliche Gesamtration sollte sich folgendermaßen zusammensetzen:

- ✓ Gemüse: 70 % der pflanzlichen Gesamtration
- ✓ Obst: 30 % der pflanzlichen Gesamtration

Auch Kräuter gehören zu dem pflanzlichen Anteil einer BARF-Mahlzeit und stellen eine wertvolle Nahrungsbeilage dar. Sie sollten jedoch nicht im Übermaß verfüttert werden.

Sollte aufgrund eines typ- oder krankheitsbedingten Ernährungsplans die Verfütterung von Getreide sinnvoll sein, wird dieser Anteil ebenfalls der pflanzlichen Gesamtration zugeordnet und dafür der Gemüse- oder Obstanteil reduziert.

Gemüse

Da dem Hund die Enzyme fehlen, um die Zellstruktur pflanzlicher Futtermittel aufzuspalten, muss das Gemüse fein zerkleinert oder püriert werden. Ein Hund darf keine Auberginen (enthalten Solanin, das zu Krämpfen, Durchfall und Atemlähmung führen kann) und Avocados (enthalten Persin, das den Herzmuskel schädigt) fressen. Kohlsorten sollten gegart und nur in Maßen verfüttert werden. Bei Hunden, die zu Blähungen neigen, sollte man sie komplett weglassen. Blausäurehaltige Gemüsesorten wie Spinat, Mangold und Rote Bete sollten ebenfalls gegart werden – am besten schonend dampfgegart oder gedünstet und anschließend püriert. Sofern es dein Hund vom Magen her gut verträgt, solltest du jedoch das Verfüttern von rohem Gemüse vorziehen.

In der folgenden Tabelle sind die Gemüsesorten aufgeführt, die sich für Hunde eignen.

Gemüse	Eigenschaften und Hinweise*
Brokkoli, gegart	enthält K, Ca, P, Fe, Zn, Vitamin B1, B2, B6, E, C, A
Chicorée	enthält K, Ca, P, Na, Vitamin C, A
Chinakohl, gegart	enthält K, Ca, Mg, Vitamin C
Eisbergsalat	enthält Na, Mg, P, K, Ca, Fe, Vitamin A, C, B1, B2
Endiviensalat	enthält K, Ca, Folsäure, Vitamin A, C
Feldsalat	enthält K, Fe, I, Vitamin C, A
Fenchel	enthält K, Ca, Mg, Folsäure, Vitamin C
Garten- und Brunnenkresse	enthalten Fe, I, P, Ca, Vitamin A, B1, B2, C, E
Gurke	enthält K, P, Ca, Fe, Mg, Vitamin B6, B5, B3, C
Karotte	enthält K, P, Mg, Ca, Vitamin B1, B2, C, E
Kartoffel, gegart	enthält Na, K, Mg, Ca, P, Fe, Vitamin C, A
Knoblauch	wirkt wurmtreibend, antibakteriell, antimykotisch, hilft gegen Zecken und Parasiten; gut für Herz-Kreislauf-System; schützt Gefäße; wirkt antibiotisch, verdauungsregulierend und entkrampfend bei Koliken und Bronchialleiden; gut bei Magen-Darm-Beschwerden und bei Erbrechen; selten verfüttern
Knollen- und Staudensellerie	enthalten K, Ca, Fe, Vitamin B1, B2, B12, C, E
Kohlrabi	enthält K, Ca, P, Mg, Fe, Vitamin C, A, B1, B2; selten verfüttern
Kopfsalat	enthält K, Ca, P, Mg, Na, Vitamin A, Ca, B1, B2; selten verfüttern
Kürbis	enthält K, Ca, Folsäure, Vitamin E, B1, B2, B6, C, A, D
Kürbiskerne	gut bei Blasenbeschwerden, Harnträufeln und Prostatabeschwerden

Gemüse	Eigenschaften und Hinweise*
Lauch	enthält K, Ca, Mg, Vitamin C; wirkt antibiotisch; selten verfüttern
Mangold, gegart	enthält Na, Mg, K, Fe, Vitamin K, A, E
Pastinake	enthält K, P, Ca, Vitamin C
Rote Bete, gegart	enthält K, Mg, Fe, Cu, Ca, P, Na, S, Vitamin A, B, C
Rucola	enthält Vitamin C
Spargel	enthält Fe, K, Ca, P, I, Vitamin A, B, C
Spinat, gegart	enthält K, Ca, Na, P, Mg, Vitamin B, C, E
Süßkartoffel	enthält K, Zn, Mn, Cu, Vitamin C, K, E, A, B5, B6
Zucchini	enthält K, Ca, P, Na, Fe, Vitamin A, C

Immer wieder kommt die Frage auf, ob Gemüse und Obst geschält werden sollten. Hier ist es entscheidend, ob diese biologisch angebaut oder chemisch behandelt wurden. Obwohl sich viele Vitamine direkt unter der Schale befinden, würde ich bei konventionellem Obst und Gemüse das Beseitigen schädlicher Pestizide als wichtiger erachten und die Schalen entfernen oder zumindest gründlich mit der Gemüsebürste bearbeiten.

Schaue im Naturkostladen nach Angeboten, oder frage, ob du Gemüse zweiter Wahl günstig bekommen kannst. Deinen Hund interessiert das Äußere nicht. Schimmelige oder faulige Stellen solltest du großzügig entfernen. Die pflanzlichen Futterrationen können auch püriert und dann portionsweise eingefroren werden. Der Verlust an Vitaminen hält sich dabei in Grenzen, und du kannst immer darauf zurückgreifen, wenn es dir an Zeit fehlt.

> Ein gesunder Hund kann mühelos Aas verdauen, Chemie hat in seinem Körper aber nichts zu suchen und verursacht dort die gleichen Schäden wie beim Menschen.

* Kalium (K), Calcium (Ca), Phosphor (P), Eisen (Fe), Zink (Zn), Natrium (Na), Magnesium (Mg), Jod (I), Kupfer (Cu), Schwefel (S)

Obst

Für die Hundeernährung eignen sich nahezu alle Fruchtsorten. Auch das Obst muss vor der Fütterung püriert werden, damit es vom Hund verwertet werden kann. Es sollte immer reif, wenn nicht gar überreif, aber niemals schimmelig sein. Kerne und unverdauliche Schalen (z.B. von Bananen) müssen entfernt werden. Da Obst oft sehr gern von Hunden angenommen wird, kann es, in Stücke geschnitten, als Leckerchen verfüttert werden.

In der folgenden Tabelle sind die Obstsorten aufgeführt, die sich für Hunde eignen.

Obst	Eigenschaften und Hinweise
Apfel	reich an Vitamin C; hilft bei Durchfall
Aronia-Beere	reich an Antioxidantien; gut bei Infektionen und Entzündungen aller Art; als Saft erhältlich
Banane	enthält viel Calcium und Kalium; überreif verfüttern
Birne	wirkt entgiftend; bindet Schwermetalle
Brombeere	reich an Vitamin C; hilft bei Durchfall
Erdbeere	wirkt entgiftend; stärkt Immunsystem; hilft bei Durchfall und Blähungen
Feige	wirkt abführend
Grapefruit	unterstützt Immunsystem, Zellwachstum und gesunde Darmflora; selten verfüttern
Heidelbeere	wirkt beruhigend, antibakteriell und entzündungshemmend; bei Durchfall getrocknet verabreichen
Himbeere	reich an Vitamin C; wirkt entwässernd; hilft bei Verstopfung und Blutungen
Johannisbeere	rote Beeren: stärken Herz und Muskeln; schwarze Beeren: wirken hustenlindernd
Kakifrucht	reich an Karotin; nur überreif verfüttern

Obst	Eigenschaften und Hinweise
Kiwi	stärkt Immunsystem, Bindegewebe und Herz; gut für Stoffwechsel; mit Schale und selten verfüttern
Kirsche	wirkt entzündungshemmend; gut bei Rheuma und Arthrose; schadstoffbindend
Mandarine und Orange	reich an Vitamin C; nur in kleinen Mengen verfüttern
Mango	schützt Schleimhäute; stärkt Herz, Muskeln und Nerven
Pfirsich und Nektarine	stärken Immunsystem; wirken entwässernd; gut für Herz
Pflaume	reich an Vitamin B
Stachelbeere	wirkt darmreinigend und entschlackend; schützt die Gefäße
Wassermelone	stärkt Immunsystem und Schleimhäute; unterstützt die Eiweißsynthese

Kräuter und Co

Es gibt viele Kräuter und andere Pflanzen bzw. Pflanzenteile, die sich für den Hund als Nahrungsbeilage eignen, z. B. Brennnessel, Dill, Borretsch, Klee, Brunnenkresse, Petersilie, Gräser, Gänseblümchen- und Brombeerblätter. Aber auch Küchenkräuter und Kräutermischungen, die im Handel erhältlich sind, können vom Hund gefressen werden. Bei getrockneten Kräutern können pro 10 kg Körpergewicht 2–3 g täglich verfüttert werden, bei frischen Kräutern ungefähr die doppelte Menge.

Heilkräuter mit starker medizinischer Wirkung sollten nur unter Anleitung eines Phytotherapeuten oder einer anderen Fachperson und als Kur verfüttert werden. Pürierte frische Kräuter in den Mahlzeiten der Hunde sind wichtig für die Darmflora, stärken das Immunsystem, wirken antibiotisch und schmecken gut.

Damit die therapeutische Wirkung nicht verloren geht und der Körper keine Immunität entwickelt, sollte die Auswahl der Kräuter immer variieren und nie von einer Sorte zu viel auf einmal und über einen längeren Zeitraum hinweg verfüttert werden. Sammle Kräuter und Pflanzenteile bitte nur im eigenen Garten und an unbelasteten Stellen in der Natur, oder kaufe sie in biozertifizierten Gärtnereien. Durch Pestizide verlieren Blüten und Pflanzen ihre antibakteriellen Inhaltsstoffe und somit auch ihre therapeutische bzw. ernährungsphysiologische Wirkung.

In den folgenden Tabellen sind Kräuter und Pflanzenteile aufgeführt, die sich für Hunde eignen. Kräuter, die stark auf den Kopf und die Konzentration wirken, beispielsweise Rosmarin und Salbei, sollten nicht bei Epilepsie eingesetzt werden – weder frisch noch als Tee oder ätherisches Öl.

Garten- und Küchenkräuter	Eigenschaften und Hinweise
Basilikum (Blatt und Stängel)	wirkt antibakteriell und wurmtreibend; nicht bei Trächtigkeit verfüttern
Dill	gut bei Magenbeschwerden und Blähungen
Estragon	wirkt beruhigend und krampflösend
Gerstengras	ist reich an Vital- und Nährstoffen
Majoran	gut für Atemwege, bei Husten und Asthma; stärkt Nerven und Magen
Minze	wirkt desinfizierend und antiseptisch
Oregano	gut bei Bronchialbeschwerden; wirkt krampflösend, nervenstärkend, auswurffördernd, antimykotisch und desinfizierend
Petersilie	gut bei Blasen- und Nierensteinen und Scheinträchtigkeit; reich an Vitamin C; nicht bei Trächtigkeit verfüttern
Pfefferminze	gut für Magen und Darm
Rosmarin	wirkt anregend und belebend; hilft bei Kreislauferkrankungen, Rheuma, Nierenleiden und Blähungen
Salbei	wirkt antibakteriell und gegen Parasiten und Würmer; hilft bei Erkältung, Husten, Hals- und Kehlkopfentzündungen, Entzündungen in der Maulhöhle, der Maul- und der Darmschleimhaut; gut bei Diabetes; nicht bei Trächtigkeit verfüttern
Schnittlauch	wirkt antibiotisch; gut für Nieren, Blase und Magen; reich an Vitamin C; selten verfüttern
Thymian	wirkt antibiotisch und antimykotisch; gut bei Atemwegserkrankungen; wirkt wurmtreibend, schleimlösend und fiebersenkend; nur gezielt einsetzen, da starke therapeutische Wirkung
Zitronenmelisse	wirkt beruhigend

Wildkräuter	Eigenschaften und Hinweise
Bärlauch	wirkt antibakteriell; selten verfüttern
Beifuß	hilft bei Durchfall und Erbrechen; gut bei Epilepsie (als Pulver verabreicht)
Beinwell	gut bei Magengeschwüren; hilft bei Zerrungen, Schwellungen und Wunden (als Salbe)
Birkenblätter	gut für Nieren und Blase; helfen bei Rheuma
Breitwegerich	wirkt entzündungshemmend und adstringierend; gut bei Durchfall
Brennnessel	hilft bei Rheuma, Arthritis, Blasensteinen, Problemen des Urogenitaltraktes und schwachen Nieren
Brombeerblätter	gut bei Durchfall und Atemwegserkrankungen
Brunnenkresse	gut für Atemwege und Haut
Gänseblümchenblätter	wirken harntreibend und reinigend auf den gesamten Organismus; selten verfüttern
Gras	reich an Faserstoffen, daher gut für Verdauungstrakt
Himbeerblätter	im Juni pflücken; gut bei Durchfall; wirken schmerzstillend und reinigend auf den gesamten Organismus
Kamille	wirkt schmerzstillend, entzündungshemmend, verdauungsfördernd und beruhigend
Karde	hilft bei Borreliose
Katzenkralle	hilft bei Borreliose und anderen Immunerkrankungen
Löwenzahnblätter	wirken reinigend auf den gesamten Organismus, appetitanregend und leberstärkend
Sauerampfer	reich an Vitamin C; wirkt entzündungshemmend und fiebersenkend; sparsam einsetzen

Das Frühjahr ist die beste Zeit, um Wildkräuter zu sammeln. Eine Handvoll Löwenzahn oder Brennnesseln in der Mahlzeit eines ca. 30 kg schweren Hundes ist gesund und regt die Entschlackung und Entgiftung an.

Getreide

Getreide enthält sowohl Kohlenhydrate als auch Stärke. Wenn es verfüttert wird, sollte es einen Anteil von 5–10 % der pflanzlichen Gesamtration nicht überschreiten. Weil sie in unbehandelter Form vom Verdauungstrakt des Hundes nicht verwertet werden können, müssen ganze Getreidekörner fein geschrotet, gemahlen, geflockt oder gekocht werden. Bei Letzterem ist zu beachten, dass die Körner so lange gekocht werden, bis sie zerfallen und matschig werden, damit der Hund sie besser verdauen kann.

Getreideflocken sollten etwa 15 Minuten vor dem Verfüttern in Wasser, Saft, Buttermilch, Kefir, salz- und hefefreier Brühe, Joghurt, Ziegenmilch oder Sauermilch eingeweicht werden. Dauerhaft in überhöhtem Maße verfüttert, kann Getreide zu ernährungsbedingten Krankheiten wie Diabetes führen.

Physiologisch gesehen benötigt der Hund keine Kohlenhydrate aus Getreide, denn er bezieht seine Energie vorwiegend aus Fett und teilweise aus Eiweiß. Kohlenhydrate liefern schnelle Energie, was für Leistungshunde oder sehr große Tiere in Bezug auf die Sättigung bedeutsam sein kann. Voraussetzung für die Verfütterung von Getreide ist, dass diesem gegenüber keine Unverträglichkeiten bestehen. Die glutenfreien und verträglichsten Sorten sind Hirse, Quinoa, Amaranth, Buchweizen und Vollkornreis. Andererseits macht Getreide dick, denn die darin enthaltene Stärke wird schnell in Glucose (Zucker) verwandelt, die in der Leber und den Muskeln als Reserve gespeichert wird. Wenn die Speicher voll sind, wird sie in Fett umgewandelt. Gerade deswegen kann man Getreide aber gut bei mageren Tieren einsetzen.

Getreide sollte nicht bei Epilepsie, Entzündungen sowie Krebs- und Bauchspeicheldrüsenerkrankungen verfüttert werden. Bei Allergien und Gelenkserkrankungen wie Arthrose verwende bitte ausschließlich glutenfreie Sorten.

In der folgenden Tabelle sind die Getreidesorten aufgeführt, die sich für Hunde eignen.

Getreide	Zubereitung und Eigenschaften
Amaranth	gemahlen, geflockt oder als gekochter Brei; enthält Eiweiße und ungesättigte Fettsäuren; glutenfrei
Braunhirsemehl	gut für die Gelenke und bei Arthrose/Arthritis; glutenfrei
Buchweizen	geflockt, geschrotet oder als gekochter Brei; vitamin- und mineralstoffreich; gut bei hohem Blutzuckerspiegel; glutenfrei
Dinkel	geflockt oder geschrotet; glutenreich
Hafer	geflockt oder geschrotet; glutenarm; manche Sorten sind sogar glutenfrei und daher vorzuziehen
Hirse	geflockt, gemahlen oder als gekochter Brei; reich an Eiweiß, Kieselsäure und Vitamin B17; glutenfrei
Mais	muss gekocht werden; glutenfrei
Quinoa	gut waschen, danach kochen oder zerkleinert in Wasser, Saft oder Milchprodukten quellen lassen; glutenfrei
Reis	muss gekocht werden; reich an Kohlenhydraten; glutenfrei

Öle und Fette

Öle liefern neben gesättigten und einfach ungesättigten Fettsäuren auch die besonders wichtigen mehrfach ungesättigten Fettsäuren, die vom Hundekörper nicht selbst gebildet werden können. Sie sind daher lebenswichtig. Fettsäuren, die über die Nahrung aufgenommen werden müssen, werden als »essenziell« bezeichnet und lassen sich in Omega-3- und Omega-6-Fettsäuren unterteilen.

Der Hund nimmt durch rohes Fleisch viele Omega-6-Fettsäuren auf, daher solltest du beim Öl darauf achten, dass es reich an Omega-3-Fettsäuren ist. Dies trifft auf Fischöle wie Lachsöl, Dorschöl und Lebertran und einige pflanzliche Öle wie Leinöl, Rapsöl, Hanföl und Walnussöl zu. Um den Hunden ein großes Angebot an Fettsäuren zur Verfügung zu stellen und um Mangelerscheinungen vorzubeugen, sollte nie nur eine einzige Ölsorte verfüttert werden, sondern öfter zwischen mehreren Ölen gewechselt werden. Ein Mangel an essenziellen Fettsäuren kann zu Haut- und Fellproblemen wie Ekzeme und Schuppen führen oder schwerwiegende Stoffwechselprobleme nach sich ziehen. Bitte benutze ausschließlich kalt gepresste Öle in Bioqualität, und stelle sicher, dass zur Herstellung der Fischöle Tiere aus dem Wildfang verwendet wurden.

Fische aus der Mast bzw. Aquakultur werden mit ethoxyquinhaltigem Futter ernährt. Über das Fischöl gelangt die Chemikalie in den Körper des Hundes und kann u. a. allergische Reaktionen hervorrufen.

Im Normalfall sollte pro 10 kg Körpergewicht täglich 1 TL Öl verfüttert werden. Durch eine dauerhafte Überdosierung kann es zu Leberproblemen oder Bauchspeicheldrüsenentzündungen kommen. Bei Besonderheiten wie Mangelzuständen, außergewöhnlicher Aktivität, Fettleibigkeit oder speziellen Erkrankungen sollte die Ölzufuhr entsprechend reduziert oder erhöht werden. Lasse dich dahin gehend von einer Fachperson beraten.

In der folgenden Tabelle sind die Öle aufgeführt, die sich für Hunde eignen.

Öle	Eigenschaften und Hinweise
Borretschöl	regt den Stoffwechsel an; hilft bei trockener Haut, Ekzemen und Arthrose; reguliert den Hormonhaushalt; Omega-6-Fettsäuren überwiegen
Distelöl	hoher Gehalt an wertvoller Linolsäure; Omega-6-Fettsäuren überwiegen
Dorschöl	senkt Krebsrisiko; gut für das Fell; Omega-3-Fettsäuren überwiegen
Erdnussöl	senkt Blutdruck und Cholesterinwerte; Omega-6-Fettsäuren überwiegen
Fischöl	hilft bei Krankheiten und Entzündungen aller Art; hoher Gehalt an Omega-3-Fettsäuren
Gänseschmalz	hilft bei Untergewicht; gut geeignet zum Verfeinern von Mahlzeiten für Mäkelfresser
Hanföl	reich an Omega-3- und Omega-6-Fettsäuren
Haselnussöl	reich an Vitamin E; Omega-6-Fettsäuren überwiegen
Knoblauchöl	gut gegen Parasiten
Kokosöl und -fett	zur Zecken- und Wurmprophylaxe; bei Wurmbefall: 1 TL je 20 kg Körpergewicht
Kürbiskernöl	gut für Prostata, Harnwege und Immunsystem; Omega-6-Fettsäuren überwiegen
Lebertran	reich an Vitamin A und D; gut für Knochenbau; nicht immer gut verträglich; Omega-3-Fettsäuren überwiegen
Leinöl	hilft bei Entzündungen im Verdauungstrakt, Allergien, Haut problemen, Juckreiz, Ekzemen und Schuppen; Omega-3-Fettsäuren überwiegen
Maiskeimöl	reich an Vitamin E
Nachtkerzenöl	stärkt das Immunsystem; hilft bei Allergien; gut für Haut; Omega-3-Fettsäuren überwiegen

Öle	Eigenschaften und Hinweise
Olivenöl	gut für Zellaufbau und Blut; Omega-6-Fettsäuren überwiegen
Rapsöl	wirkt entzündungshemmend; gut bei Arthrose; Omega-6-Fettsäuren überwiegen
Reiskeimöl	unterstützt den Muskelaufbau; Omega-6-Fettsäuren überwiegen
Schwarzkümmelöl	gut für Atemwege; hilft bei Hauterkrankungen; nur als Kur verfüttern; Omega-6-Fettsäuren überwiegen
Sojaöl	für Hunde nicht allzu wertvoll; Omega-6-Fettsäuren überwiegen
Sonnenblumenöl	für Hunde nicht allzu wertvoll; Omega-6-Fettsäuren überwiegen
Walnussöl	schützt vor Herzerkrankungen; enthält viele Vitamine und Mineralstoffe; Omega-3-Fettsäuren überwiegen
Weizenkeimöl	reich an Vitamin E; Omega-6-Fettsäuren überwiegen

Sonstige Futterergänzungen

Fisch ist als Hundefutter geeignet und besonders reich an Omega-3-Fettsäuren. Er sollte immer frisch verfüttert werden, jedoch aufgrund der hohen Quecksilberbelastung nicht täglich in großen Mengen. Makrele, Lachs und Hering eignen sich am besten für den Hund, da sie viele mehrfach ungesättigte Fettsäuren, Vitamin B und Mineralstoffe enthalten. Allerdings kann Fisch aus einer Aquakultur stark mit Chemikalien belastet sein. Von der Verwendung von Krillöl rate ich ab, da Krill, der in der Antarktis gefischt wird, ein Hauptnahrungsmittel von dort lebenden Tieren ist, die durch die Überfischung große Probleme bekommen.

Ei sollte roh verfüttert werden. Es ist sehr gut verdaulich und als Vollei gefüttert darüber hinaus ein guter Eiweißlieferant für Hunde in der Rekonvaleszenz. Im Allgemeinen wird jedoch empfohlen, dem Hund etwa zwei- bis dreimal wöchentlich nur das Eigelb zu verfüttern. Eiklar enthält das Protein Avidin, das Biotin bindet und somit einen Mangel auslösen kann. Ganze Eier sind sehr calciumreich, wenn man die Schale mitfüttert.

Eine Eierschale wiegt ca. 6 g und besteht zu 37 % aus Calcium. Hunde, die zu Sodbrennen neigen (Schmatzer), sollten keine Eierschalen bekommen.

Sprossen und Nüsse können in kleinen Mengen und gemahlen verfüttert werden. Die Ausnahme sind Macadamianüsse – diese können beim Hund heftige Reaktionen auslösen.

Manche Futterergänzungsmittel können dauerhaft zur Aufwertung der täglichen Mahlzeiten verfüttert werden. Dazu gehören Honig und Gerstengraspulver. Andere Mittel wie Propolis sind dagegen eher kurweise für mehrere Wochen zur Regulierung der Darmflora oder Entwurmung einzusetzen. Bei alten und kranken Tieren muss individuell über die Dauer der Verabreichung entschieden werden.

In der folgenden Tabelle sind einige Zusatzfuttermittel aufgeführt, die sich für Hunde eignen.

Futterergänzungen	Eigenschaften und Hinweise
Aloe vera	stärkt Immunsystem; wirkt entgiftend; gut für Verdauungstrakt und Haut (Ekzeme, Pilze, Juckreiz)
Apfelessig, naturtrüb	Essigsäure unterstützt Arbeit der Magensäure und kann Bildung von Fäulnisbakterien im Verdauungstrakt verhindern; gegen Candida (Darmpilz) einsetzbar; überlagert Geruch läufiger Hündinnen; nicht bei Hunden mit Magen- oder Darmentzündung einsetzen
Bierhefe	reich an Vitamin B und Mineralstoffen; unterstützt beim Fellwechsel; nicht für Hunde, die unter Epilepsie oder Allergien leiden, geeignet, da reizauslösend
Fermentgetreide (Kanne Brottrunk Enzym-Ferment-getreide)	enthält verdauungsfördernde Milchsäuren; ist reich an Enzymen, Mineralstoffen und Spurenelementen; unterstützt gesunde Darmflora und Immunsystem; gut für Fell und Haut; hilft bei Darmparasiten und Hefepilzen
Gerstengraspulver	reich an Nähr- und Vitalstoffen; kann dauerhaft als Nahrungsergänzung gefüttert werden

Futterergänzungen	Eigenschaften und Hinweise
Grünlippmuschelpulver	gut bei Erkrankungen des Bewegungsapparates wie Hüftdysplasie, Spondylose und Arthrose; hoher Anteil an Glykosaminoglykanen, die Bestandteil der Gelenkschmiere sind; unterstützt Bindegewebe; wirkt entzündungshemmend
Heilerde	gezielt bei Magen- und Darmproblemen einsetzbar; hilft bei Blähungen und Entzündungen; leitet Toxine aus; bindet Nährstoffe, daher nicht dauerhaft zu den Hauptmahlzeiten verfüttern
Honig	enthält Enzyme, Mineralien und Vitamine; hilft bei Entzündungen und Bronchialleiden; gut für Magen und Darm
Kristallsalz	eine Prise pro Mahlzeit, wenn selbst gekocht wird
Kieselerde	stärkt Bänder und Sehnen; gut für Fell, Haut und Krallen; unterstützt die Einlagerung von Calcium
Methylsulfonylmethan (organische Schwefelverbindung; kurz: MSM)	unterstützt Immunsystem; gut für Knorpel, Haut, Fell und Krallen; unterstützt Bewegungsapparat; hilft bei Allergien, Arthrose, Hüftdysplasie, Verstauchungen und Zerrungen; wirkt entgiftend, schmerzlindernd und entzündungshemmend; gut für den Verdauungstrakt; das für Hunde am besten verträgliche Schmerzmittel
Propolis (Kittharz der Bienen)	tötet Bakterien, Viren und Pilze ab; natürliches Antibiotikum; stärkt als Kur Immunsystem; gut für Darmflora, Herz, Kreislauf und Atemwege; hilft bei Entzündungen im Maul und Rachenraum, der Nieren und des Harnapparates, bei Allergien, Schilddrüsenleiden und Lebererkrankungen

Ernährungsvorschläge bei bestimmten Krankheitsbildern

Pankreasinsuffizienz: BARF oder hochwertiges Feuchtfutter; Geflügel; Lebensmittel mit hochwertigen Eiweißen (z. B. Hüttenkäse); Fischöle; keine stärkehaltigen Lebensmittel wie Bananen, Kartoffeln, Süßkartoffeln, Getreide aller Art; keine Knochen; mehrere kleine Mahlzeiten; Verdauungsenzympräparate ergänzen

Gelenkserkrankungen: BARF oder hochwertiges Feuchtfutter, das getreidefrei ist oder nicht mehr als 5 % glutenfreies Getreide enthält; Fischöle sowie schmerzlindernde und knorpelbildende Nahrungsergänzungsmittel wie MSM und Chondroitin/Glucosamin; Hagebuttenmehl als Vitamin-C-Quelle; Braunhirsemehl; Lebensmittel mit hohem Anteil an Antioxidantien; Grünlippmuschelpulver; Teufelskralle (nicht bei empfindlichem Magen); Knoblauch und Ingwer (nicht für Hunde mit empfindlichem Magen oder hitzeempfindliche Feuer-Typen geeignet)

Krebserkrankungen: BARF oder hochwertiges Feuchtfutter ohne Getreide; Lebensmittel mit hochwertigen Proteinen wie Geflügel, Rind, Bries und Leber in Bioqualität oder Wild; wertvolle Omega-3-Fettsäuren (siehe »Öle und Fette« S. 60); Fisch, Eigelb und Nüsse (außer Macadamianüsse); enzymreiches Obst, bittere Aprikosenkerne und Lebensmittel, die reich an Vitamin B17 sind; MSM-Präparate als Nahrungsergänzungsmittel

Lebererkrankungen: BARF oder hochwertiges Feuchtfutter mit reduziertem roten Fleisch- und Innereienanteil und erhöhtem Gemüse- und Getreideanteil; Geflügel, Ei, Hüttenkäse, Joghurt, Hirse, Rote Bete, Brokkoli, Sellerie, gekochte Kartoffeln, grünes Blattgemüse, Löwenzahn und Artischocke; mehrere kleine Mahlzeiten

Nierenerkrankungen: BARF ohne Knochen oder hochwertiges Feuchtfutter; Phosphorreduzierung durch weniger rohes Fleisch und dafür höherem pflanzlichem Anteil (Gemüse und glutenfreies Getreide); Brennnessel, Löwenzahn und Petersilie; mehrere kleine Mahlzeiten

Magenschleimhautentzündung: gegartes Futter – entweder Fleisch und Gemüse selbst möglichst schonend garen oder hochwertiges Feuchtfutter ohne Zusatzstoffe verfüttern; Mahlzeiten sollten immer mindestens Zimmertemperatur haben; Fenchel-Anis-Kümmel-Mischungen oder -Tees; zeitweilig schleimhautstärkende oder säurebindende Zusätze wie Leinsaat- oder Ulmenrindenschleim

Wenn dein Hund krank ist, nimm die Hilfe von einem gut ausgebildeten Ernährungsberater für Hunde in Anspruch.

Ehemalige Straßenhunde, die sich von Essensresten ernähren mussten, sind von der Schmackhaftigkeit gesunder Hundenahrung manchmal nicht zu überzeugen, weil diese mit ihrer Futterprägung nicht konform geht. Hier solltest du nicht verzweifeln, sondern dem Hund sein gewohntes Futter geben und ihn zudem mit gesunden Zusätzen versorgen, damit keine Mangelerscheinungen auftreten können. Vorher kannst du jedoch versuchen, deinem Mäkelfresser gesündere Mahlzeiten mit natürlichen Aromen schmackhaft zu machen. Dazu gehören salz- und hefefreie Hühner- und Rinderbrühe sowie in Wasser aufgelöste Leberwurst, die über die Mahlzeit gegeben wird. Auch geriebener Parmesankäse kann eine Mahlzeit interessant machen. Wenn dein mäkeliger griechischer Tierschutzhund für Gyrosfleisch sterben würde, dann mische ihm doch ab und zu ein paar Brocken davon in seine Mahlzeiten, um ihn zum Fressen zu animieren. Was spricht dagegen? Manchmal muss man Kompromisse eingehen, damit beide Seiten glücklich sind.

Der Ernährungsplan sollte individuell an die Bedürfnisse des Hundes angepasst werden. Frische, teilweise rohe Nahrungsmittel sind auch für dich sehr gesund. Dein Seelenhund würde sich freuen, wenn du deine Ernährungsgewohnheiten einmal in Ruhe reflektiertest.

Rezepte für gesunde Hundemahlzeiten (Tagesration)

Bei den Mengenangaben handelt es sich lediglich um Durchschnittswerte, die den individuellen Bedürfnissen des Hundes angepasst werden müssen.

Allerlei vom Rind an Feldsalat mit Apfel und Möhre

Zutaten	Hund bis 8 kg	Hund bis 20 kg	Hund bis 40 kg
Rinderpansen oder Blättermagen	60 g	110 g	200 g
Rindermuskelfleisch	70 g	140 g	300 g
Apfel-Möhre-Mix	30 g	60 g	140 g
Feldsalat	10 g	30 g	60 g
Dorschlebertran	½ TL	1 TL	2 TL
Löwenzahn	5 grüne Blätter	10 grüne Blätter	1 Handvoll Blätter

Hühnchen mit Zucchini, Fenchel und Birne

Zutaten	Hund bis 8 kg	Hund bis 20 kg	Hund bis 40 kg
Hühnchenfleisch	130 g	250 g	500 g
Zucchini und Fenchel	20 g	40 g	100 g
Birne	10 g	20 g	40 g
Eichblattsalat	10 g	30 g	60 g
Hanföl	1 TL	2–3 TL	4 TL
Brennnessel	5 grüne Blätter	10 grüne Blätter	1 Handvoll Blätter

Lamm mit Roter Bete, Quinoa und Brombeeren

Zutaten	Hund bis 8 kg	Hund bis 20 kg	Hund bis 40 kg
Lammfleisch	70 g	140 g	300 g
Lammpansen	60 g	110 g	200 g
Rote Bete	20 g	40 g	100 g
Brombeere	10 g	30 g	60 g
Lachsöl	1 TL	2–3 TL	4 TL
Quinoa, gekocht	1 TL	1 EL	2 EL
Zitronenmelisse	5 grüne Blätter	10 grüne Blätter	1 Handvoll Blätter

Morgens Hühnerleber mit Hirse und Spinat und abends Putenhals

Zutaten	Hund bis 8 kg	Hund bis 20 kg	Hund bis 40 kg
Hirse und Spinat, gekocht	60 g	110 g	200 g
Hühnerleber	20 g	40 g	100 g
Walnussöl	1 TL	2–3 TL	4 TL
Knoblauch, frisch	1 kleine Zehe	1 Zehe	2 Zehen
Putenhals	70 g	140 g	300 g

Wenn keine frischen Knochen zugefüttert werden, müssen die Hundemahlzeiten mit Knochenmehl, Algenkalk oder Eierschalenmehl ergänzt werden. Putenhälse, Hähnchenschenkel, Rippchen, Pansen am Stück, Knochen und große Kauartikel sollten vorzugsweise auf einer Matte, auf dem Balkon oder im Garten serviert werden. In BARF-Shops werden auch Fleischmischungen angeboten, deren Anteil an Muskelfleisch und Innereien relativ ausgewogen ist. Diese müssen lediglich mit Gemüse, Obst, Kräutern, Öl und gegebenenfalls einem Calciumpräparat ergänzt werden. Ich bin keine

Befürworterin von Menüs, die bereits fix und fertig zum Verfüttern angeboten werden. Für den Notfall sind diese okay, aber dauerhaft würde ich die frische Zubereitung von Gemüse, Obst und Kräutern bevorzugen und verschiedene Öle mit einem hohen Anteil an Omega-3-Fettsäuren verfüttern. Alles andere ist in meinen Augen Fast Food, das dein Hund vielleicht sogar ablehnen wird. Die Erfahrung hat gezeigt, dass Hunden das selbst zusammengestellte Futter meist viel besser schmeckt.

Rohes Fleisch sollte zum Auftauen aus der Verpackung genommen und in eine Glasschüssel mit Deckel gelegt werden. Je langsamer das Fleisch auftaut, desto besser. Die sich während des Auftauens bildenden Flüssigkeiten enthalten wertvolle Mineralstoffe, also entsorge diese nicht, sondern verfüttere sie mit. Für den Fall, dass du einmal vergessen hast, das Fleisch rechtzeitig aus dem Gefrierschrank zu holen, solltest du immer ein gutes Feuchtfutter im Vorratsschrank stehen haben.

Manche Ernährungsberater für Hunde arbeiten mit Bedarfsberechnungen. Ich frage mich, wie diese 100%ig genau umgesetzt werden sollen, schließlich haben sämtliche Lebensmittel je nach Qualität und Herkunft völlig unterschiedliche Nährwerte. Die Einhaltung eines gewissen Rahmens ist jedoch sicher empfehlenswert.

Man sollte die drei genannten Ernährungsmöglichkeiten nicht in einer Mahlzeit miteinander mischen, da sie unterschiedlich lange Verdauungszeiten haben und der Organismus des Hundes dadurch unnötig belastet werden würde. Es spricht jedoch nichts dagegen, morgens ein gutes, kalt gepresstes Trockenfutter oder eine hochwertige Dosennahrung zu füttern und dem Hund abends in Ruhe eine üppige, ausgewogene BARF-Mahlzeit zuzubereiten. In meinen Augen ist das ein guter Kompromiss für alle Menschen, die morgens wenig Zeit haben, aber dennoch gern roh füttern würden. Nichts ist ungesünder für den Hund als eine gestresste Bezugsperson und das Gefühl, eine Last für sie zu sein.

Im Folgenden findest du noch etwas zum Selbermachen.

Kauartikel und Dörrfleisch

Schneide Lunge, Herz oder Pansen vom Rind, Herzen, Mägen oder Leber vom Geflügel in dünne Scheiben, und verteile diese auf einem Backblech. Lasse die Scheiben bei 150 °C für ein bis zwei Stunden im Ofen garen. Schalte ihn danach auf 100 °C herunter, und lasse sie für weitere ein bis drei Stunden trocknen. Lasse eventuell die Ofentür einen Spaltbreit offen, damit die Feuchtigkeit entweichen kann. Solltest du Pansen selbst trocknen, kannst du auch gleich Fenster und Terrassentür öffnen.

Vorsicht! In vielen großen Geschäften und im Internet werden getrocknete Kauartikel aus Übersee, z. B. aus Indien und China, billig angeboten. Wenn diese Produkte in Deutschland verpackt wurden, ist das Herkunftsland nicht mehr zu erkennen. Aufgrund der langen Transportwege durch verschiedene Klimazonen ist es erforderlich, solche Trockenwaren gegen Verderb und Insektenbefall zu behandeln. Deshalb werden sie mit Insektenvernichtungsmitteln und anderen chemischen Substanzen begast und sind somit bedenklich für die Gesundheit unserer Hunde. Kaufe daher bitte nur getrocknete Kauartikel, die in Deutschland produziert worden sind, oder stelle sie selbst her.

Selbst gebackene, glutenfreie Hundekekse

Vermische Buchweizenmehl und Rinderhackfleisch zu gleichen Teilen, einen Schuss Möhrensaft, eine Prise Meer- oder Kristallsalz und etwas Petersilie zu einem Teig. Gib die Masse auf ein mit Backpapier ausgelegtes Backblech, rolle sie dünn aus, und backe sie für ca. 15 Minuten bei 200 °C. Schneide das Ganze anschließend mit einer Schere in kleine Stücke, und gib diese für weitere fünf bis zehn Minuten in den Backofen. Lasse zum Schluss alles im Backofen auskühlen, damit die Stückchen trocken und hart werden und dementsprechend lange haltbar sind. Sollten sie nicht ganz trocken bzw. hart geworden sein, müssen sie innerhalb einer Woche verbraucht werden, ansonsten sind sie auch länger haltbar.

Was die Zutaten betrifft, so kann dieses Rezept flexibel angewendet werden. Anstatt Buchweizenmehl kann man auch Kichererbsen- oder Hanfmehl nehmen. Für eine glutenhaltige Variante eignet sich auch Dinkelvollkornmehl. Die Petersilie kann durch andere Kräuter ersetzt werden – je nachdem, was gerade zur Verfügung steht. Um Abwechslung in die Leckerlis zu bringen, kann man statt des Rinderhackfleisches auch Fisch und Gemüse (Brokkoli, Möhren, Spinat etc.) nehmen, wenn diese vom Mittagessen übrig geblieben und nicht allzu stark gewürzt sind.

Dinner for two – lecker für Mensch und Hund

Herbst ist Kürbiszeit – dann steht dieses köstliche Gemüse mehrmals im Monat auf unserem Speiseplan. Statt Kürbisse zu kaufen, kann man sie auch leicht selbst anpflanzen. Dafür muss man einfach im Frühjahr die Kerne von einem Kürbis in einen Kübel setzen. Ich habe das vor einigen Jahren auf unserer damaligen Dachterrasse gemacht. Einige Monate später konnten wir sechs Hokkaidos ernten. Diese Kürbispflanze ist sehr genügsam und braucht nur ein bisschen Platz zum Ranken – entweder im Garten, auf dem Balkon oder unter einem Garagendach. Es gibt 1001 Rezepte für Kürbissuppen. Hier ist ein ganz einfaches für dich und deinen Hund:

Kürbissuppe

Zutaten: ca. 1 kg Hokkaido, 2 Möhren, 1 Süßkartoffel, 1 EL Kokosfett, 1 Knoblauchzehe, 50 ml Sahne, frische Kräuter wie Koriander und Petersilie, 1 Prise Meer- oder Kristallsalz
nach Geschmack: Limettensaft, Kokosmilch, Chili, Curry, Sojasoße

Zubereitung: Schneide den Hokkaido, die Möhren und die Süßkartoffel in kleine Stücke, und brate alles in dem Kokosfett an. Bedecke das Gemüse mit 500 ml heißem Wasser, und lasse das Ganze bei niedriger Temperatur köcheln. Gib nach einer Garzeit von ca. 20 Minuten den Knoblauch und die frischen Kräuter hinzu, püriere alles, und verfeinere es mit Sahne.

Nun entnimmst du die Portion, die für deinen Hund gedacht ist, und schmeckst sie mit einer Prise Salz ab. Wenn die Suppe etwas abgekühlt ist, darf dein Hund sie genüsslich schlabbern. Oder du vermengst sie mit Pellkartoffeln und einem Teelöffel Hüttenkäse und hast eine komplette vegetarische Mahlzeit für deinen Hund.

In vielen Büchern werden ein bis zwei vegetarische oder Fastentage pro Woche für Hunde empfohlen, um deren Leber zu entlasten.

Deine eigene Portion kannst du nach Herzenslust mit Limettensaft, Kokosmilch, Chili, Curry, Sojasoße und Salz abschmecken. Vor dem Verzehr solltest du die Suppe noch 15 Minuten durchziehen lassen.

Guten Appetit!

Der Kürbis kann selbstverständlich auch durch anderes Gemüse wie Brokkoli, Möhren, Zucchini oder Fenchel ersetzt und mit mediterranen Kräutern anstatt mit Curry gewürzt werden – je nach Saison und Geschmack. Bei Hunden mit Bauchspeicheldrüsenproblemen ist es besser, auf stärkehaltige Lebensmittel wie Kürbis, Kartoffeln oder Süßkartoffeln zu verzichten und stattdessen andere Gemüsesorten zu verwenden.

> Ab und zu ein Süppchen oder ein paar Essensreste sind okay für deinen Hund, sofern sein Verdauungstrakt das gut verträgt. Er ist jedoch kein Müllschlucker und sollte niemals gekochtes Essen bekommen, das bereits verdorben oder stark gewürzt ist.

Wasser und Näpfe

Bei all der guten Ernährung vergiss bitte nicht die Wasserqualität. Die wenigsten Menschen trinken Leitungswasser, doch fast alle Hunde bekommen nichts anderes. Hunde trinken gern abgestandenes, angesäuertes Brackwasser aus dem Garten, und das ist gut für ihr Immunsystem. Die Medikamenten-, Hormon- und Bleirückstände im Leitungswasser sind für Hunde allerdings genauso schädlich wie für Menschen. Ich würde dir daher die Installation eines Wasserfilters empfehlen. Das zahlt sich sehr schnell aus, und du musst nie mehr Wasserkisten schleppen und dadurch Zeit und Lebenskraft vergeuden.

Bitte benutze keine Alu-, Edelstahl- oder Plastiknäpfe, da diese erwiesenermaßen Schadstoffe freisetzen. Manche Hunde sind regelrecht vergiftet mit Nickel oder anderen Metallen, was u.a. auch Arthrose verursachen kann. Am besten verwendest du Keramik- oder Glasschalen. Eine Wandhalterung dafür kannst du kaufen oder selbst bauen.

Die Schwingung des Wassers lässt sich leicht erhöhen, indem man Quarzkristalle (z.B. Bergkristall, Amethyst, Rosenquarz) hineingibt oder die Wasserkaraffe auf ein Bild von der Blume des Lebens stellt.

Leckerlis

Hier ein Leckerli, da ein Leckerli – für eine Deutsche Dogge ist das kein Problem, sofern es sich um gesunde Snacks wie getrocknetes Fleisch oder Fisch handelt. Bei kleineren Hunden fehlt den Besitzern allerdings oftmals das richtige Maß. Daher führt ein ständiges Verfüttern von proteinhaltigen oder gar zucker- und chemiehaltigen Leckerlis schnell zu Verdauungsstörungen, Leberbelastungen und Fettleibigkeit.

Man muss bedenken, dass ein Stück getrockneter Pansen für einen sehr kleinen Hund eine komplette Mahlzeit darstellt. Als Belohnung sollten daher nur kleine Snacks in Maßen verfüttert werden, große, getrocknete Kauartikel nur ein- bis zweimal in der Woche. Getrocknete Lunge und Kaninchenohren sind sehr mager und daher für den empfindlichen Hund vorzuziehen. Bitte kaufe ausschließlich Kauartikel, die in Deutschland hergestellt wurden. Gib deinem Hund regelmäßig ein getrocknetes Fellohr, das reinigt den Darm und wirkt wurmtreibend. Schneide diesen besonderen Kauartikel entsprechend der Größe deines Hundes mit der Rosenschere in mehrere Stücke.

> Mache den Menschen in deinem Umfeld freundlich, aber bestimmt klar, dass dein Hund von ihnen keine Leckerlis bekommen darf, in denen Zucker oder chemische Zusatzstoffe enthalten sind. So machst du sie auf Missstände aufmerksam, von denen sie vielleicht noch gar nichts wussten.

Bienenprodukte – Apitherapie

Ich bin ein großer Anhänger von Bienenprodukten, v. a. beim Einsatz in der Tierheilkunde. Propolis und Honig gehören meiner Meinung nach in jeden Haushalt. Selbstverständlich sollte eine artgerechte Bienenhaltung vorausgesetzt werden, in der den Bienen nicht der gesamte Honig genommen wird. Kaufe daher am besten fair gehandelte Produkte im Bioladen, oder wende dich an den Imker deines Vertrauens.

Honig

Honig ist eine Komposition aus Enzymen, Mineralstoffen, Vitaminen, Aminosäuren, Aromastoffen und Zucker. Er ist für Hunde sehr gesund, und es ist bekannt, dass auch wild lebende Hunde und Wölfe Honigwaben verspeisen, wenn sie hungrig sind. Honig stärkt das Immunsystem und die Darmschleimhaut und wirkt sowohl innerlich als auch äußerlich antibakteriell. Besonders für Menschen, die an einer Pollenallergie leiden, ist Honig aus der eigenen Umgebung ein gutes Mittel zur Desensibilisierung und kann dadurch Allergiesymptome erheblich lindern.

Honig sollte nicht über 40 °C erhitzt werden, damit die wertvollen Inhaltsstoffe erhalten bleiben. Er kann immer eingesetzt werden, um Mäkelfressern eine Mahlzeit zu verfeinern. Außerdem hilft er bei Herzerkrankungen, Entzündungen, Wundheilungsstörungen, Stoffwechselproblemen, Leber- und Nierenschwäche, Zelldegeneration, Bluthochdruck und Immunschwäche. Insbesondere neugeborenen und kranken Tieren liefert warmes Honigwasser einen Energieschub. Als Faustregel für die Dosierung bei gesunden Hunden gilt: 1 g Honig/kg Körpergewicht. Bei kranken Hunden kann die Dosierung erhöht werden.

Einige Honigsorten und ihre Wirkungen

Akazienhonig: wirkt anregend auf das Verdauungssystem, speziell auf die Bauchspeicheldrüse

Bergblütenhonig: gut bei Erkältungskrankheiten und Erschöpfungszuständen

Blütenhonig: gut bei Erkältungskrankheiten, Erschöpfungszuständen und Leberbeschwerden

Fenchelhonig: fördert die Magen- und Darmtätigkeit; wirkt entkrampfend und schleimlösend

Eukalyptushonig: gut bei Infektionen aller Art, insbesondere Atemwegs- und Harnwegsinfektionen

Lindenblütenhonig: gut für Magen und Darm; hilft bei Erkältungskrankheiten

Lavendelhonig: wirkt entkrampfend und schmerzstillend bei Kopfschmerzen, Erkältungen und Stress und entspannend bei Schlafstörungen

Rapshonig: gut bei Herz-, Atemwegs- und Lebererkrankungen
Waldhonig: gut bei Nierenerkrankungen; als Prophylaxe für Herz und Nieren
Manukahonig: wirkt hochgradig antiseptisch bei Infektionen und Wunden aller Art

Manukaprodukte

Aufgrund der besonderen Wirkungsweise von Manukaprodukten möchte ich hier ergänzend auf sie eingehen. Der in Neuseeland beheimatete Manukastrauch trägt verschiedene Namen, so ist er auch als Neuseelandmyrte oder schlicht Manuka bekannt. Er bildet seine eigenen Pestizide, um sich vor Pilzen, Bakterien und Viren zu schützen. Der sowohl innerlich bei Infektionen aller Art als auch äußerlich zur Wundheilung einsetzbare Manukahonig hat eine hundertfach höhere antiseptische Wirkung als normaler Honig. Auch bei Human- und Veterinärmedizinern erfreut er sich immer größerer Beliebtheit. Er ist in verschiedenen Konzentrationen (MGO) erhältlich.

Das aus den Manukablüten hergestellte ätherische Manukaöl eignet sich, anders als Teebaumöl, auch für Katzen. Bei Infektionen kann man es äußerlich in verdünnter Form anwenden, bei Erkältungskrankheiten und Schnupfen genügen ein paar Tropfen in heißem Wasser für eine Dampfinhalation.

Weitere Bienenprodukte und ihre Wirkungen

Propolis

Das Bienenkittharz Propolis besteht aus ätherischen Ölen, Wollwachs, Blütenpollen und Harzen. Es wird als Alkoholauszug oder alkoholfrei als Liquid angeboten. Die Bienen produzieren Propolis und kleiden ihren Bienenstock damit aus, um diesen keim-, bakterien-, viren- und pilzfrei zu halten. Propolis wirkt entzündungshemmend, wundheilungsfördernd und hat eine stark schmerzstillende Wirkung. In der Tierheilpraxis ist Propolis nicht wegzudenken – pur aufgetragen auf kleinere Verletzungen oder mit Wasser verdünnt zum Desinfizieren von größeren Schrammen. Aber auch über das Futter verabreicht hat sich Propolis bei sämtlichen innerlichen Infektionen und zur Wiederherstellung einer gesunden Darmflora bewährt. Regelmäßig eingenommen harmonisiert Propolis das Nervensystem und unterstützt das Altersherz. Die Wirkung des grünen Propolis aus Brasilien ist besonders stark.

Pollen

In Pollen befinden sich u.a. Proteine, Kohlenhydrate, Fette, Enzyme, Vitamine und alle im menschlichen Körper vorkommenden Spurenelemente sowie sämtliche essenziellen Aminosäuren. Die Einnahme von Pollen wirkt entgiftend, durchblutungsfördernd und immunstärkend. Zudem unterstützen Pollen die Verdauung und sorgen für eine gute Darmflora.

Geleé royale

Diese einzigartige Energiebombe überlassen wir besser den Bienenköniginnen. Warum? Ein Großteil des in Deutschland erhältlichen Gelée royale wird in China produziert. Dort werden in speziellen Großimkereien Tausende Bienenvölker gehalten und für die industrielle Gewinnung von Gelée royale genutzt. Dabei wird der Tod unzähliger Larven bewusst in Kauf genommen, ebenso der Stress, den die massenhafte Aufzucht von Bienenköniginnen in den Bienenvölkern auslöst. Mit den restlichen Bienenprodukten aus artgerechter Haltung sind Mensch und Tier bestens versorgt.

> Honig aus der eigenen Umgebung ist besonders gesund und kann im Falle einer Pollenallergie sogar desensibilisieren. Finde für dich und deinen Seelenhund einen artgerecht arbeitenden Imker in deiner Nähe.

Allergien und Futtermittelunverträglichkeiten

Unter einer Allergie versteht man eine überschießende, krankhafte Abwehrreaktion des Immunsystems auf mitunter harmlose, von außen kommende Antigene. In den Industrieländern zählen Allergien mittlerweile zu den Zivilisationskrankheiten und machen bei den Veterinären ca. 70 % der Patienten aus. Eine Allergie kann sowohl angeboren als auch erworben sein. Bevor das Immunsystem auf ein Allergen reagiert, muss der Organismus mehrmals mit ihm in Kontakt gekommen sein. Bei Hunden treten Allergiesymptome meist zwischen dem ersten und dritten Lebensjahr auf. Heutzutage sind jedoch bereits auch Welpen davon betroffen.

Die Hauptallergene sind:

- ✓ pflanzliches Eiweiß
- ✓ synthetische Antioxidantien
- ✓ Konservierungs- und Farbstoffe
- ✓ Sorbit – ein industrieller Zuckeraustauschstoff
- ✓ Mais, Soja, Reis und Kartoffeln

Ein Hund kann auch gegen ganz normale Gemüsesorten wie Karotten oder gegen Pollen und Gräser eine Allergie entwickeln. Fleischsorten kommen ebenfalls in Betracht, insbesondere dann, wenn ein Hund über einen langen Zeitraum hinweg nur eine Sorte zu fressen bekommt.

Für eine normale Immunfunktion ist ein Gleichgewicht zwischen den Th1- und Th2-Zellen im Blut die Voraussetzung, um virale und bakterielle Infekte abzuwehren. Auch Darmflorastörungen, chronischer Durchfall und eine entzündete Darmschleimhaut können eine Allergie verursachen, weil dadurch viel zu große Nahrungsbestandteile die Darmwand passieren und ins Blut gelangen, wo sie als Fremdkörper markiert werden.

Weitere mögliche Ursachen einer Allergie können sein:

- ✓ zu wenig antientzündlich wirkende, natürliche Stoffe in denaturiertem Futter
- ✓ zu viel Getreide und minderwertige Füllstoffe in denaturiertem Futter

- ✓ Umweltverschmutzung, Pestizide, Herbizide, Insektizide, Autoabgase
- ✓ Pollen, insbesondere die Birkenpollen, binden sich an Dieselruß und gelangen auf diesem Wege bis tief in die Atemwege

Symptome einer Allergie:

- ✓ Juckreiz
- ✓ Dunkelfärbung der Haut aufgrund verstärkter Pigmentierung
- ✓ chronisch wiederkehrende Ohrenentzündung
- ✓ Hautausschlag
- ✓ Übelkeit, Erbrechen, Durchfall, vermehrtes Speicheln

Als Diagnosemethoden kommen infrage:

- ✓ Bioresonanzanalyse – von erfahrenen Therapeuten durchgeführt
- ✓ serologische Testungen über das Blut – Ergebnisse sind oftmals falsch oder nicht aussagekräftig
- ✓ Ausschlussdiät – dauert lange und ist sehr anstrengend, da der Hund über viele Wochen hinweg die gleichen Komponenten zu fressen bekommt; theoretisch kann es Jahre dauern, bis der Allergieauslöser gefunden wird

Allergien behandeln

Behandlungsansätze:

- ✓ Immunmodulatoren aus der Mykotherapie (mithilfe einer ausgebildeten Fachperson)
- ✓ klassisch-homöopathische Behandlung zur Unterstützung
- ✓ Autonosoden-Therapie zur Desensibilisierung
- ✓ allergieauslösende Substanzen möglichst meiden
- ✓ Umstellung auf 100 % naturreines Hundefutter
- ✓ Darmsanierung und Entgiftung

In der Vitalpilzkunde gibt es zwei Heilpilze, die bei Allergien unverzichtbar sind. Da sie das Immunsystem nur modulieren und nicht anschieben, sind sie sogar bei Autoimmunerkrankungen einsetzbar. Für ein gutes Ergebnis ist ein Behandlungszeitraum von mindestens drei Monaten anzusetzen. Im

Falle einer Frühblüher- oder Gräserallergie sollte daher bereits gegen Ende des Jahres mit einer Kur begonnen werden. Der Reishi (Ling Zhi, Glänzender Lackporling) hemmt die Ausschüttung des Neurotransmitters Histamin, den Menschen und Tiere nicht abbauen können, was bei ihnen diverse Symptome auslöst. Er ist daher bei Allergien aller Art einsetzbar. Der Agaricus blazei murill (Mandelpilz) hat sich bei allergischem Asthma bewährt.

In Zusammenarbeit mit einem klassisch-homöopathisch arbeitenden Tierheilpraktiker, der zunächst eine eingehende Anamnese durchführt, ist es möglich, durch die Gabe aufeinander abgestimmter Mittel an die Ursache der Blockade zu gelangen, die für die Allergie verantwortlich ist. Auch hier solltest du dir darüber im Klaren sein, dass es sich um einen mehrmonatigen Prozess handeln kann. Oftmals stehen Hundebesitzer derartig unter Druck, das oft schon Jahre andauernde Leid ihres Tieres endlich zu beenden, dass ihnen verständlicherweise die nötige Geduld fehlt.

Die Bioresonanztherapie beruht auf der Erkennung von sogenannten Frequenzmustern und basiert auf der aus der Quantenphysik stammenden Theorie, dass alles und somit auch jede Körperzelle und jedes Allergen aus Schwingungen besteht. Bei der Behandlung arbeitet eine gut ausgebildete Fachperson mit einem Bioresonanzgerät, wodurch der Körper im Falle einer Allergie lernen soll, das Frequenzmuster des Allergens nicht mehr als schädlich zu erkennen und sich dementsprechend auch nicht mehr dagegen zu wehren.

Autonosoden sind aus patienteneigenen Stoffen hergestellte Nosoden, die als homöopathische Arzneimittel gelten. Zur Herstellung einer Autonosode für den Einsatz bei einer Allergie benötigt man das Blut oder den Urin des zu Behandelnden. Geht die Allergie mit Bronchialasthma einher, kann dafür auch Sputum (Auswurf) genommen werden. Diese Stoffe werden homöopathisch verdünnt und dem Patienten als Globuli oder Tropfen verabreicht. Bei der Autonosodentherapie gilt die Grundregel: Gleiches möge mit Gleichem geheilt werden. Sie zählt daher zur Isopathie, einer besonderen Form der Homöopathie.

Man vermutet, dass die Autonosode wie ein Katalysator wirkt und dadurch …

- ✓ ein reaktionsschwacher Organismus aktiviert wird
- ✓ die Abwehrkräfte mobilisiert werden
- ✓ Blockaden aufgehoben werden
- ✓ Reize und Impulse zur Ausleitung belastender Stoffe gegeben werden

Anders als Heilpilze werden Autonosoden immer nur in der sogenannten heißen Phase eingesetzt, also dann, wenn Symptome auftreten. Sie eignen sich daher nicht zur Prophylaxe.

Kreuzallergien beim Hund sind, wie im Humanbereich auch, ganz besonders schwierig zu diagnostizieren. Manche überzüchteten Moderassen wie die Französische Bulldogge sind von Allergien verstärkt betroffen. Aber auch der Labrador ist nicht selten ein Allergiker oder entwickelt sich zu einem, was meist mit einer Ohrenentzündung beginnt, die dann chronisch zu werden droht.

Mithilfe der Bioresonanzanalyse oder eines radiästhetischen Instruments wie einem Tensor kann eine Fachperson feststellen, ob ein Organ auf elektromagnetischer Ebene im Ungleichgewicht ist, was in einem Blutbild noch nicht zu erkennen ist.

Kortison sollte bei Juckreiz höchstens als Notfallmittel eingesetzt werden, damit der Hund kurzfristig zur Ruhe kommt. Von der Verabreichung neuartiger, aus der humanen Organtransplantation stammender Medikamente, die erst seit wenigen Jahren bei Juckreiz und Allergien eingesetzt werden, würde ich abraten. Diese hochpreisigen Mittel haben starke Nebenwirkungen und belasten die Leber. Mögliche Langzeitschäden sind noch nicht abzusehen.

Bei einer Allergie gilt es, die Ursachen zu ermitteln, den Körper sanft zu entgiften und in die Regulation zu bringen. Alles andere ist reine Symptomunterdrückung.

Das in der westlichen Medizin häufig anzutreffende Prinzip der Betäubung und Unterdrückung erinnert mich an ein altes buddhistisches Sprichwort, das ich vor Jahren irgendwo gelesen habe. Es lautet sinngemäß: »Trittst du vorn auf eine verbogene Schuhsohle, um sie zu glätten, geht sie hinten wieder hoch.« Der Körper muss geheilt und die Ursache gefunden und behoben werden, ansonsten wird es immer Folgeerkrankungen geben.

Eine Futtermittelunverträglichkeit äußert sich ähnlich wie eine Allergie. Sie ist jedoch keine Reaktion des Immunsystems, sondern des Körpers und geht nicht selten mit einer Organschwäche oder -erkrankung einher.

Achtung: Nicht jeder Juckreiz ist eine Allergie

Juckreiz bzw. die Folgen, die wir damit verbinden, wie Kratzen, Reiben und Knabbern, können auch andere Ursachen haben:

- ✓ Parasiten wie Flöhe, Milben, Läuse und Zecken oder aus dem Ausland eingeschleppte Wanzen
- ✓ Überlastung der Entgiftungsorgane wie Leber und Nieren, die daraufhin versuchen, die Schadstoffe über die Haut auszuscheiden (Insbesondere im Frühjahr läuft die Leber auf Hochtouren, der Körper schreit nach Entgiftung, während Hund und Mensch mit Allergenen wie Pollen, Blüten und Gräsern konfrontiert werden.)
- ✓ Schmerzen, z. B. durch Arthrose, Gelenkblockaden und Wirbelverschiebungen
- ✓ Kontaktreizungen durch ein neues Waschmittel oder einen mit Chemie belasteten Teppich
- ✓ Hypothyreose, da durch den verlangsamten Stoffwechsel oftmals Juckreiz sowie Haut- und Fellprobleme entstehen
- ✓ Fehlkonditionierung des Hundes, der gelernt hat, die Aufmerksamkeit seiner Menschen durch massives Kratzen auf sich zu ziehen
- ✓ Reizüberflutung
- ✓ saisonale Hautreizungen, z. B. durch Grasmilben im Frühjahr und Herbst oder Streusalz im Winter (Durch basische Fußbäder mit etwas Salz oder einem Schuss Apfelessig kann eine Linderung erzielt werden.)

> Eine gesunde und gut verträgliche Ernährung und eine Lebensweise ohne unnötige Chemie reduziert das Risiko einer Allergie auf ein Minimum.

Darmsanierung

Der Darm wird auch die »Wurzel des Lebens« genannt. Seine Gesundheit ist die Voraussetzung für ein gut funktionierendes Immunsystem. Nur mit einer gesunden Darmflora (Mikrobiom) können alle Nährstoffe aus der Nahrung verwertet werden. Gesund bedeutet: Das Verhältnis zwischen den »guten« und den »bösen« Bakterien im Darm ist ausgewogen.

Kleine Organkunde für zwischendurch

Der Dünndarm ist der Hauptort der Verdauung und Aufnahme der Nahrungsbestandteile wie Kohlenhydrate, Proteine, Fette, Vitamine, Salze und Wasser. Im ersten Teil des Dünndarms wird die Nahrung enzymatisch verdaut, nachdem eine Vorverdauung durch Verdauungsenzyme im Maulraum bereits stattgefunden hat. Durch die Sekrete der Bauchspeicheldrüse werden dabei die Kohlenhydrate, Proteine und Fette in ihre Bestandteile aufgespalten. Ist die Funktion des Dünndarms gestört, können die Nährstoffe vom Körper nicht aufgenommen werden. Eine Darmsanierung sollte auf jeden Fall dann durchgeführt werden, wenn die Funktion des Darms als Verdauungs-, Abwehr- und Immunorgan gestört ist. Das zeigt sich oft in Form von Durchfall, Verstopfung und einem unangenehm sauren Geruch des Hundes. Wurden dem Hund oder seiner Mutter künstliche Stoffe wie Hormone, Wurmkuren, Antibiotika oder Kortison verabreicht, ist eine Darmsanierung ebenfalls empfehlenswert. Bakterielle Dysbalancen können von der Mutter auf die Welpen übertragen werden.

Eine gesunde Darmflora entsteht v. a. durch eine biologische, artgerechte und rohe Fütterung des Hundes, die reich an Enzymen, lebenden Bakterien und Sekundärstoffen ist. So kann sich das Verhältnis zwischen Bakterien und Hefen im Hundedarm normalisieren und der pH-Wert wieder in einem Normalbereich zwischen 5,5 und 7 einpendeln.

Eine Darmsanierung sollte zwischen drei und sechs Monate dauern. Während dieser Zeit dürfen die Futterzusätze gern einmal gewechselt werden, um möglichst viele verschiedene gute Bakterien zuzuführen bzw. dem Darm mehrere Möglichkeiten der Regeneration zu bieten.

Um eine gute Darmflora zu erhalten, sollte neben einer artgerechten, faserstoff- und kräuterhaltigen Fütterung ca. dreimal im Jahr eine vierwöchige Immunkur mit einem der unten genannten Mittel gemacht werden. Moortränke sollten dem Hund ebenfalls regelmäßig angeboten werden, v. a. dann, wenn er draußen etwas Unappetitliches vom Boden aufgenommen hat. Hat er Bedarf, wird er den Napf auslecken. Hat er keinen Bedarf mehr, wird er die Moortränke ablehnen. Auch Huminsäuren und sehr feines Zeolith binden pathogene Keime und Schadstoffe im Darm und können dem Hund einmal in der Woche in einer kleinen Zwischenmahlzeit angeboten werden.

Folgende Futterzusätze eignen sich für Hunde:

- ✓ Nahrungsergänzungsmittel, die Milchsäurebakterien, Enterokokken oder andere gute Bakterien und Keime enthalten (diese werden u. a. durch längere Antibiotikaverabreichung und dauerhafte Fütterung mit ballaststoffarmem Fertigfutter in Mitleidenschaft gezogen); optimalerweise vorher durch ein gutes Diagnostiklabor den Bakterienstatus bestimmen lassen
- ✓ Kanne Brottrunk Enzym-Fermentgetreide – enthält viele Milchsäurebakterien
- ✓ Effektive Mikroorganismen (Bakterien, die, sobald sie Nahrung bekommen, Vitamine, Mineralien und Antioxidantien absondern; kurz: EM) als Nahrungsergänzung 1:10 mit Wasser verdünnt sowie Produkte, in denen diese enthalten sind
- ✓ Bierhefe – nicht für Epileptiker geeignet
- ✓ Propolis – kann 1:200 mit Wasser verdünnt werden
- ✓ frische Kräuter oder Kräutertinkturen verschiedener Anbieter
- ✓ kolloidales Silber – Dispersion aus destilliertem Wasser und Silberpartikeln; nicht länger als zwei Wochen verabreichen
- ✓ Milchprodukte mit lebenden Laktobazillen wie Naturjoghurt oder Kefir, sofern sie vom Hund gut vertragen werden
- ✓ kurweise Moortränke, Bitterkräuter und Süßholzwurzel
- ✓ Apfelessig bei Candida (Darmpilz) – nicht für Hunde mit Magen-Darm-Entzündung geeignet

Die im Fachhandel zu beziehenden Präparate verfügen über Dosierungsanleitungen. Von den Milchprodukten, den Flüssigkeiten wie Propolis-Wasser-Suspension, den Effektiven Mikroorganismen und dem kolloidalen Silber kannst du einem kleinen Hund bis 15 kg 1 TL, einem mittelgroßen Hund 1 EL und einem großen Hund ab 30 kg 2 EL täglich über das Futter oder direkt ins Maul geben. Bitte verabreiche aber nicht alle Futterzusätze gleichzeitig.

Bei länger anhaltenden Verdauungsproblemen, die nicht auf einen Parasitenbefall zurückgehen und sich durch eine mehrwöchige Darmsanierung mit verschiedenen Produkten nicht bessern, empfehle ich einen Darmflora-Check durch ein gutes Diagnostiklabor. Dadurch kann herausgefunden werden, welche Darmbakterien fehlen und gezielt zugeführt werden müssen oder welchen entgegengewirkt werden muss. Auch eine Schwäche des Pankreas, der Nieren oder der Leber muss dann in Betracht gezogen werden. Durchfall sollte niemals chronisch werden. Parallel sollten immer auch die Rahmenbedingungen mit einbezogen und das Problem aus ganzheitlicher Sicht und im Kontext zu dir als Hundebesitzer begutachtet werden.

Lasse dich im Falle von Durchfall bitte nicht zur längerfristigen Verabreichung von ständig wechselnden Antibiotika und zum dauerhaften Umstieg auf Spezialtrockenfutter überreden. Immer mehr Hunde leiden an IBD (Inflammatory Bowel Disease), einer chronischen Darmentzündung. Warte nicht erst, bis die Darmzotten deines Hundes irreparabel zerstört sind, sondern gehe einen anderen Weg. Frische Nahrung, Darmsanierung und homöopathische, mykotherapeutische oder pflanzliche Mittel gegen Schleimhautentzündungen im Magen-Darm-Trakt wirken hier hervorragend. Lasse dich individuell und gut beraten.

Bei Analdrüsenproblemen haben sich übrigens Quellstoffe aus Gemüse und Flohsamenschalen als sehr hilfreich erwiesen.

> Der Darm ist eines der wichtigsten Organe des Körpers. Achte bei deinem Hund und dir selbst stets auf eine gesunde Darmflora.

Phytotherapie – Heilpflanzenkunde

Pflanzen dienen uns Menschen nicht nur als Nahrungsmittel, als Baumaterial und zur Herstellung von Bekleidung, sondern werden auch seit prähistorischen Zeiten zu umfangreichen Heilzwecken genutzt. In jedem Zeitalter finden sich Aufzeichnungen und Belege von Heilern und Schamanen, die Pflanzenzubereitungen zur Behandlung von Wunden und zur Linderung von Schmerzen genutzt haben:

- ✓ die antike Kräutermedizin in Ägypten und im alten Griechenland (Hippokrates)
- ✓ die Klostermedizin im 12. Jahrhundert (Hildegard von Bingen)
- ✓ die Volksmedizin der Hebammen und weisen Frauen im Mittelalter, die durch die Inquisition weitestgehend ausgelöscht wurde
- ✓ die keltische Medizin der Druiden

Die großen Wirkstoffgruppen der Pflanzen

Pflanzen enthalten primäre und sekundäre Inhaltsstoffe. Die primären Inhaltsstoffe nutzen wir und unsere Hunde als Nährstoffe, z. B. Kohlenhydrate, Fette und Vitamine. Die sekundären Inhaltsstoffe dienen als Farb-, Geruchs- und Geschmacksstoffe, halten Schädlinge fern und wirken aus therapeutischer Sicht keimtötend, entzündungshemmend, blutdruckregulierend und verdauungsfördernd.

Sobald Pflanzen mit Pestiziden behandelt werden, verlieren sie viele ihrer Wirkstoffe und sind für den medizinischen Einsatz nicht mehr empfehlenswert. Möchtest du für dich und deinen Hund also einen Kräutergarten anlegen, achte beim Kauf der Pflanzen auf eine gute, biologische Qualität.

Sekundäre Pflanzenstoffe und ihre Wirkungen

Alkaloide: z. B. in Kaffee, schwarzem Tee, Tabak, Schlafmohn, Tollkirsche
Wirkung: schmerzstillend, hustenstillend und krampflösend; ABER halluzinogen und giftig – gilt auch für die herzwirksamen Glykoside wie in Fingerhut, Maiglöckchen und Bittermandel

ätherische Öle: Siehe »Aromatherapie« (S. 92).

Bitterstoffe: z. B. in Engelwurz, Löwenzahn, Tausendgüldenkraut, Artischocke
Wirkung: magenstärkend, appetitanregend, verdauungsfördernd, belebend

Gerbstoffe: z. B. in Walnussblättern, Rotwein, Eichenrinde, schwarzem Tee, Blutwurz
Wirkung: antibakteriell, blutstillend, adstringierend, leicht austrocknend und leicht stopfend

Schleimstoffe: z. B. in Flohsamen, Leinsamen, Spitzwegerich, Isländisch Moos, Echtem Eibisch
Wirkung: giftbindend, reizlindernd, haut- und schleimhautschützend und entzündungshemmend

Phytoöstrogene: z. B. in Hopfen, Hanf, Rotklee
Wirkung: antioxidativ, beeinflussen den Östrogenhaushalt

Polyphenole: z. B. in Thymian, Heidelbeere, Aronia-Beere
Wirkung: entzündungshemmend

Senfölglykoside: z. B. in Radieschen, Kohl, Kresse, Meerrettich, Brokkoli, Rosenkohl, Raps
Wirkung: antibakteriell, krebshemmend

Achtung: Nicht sämtliche der hier aufgeführten Pflanzen oder Früchte eignen sich für Hunde!

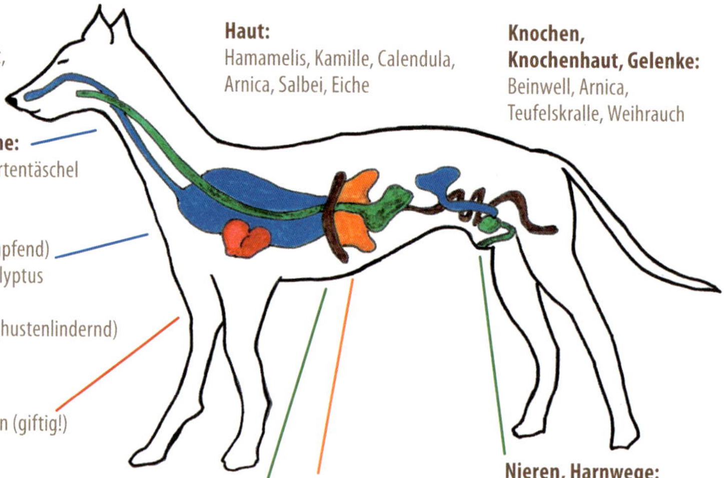

Heilpflanzliche Zubereitungen in der Veterinärmedizin

Dabei handelt es sich u.a. um Breiumschläge, Sirups, Abkochungen, Aufgüsse, Teezubereitungen, Schleim, Pillen, Urtinkturen, Ölmazerate, Presssäfte und ätherische Öle. Die getrockneten Arzneipflanzen bzw. Pflanzenteile (Blatt, Blüte, Wurzel, Rinde, Kraut, Same, Frucht, Holz), die hierfür benötigt werden, werden im pharmazeutischen Bereich »Drogen« genannt. Unter Drogenwirkstoffen versteht man Pflanzeninhaltsstoffe, die für die Wirkung einer Arzneidroge verantwortlich oder daran beteiligt sind, z. B. ätherische Öle, Bitterstoffe, Gerbstoffe, Saponine und Schleimstoffe.

Sirupe

Ein Sirup ist eine Lösung von Zucker in Wasser. Einfacher Sirup besteht aus einer Lösung von 180 g Zucker in 100 ml Wasser. Wenn zu einem Sirup ein pflanzlicher Wirkstoff in Form eines Aufgusses, Tees oder Safts hinzukommt, erhält man einen medizinischen Sirup, beispielsweise Hustensirup.

Für Hundepatienten würde ich die Verwendung von Honig statt Zucker empfehlen.

Urtinkturen

Urtinkturen sind dünnflüssige Auszüge aus pflanzlichen oder tierischen Stoffen mit Äther, Azeton, Wasser oder Weingeist. Das Verhältnis von Droge zu Auszugsflüssigkeit beträgt in der Regel 1:10, bei schwach wirksamen Drogen 1:5 (1 g Tinktur entspricht 40–50 Tropfen). Beispiele sind Calendulaessenz, die mit Wasser verdünnt zur Desinfektion von Wunden verwendet werden kann und deren Heilung fördert, und Carduus marianus zur Leberstärkung.

Ölmazerate

Dabei handelt es sich um in Ölen (z. B. Mandelöl, Olivenöl) gelöste pflanzliche Arzneistoffe wie Johanniskrautöl oder Arnikamassageöl.

Presssäfte

Wenn man frische Pflanzen auspresst, gewinnt man Saft. Dazu zerkleinert man sie zunächst und zerstampft sie anschließend, oder man benutzt eine Zentrifuge. Im Reformhaus oder Bioladen gibt es eine große Auswahl an Presssäften. Frische Säfte sind im Kühlschrank aufzubewahren, wo sie sich allerdings auch nur für kurze Zeit halten. Beispiele für Presssäfte sind Löwenzahn- und Artischockensaft zur Unterstützung der Leberfunktionen.

Tees

Ein Tee ist ein Aufgussgetränk, das aus Pflanzenteilen hergestellt wird. Durch das Aufgießen mit heißem Wasser werden die pflanzlichen Inhaltsstoffe freigesetzt. Außer bei grünem Tee (60–80 °C) sollte das Wasser Kochtemperatur haben. Benutzt man Kräuter, von denen man weiß, dass sie unbelastet und pilzfrei sind, ist eine geringere Aufgusstemperatur möglich. Für 200 ml Tee benötigt man 2–4 g getrocknete Pflanzenteile. Der Aufguss muss in einem zugedeckten Gefäß über eine bestimmte Zeit ziehen. Tees können bei den unterschiedlichsten Beschwerden helfen. So hat sich z. B. Anis-Fenchel-Kümmel-Tee bei Magenschmerzen bewährt. Bei Gerstenkörnern kann eine mit grünem Tee getränkte Kompresse auf das betroffene Auge gelegt werden.

Ätherische Öle

Hochwertige ätherische Öle werden durch Wasserdampfdestillation oder Kaltpressung hergestellt. Reine ätherische Öle tragen in hochkonzentrierter Form die Kraft einer Pflanze oder Frucht in sich und entfalten ihre Wirkung über die Inhalation oder indem sie über die Haut oder durch Einnahme in die Blutbahn gelangen.

Gemmotherapie

Bei dieser Form der Phytotherapie wird das Lebendigste der Pflanze, die Knospe (lateinisch »gemmo«), in einem aufwendigen Herstellungsverfahren für Mensch und Tier nutzbar gemacht. Die Gemmoextrakte werden tropfenweise eingenommen, sie sind vielseitig und andere Therapieformen unterstützend einsetzbar. Sie wirken u. a. bei Funktionsstörungen, Infektionen und Allergien reinigend, ausleitend und regulierend.

Aromatherapie

Der Umgang mit ätherischen Ölen erfordert – insbesondere bei Katzen – Sachkenntnis und Aufmerksamkeit, denn sie sind um ein Vielfaches stärker als Kräuter. Generell dürfen diese Öle bei Katzen aufgrund ihrer Glucuronidierungsschwäche (sie können manche Bestandteile der ätherischen Öle nicht verstoffwechseln und lagern sie im Körper ein) nur in reinster Therapeutenqualität und in hochverdünnter Form eingesetzt werden. Ein No-Go für Katzen sind ätherische Öle mit hohem Phenolgehalt, beispielsweise Thymian, Oregano, Nelke und Zimt. Während Baldrianöl auf Hunde beruhigend wirkt, regt es bei Katzen den Sexualtrieb an und hat eine cannabisähnliche, halluzinogene Wirkung.

Beispiel: Einsatz von Thymian, Lavendel oder Zitrone bei einer bakteriellen Infektion des Hundes

- ✓ je nach Größe des Raumes 2–5 Tropfen im Ultraschallvernebler verdampfen
- ✓ 1 Tropfen zwischen den Handflächen verreiben und in das Fell wedeln, den Augen- und Nasenbereich großräumig aussparen
- ✓ 1 Tropfen zwischen den Handflächen verreiben und die Fußsohlen damit massieren oder auf die Pulsstellen auftragen (Die Anwendung über die Fußsohlen regt die Entgiftung stark an und ist daher für sehr schwache Tiere anfangs nicht geeignet.)
- ✓ 1 Tropfen auf den Ruheplatz, das Halstuch oder Halsband des Hundes geben, damit er die Wirkstoffe direkt einatmen kann

Deine Handflächen bietest du ihm zum Inhalieren und Ablecken an. Die innerliche Anwendung von z. B. verdauungsfördernden ätherischen Ölen ist in stark verdünnter Form ebenfalls möglich. Außerdem können sie als Badezusatz, mit Wickeln oder durch Salben Anwendung finden. Das Verdampfen mit einem Diffusor ist nicht nur eine Wohltat für die Nase, sondern bewahrt gereizte Augen, Schleimhäute und Atemwege während der Heizperiode vor dem Austrocknen. Der Einsatz beim Tier sollte stets auf freiwilliger Basis erfolgen. Halte dem Hund die geschlossene Flasche vor die Nase (geöffnet wäre der Geruch zu intensiv), und er wird dir zeigen, ob er das Öl mag. Dreht sich der Hund angewidert zur Seite, benötigt er es in diesem Moment nicht. Bitte behalte auch seinen sehr guten Geruchssinn und seine rassebedingt hohe Schmerzgrenze im Hinterkopf. Ätherische Öle sollten nicht zur Belästigung werden, sondern bewusst eingesetzt ihre volle Wirksamkeit entfalten dürfen.

Wie wirken ätherische Öle auf die Psyche?

Ätherische Öle wirken auf Körper und Seele. Es gibt einen engen Zusammenhang zwischen der emotionalen Ebene und dem Immunsystem des Körpers. Geruch löst die Produktion von Neurotransmittern aus, die auf die Produktion von Hormonen (chemische Botenstoffe) Einfluss nehmen und dadurch auf die Stimmung und die Emotionen.

Beispiele:

Neurotransmitter	ätherische Öle	psychische Wirkungen
Noradrenalin	Kardamom, Rosmarin, Lemongrass, Ingwer	stärkend und kräftigend; gut bei Konzentrationsschwäche
Endorphine	Grapefruit, Jasmin, Ylang Ylang, Patschuli	sinnlich anregend; gut bei Schüchternheit, Gefühlskälte und Schmerzen

Einsatzgebiete auf psychischer Ebene sind:

- ✓ Aggression: Vanille, Myrrhe, Römische Kamille, Jasmin, Rose, Ylang Ylang, Zeder, Sandelholz
- ✓ Angst: Neroli, Jasmin, Römische Kamille, Melisse, Muskatellersalbei, Rose, Weihrauch, Mandarine
- ✓ Depression: Basilikum, Bergamotte, Jasmin, Melisse, Rose, Ylang Ylang
- ✓ Schock: Melisse, Neroli, Pfefferminze
- ✓ Stress/Nervosität: Baldrian, Lavendel, Bergamotte, Fenchel, Jasmin, Rosenholz, Sandelholz, Ylang Ylang, Rose, Zeder, Vanille
- ✓ Trauer: Bergamotte, Grapefruit, Melisse, Orange, Limette, Rose, Jasmin, Vanille
- ✓ Traumata: Rose, Baldrian, Lavendel, sämtliche Baumöle wie Weihrauch, Sandelholz, Blau- und Schwarzfichte, Balsam-Tanne, Ocotea, Palo Santo, Zeder

Inhaltsstoffe ätherischer Öle und deren Wirkungen auf den Körper

Die Inhaltsstoffe ätherischer Öle entfalten ihre Wirkung auf den Körper durch das Blut, beispielsweise durch Bedampfung (Inhalation), Auflagen, Wickel und Bäder.

Inhaltsstoffe	ätherische Öle	therapeutische Wirkungen
Linalool	Lavendel, Neroli	bakterizid, beruhigend
Terpineol-4	Teebaum, Wacholder	fungizid, harntreibend
Nerol	Neroli, Rose	antirheumatisch, insektizid
Sclareol	Muskatellersalbei	hormonregulierend

Aufgrund der Vielzahl an wertvollen Wirkstoffen sind ätherische Öle in allen Bereichen der körperlichen Gesundheit einsetzbar, sowohl zur Prävention als auch zur Behandlung von Erkrankungen. Darunter fallen Probleme im Verdauungstrakt und Bewegungsapparat, innerliche und äußerliche Entzündungen, Tumorerkrankungen, hormonelle Dysbalancen und vieles mehr.

Wenn dein Hund sehr unruhig ist oder eine bakterielle Infektion hat, kannst du je nach Größe des Wohnraumes 2–4 Tropfen Lavendelöl im Diffusor verdampfen. Bei Läufigkeitssymptomen hilft Muskatellersalbeiöl und nach einem traurigen Erlebnis Bergamotteöl oder Grapefruitöl.

Pflanzenheilkundliche Hausapotheke

Beschwerden	pflanzliche Mittel	Anwendungen
häufiges, schmerzhaftes Urinieren; Blasenentzündung	Blasen- und Nierentee oder Brennnesseltee	dreimal täglich 30 ml abgekühlten Tee mit 1 TL Imkerhonig oder Manukahonig geben
häufiges, schmerzhaftes Urinieren; Blasenentzündung	Aronia-Saft	50 ml über den Tag verteilt unter das Futter mischen oder mit Honig gesüßt direkt anbieten
häufiges, schmerzhaftes Urinieren; Blasenentzündung	Cranberrypulver	je nach Gewicht eine halbe bis zwei Kapseln oder deren Inhalt unter das Futter mischen
Erbrechen von Galle	Löwenzahn, Artischocke, Schöllkraut	als Tee oder Presssaft verabreichen; Löwenzahn püriert unter das Futter mischen; Dosierungsanleitungen für den Menschen werden stets auf das Hundegewicht umgerechnet
Übelkeit, Magenschleimhautreizung	Fenchel, Anis, Kümmel, Schleimstoffe aus Leinsamen oder der Rinde der Amerikanischen Rotulme (Slippery Elm Bark)	Kräuter als Tee mit Honig anbieten oder Kräuter unter das Futter mischen; Schleimstoffe unter das Futter mischen
Reflux (Sodbrennen)	basenregulierende Flüssigkeiten	unter das Futter mischen
Durchfall	getrocknete Heidelbeeren, Morosche Möhrensuppe	Beeren direkt aus der Hand verfüttern oder zusammen mit püriertem Apfel-Möhre-Gemisch anbieten; für Suppe klein geschnittene Möhren mindestens eine Stunde mit einer Prise Salz kochen, pürieren und anbieten

Immer mehr Hunde neigen vermehrt zu Gastritis, verursacht durch Übersäuerung, Fütterungsfehler, z. B. der Gabe von zu kaltem Trinkwasser, Medikamente oder Stress. Hier kann Leinsaatschleim lindernd eingesetzt werden.

Zubereitung und Verabreichung: Einen halben Liter Wasser mit 1 EL Leinsamen kurz aufkochen, dann erkalten lassen. Die Flüssigkeit dickt ordentlich nach, und die Leinsamen setzen sich am Topfboden ab. Nun den Schleim (ohne die Körner) in ein Glasgefäß füllen. Im Kühlschrank hält er sich für etwa drei Tage. Etwa eine halbe Stunde vor der Medikamentengabe je nach Hundegröße zwischen 1 TL und 2 TL direkt verabreichen oder unter das Futter mischen.

Keine der angeführten Beschwerden darf chronisch werden. Wenn dauerhaft Galle erbrochen wird oder der Hund an Sodbrennen leidet, sollte der Hund auf eventuelle Unverträglichkeiten untersucht und sein Speiseplan optimiert werden. Meist ist eine Entzündung der Magenschleimhaut oder ein Leberungleichgewicht die Ursache. Es ist auch möglich, dass ein Hund im Alter die Rohfütterung nicht mehr verträgt.

Manche Hunde, insbesondere diejenigen mit empfindlichem Verdauungstrakt, fressen mehrmals in der Woche etwas Gras, um es dann wieder zu erbrechen. Das kann mit einer Magenentlastung oder -reinigung zusammenhängen. Gegen den Verzehr von frischem, eiweißreichem Gras aus dem eigenen Garten oder von einer abgelegenen, ungespritzten Wiese ist nichts einzuwenden. Sollte diese Vorliebe jedoch übermäßige Züge annehmen, muss die Magenschleimhaut unter die Lupe genommen werden, denn dann leidet der Hund vermutlich an Übelkeit oder Magenschmerzen.

Was ist mit giftigen Pflanzen? »Ein Tier weiß doch instinktiv, was es fressen darf und was nicht.« Diesen Satz habe ich bereits unzählige Male gehört. Doch ganz so einfach ist es nicht, ansonsten würde es in den Giftnotrufzentralen kein auf Tiervergiftungen spezialisiertes Fachpersonal geben, und Anti-Giftköder-Trainings wären überflüssig. Warum und in welchem Maße die natürlichen Instinkte unseren Haustieren abhandengekommen sind, kann ich nicht sagen. Fest steht aber, dass viele Hunde mit Magenschmerzen zwar einen für sie eher faden Kräutertee trinken würden, weil sie instinktiv wissen, dass er ihnen hilft, ohne Weiteres aber auch an Zartbitterschokolade gehen, die durch ihren hohen Kakaogehalt tödlich für sie sein kann. Auch Katzen haben bereits Schnittlauch abgeknabbert und dadurch eine lebensgefährliche Anämie (Blutarmut) davongetragen. Vielleicht liegt es an Langeweile, Neugierde, einer Abstumpfung der natürlichen Geruchs- und Geschmackswahrnehmung durch Industriefutter oder in manchen Fällen gar an suizidalen Schwingungen, die Tiere von ihren Menschen übernommen haben.

Fazit: Bei neugierigen, noch unerzogenen Welpen, bei Tierschutzhunden, die vielleicht geistig etwas aus der Art schlagen, und Tieren, die bei akuten Magenbeschwerden gierig alles an Gräsern, Kräutern und Blättern verschlingen, was sie finden können, um es dann wieder zu erbrechen, würde ich auf Nummer sicher gehen und giftige Pflanzen, z. B. Eisenhut und Eiben, aus dem Garten verbannen. Das Jakobskreuzkraut ist in jedem Fall zu entfernen, da dessen giftiger Nektar über Bienen in den Honig gelangen kann. Weiteres zum Thema »Gifte« im Kapitel »Noxen, Notfälle und andere Gefahren im Alltag des Hundes« (S. 192).

In der Phytotherapie wird teilweise nach dem Prinzip »Der Hund nimmt sich instinktiv das, was sein Körper zur Heilung braucht« gearbeitet. Wenn du also merkst, dass dein Hund die Kräuter oder die Moortränke in seinem Futter nicht mehr mag, lasse sie weg. Dann benötigt sein Körper sie vorerst nicht mehr.

Vitalpilze – Mykotherapie

Vitalpilze sind in Deutschland nicht apothekenpflichtig, weil sie keine toxischen Inhaltsstoffe aufweisen. Da es sich bei Pilzen um reine Naturprodukte handelt, können sie auch nicht patentiert werden, wodurch sie für die Pharmaindustrie uninteressant sind. Das ist sicher einer der Gründe, warum Vitalpilze in Deutschland bislang noch keinen allzu hohen Bekanntheitsgrad erlangt haben.

Dagegen gehört in vielen asiatischen Ländern der Einsatz von Pilzextrakten zur ärztlichen Behandlung mit dazu. Dort ist es ganz normal, Pilze bei Krebserkrankungen einzusetzen, um deren antikanzerogene (krebshemmende) Wirkung zu nutzen und die Abwehrkräfte der Patienten zu stärken.

Pilze speichern Schwermetalle und Radionuklide, daher solltest du bei der Auswahl der Pilzextrakte auf eine gute Qualität achten. Die »Gesellschaft für Vitalpilzkunde e. V.« hilft dir dabei. In meiner Praxis sind Vitalpilze bei manchen Indikationen nicht wegzudenken, z. B. der Reishi-Pilz bei Allergiehunden oder der Maitake-Pilz als Leberschutz für Tiere, die starke schulmedizinische Medikamente einnehmen müssen.

Was macht Vitalpilze so besonders?

Vitalpilze enthalten einzigartige Kombinationen aus Vitaminen, Spurenelementen, Mineralstoffen, Aminosäuren und sekundären Inhaltsstoffen mit antibakterieller, antiviraler und antimykotischer Wirkung. Sie entgiften, schützen und stärken die inneren Organe, regulieren und aktivieren das Immunsystem und können das Wachstum von Tumoren hemmen.

Hier einige dieser zahlreichen Inhaltsstoffe im Einzelnen:

- ✓ Polysaccharide: 1,3-beta-D-Glucane und 1,6-beta-D-Glucane besitzen die größte immunmodulierende und antitumorale Wirkung unter den Polysacchariden (Vielfachzuckern) der Pilze. Sie aktivieren u.a. die Killerzellen, Immunglobuline (Antikörper) und Lymphozyten.
- ✓ Polyphenole: Sie wirken antibakteriell, entzündungshemmend und antioxidativ.
- ✓ Triterpene: Sie fördern die Wundheilung, regulieren die Blutfett- und Blutzuckerwerte und wirken schmerzhemmend, antibakteriell, antiviral, antimykotisch, antiallergisch und antikanzerogen.

Vitalpilze gibt es in Form von Pilzpulvern und Pilzextrakten. Bei der Herstellung von Pilzpulver wird der gesamte Fruchtkörper gemahlen. Es enthält vorwiegend die ernährungsphysiologisch wichtigen Vitamine, Aminosäuren und Mineralstoffe und wird auch präventiv eingesetzt.

Die Pilzextrakte hingegen werden durch ein Herstellungsverfahren gewonnen, bei dem die pharmakologisch interessanten Stoffe, beispielsweise Polysaccharide, bioverfügbar gemacht werden. Sie werden daher vorwiegend bei Krankheiten aller Art eingesetzt. Medizinische Studien wurden stets mit Pilzextrakten durchgeführt.

Mittlerweile werden auch in Deutschland Heilpilze in biologischer Qualität angebaut, aus denen unter Verwendung des gesamten Fruchtkörpers Pilzpulver gewonnen werden. Laut Eigenstudien weisen diese einen sehr hohen Anteil an therapeutisch wirksamen Stoffen auf und werden mit großem Erfolg eingesetzt.

Alle Vitalpilze haben neben ihrem spezifischen Wirkungsspektrum eine blutverdünnende und entgiftende Wirkung. Sie sollten daher vor einer Operation abgesetzt und nicht parallel zu einer Entgiftungskur, z.B. mit Chlorella-Algen, verabreicht werden.

Um den passenden Vitalpilz für deinen Hund auszuwählen, solltest du die Hilfe eines Mykotherapeuten für Tiere in Anspruch nehmen.

Bei der Kombination und Verabreichung gibt es einiges zu beachten, setze die Vitalpilze daher nicht ein, ohne ausreichende Kenntnisse über sie zu besitzen.

Die wichtigsten Vitalpilze und einige ihrer Einsatzgebiete

Vitalpilze	Anwendungen und Wirkungen
Agaricus blazei murill (Mandelpilz)	wirkt krebshemmend; einsetzbar bei Autoimmunerkrankungen; stärkt das Altersherz; hilft bei Hepatosen, Immunschwäche, Leberdegeneration und Pankreatitis
Auricularia polytricha (Judasohr)	fördert Durchblutung; hilft bei Analdrüsenproblemen und Epilepsie; hemmt Bildung von Bindegewebsgeschwüren; hilft bei Entzündungen von Haut und Schleimhäuten; zur Behandlung von Gefäßerkrankungen
Chaga (Inonotus obliquus)	wirkt entzündungshemmend und stabilisierend bei entzündlichen Magen-Darm-Erkrankungen wie Magengeschwüren, chronischer Gastritis und IBD (Inflammatory Bowel Disease); unterstützt die Wundheilung und hat die Fähigkeit, vor Melanomen zu schützen; begleitend bei einer Strahlentherapie einsetzbar
Coprinus comatus (Schopftintling)	hilft bei Typ-2-Diabetes und Sarkomen; gut für Verdauung; hilft bei Entzündungen, Arteriosklerose und Darmflorastörungen
Cordyceps sinensis (Chinesischer Raupenpilz)	unterstützt Schilddrüse und Nieren; wirkt hormonregulierend; hilft bei Ängsten und bakteriellen Erkrankungen; einsetzbar bei Unruhe und Stress; zur Steigerung der Leistung von Arbeitshunden; hilft bei Cushing-Syndrom, Scheinträchtigkeit, Borreliose und Asthma; stärkt das vegetative Nervensystem
Coriolus versicolor (Schmetterlingstramete)	hilft bei bakteriellen, viralen und mykotischen Infekten (Malassezia) und Parasiten; hilft bei akuter Leishmaniose, akuter Borreliose, Cushing-Syndrom, Sarkoptes, Demodex, Babesiose, Anaplasmose, Würmern und Warzen

Vitalpilze	Anwendungen und Wirkungen
Hericium erinaceus (Igelstachelbart)	hilft bei Magen- und Darminfektionen und Sarkomen; gut für vegetatives Nervensystem; außerdem einsetzbar bei Fellproblemen (in Kombination mit Reishi), Allergien und Infektionen durch das Bakterium Helicobacter pylori; stärkt die Milz
Maitake (Grifola frondosa, Klapperschwamm)	wirkt krebshemmend, z. B. bei Mammatumoren; schützt Leber; zur Knochenstärkung; zum Muskelaufbau; zur Abmilderung der Nebenwirkungen von Chemotherapie und anderen starken Medikamenten; in Kombination mit Coprinus comatus starke Senkung des Blutzuckerspiegels bei nicht insulinpflichtigem Diabetes
Shiitake (Lentinula edodes)	hilft bei Fettstoffwechselstörungen und Leukämie; gut für Verdauungsorgane; hilft bei Blasenentzündungen und Blasenkrebs; zur Behandlung von Arteriosklerose; unterstützt Leber und Darm bei Entgiftung; hilft bei Herzrhythmusstörungen, Arthritis, Arthrose und Rheuma; zur Stärkung des Immunsystems bei schlechter Abwehrlage
Reishi (Ling Zhi, Glänzender Lackporling)	stärkt Herz-Kreislauf-System; hilft bei Allergien; zur Leberentgiftung; hilft außerdem bei Fellproblemen, Hauterkrankungen und Fettstoffwechselstörungen; gut für Bewegungsapparat (z. B. bei Arthritis) und Immunsystem (z. B. bei Streptokokken); unterstützt Wundheilung; verbessert Sauerstoffsättigung des Blutes
Polyporus umbellatus (Eichhase)	unterstützt Entwässerung bei Ödemen (ohne erhöhte Ausschwemmung von Mineralien); hilft bei Blasensteinen und -entzündungen; unterstützt Fellwachstum; hemmt Wachstum von Sarkomen; reguliert lymphatisches System Achtung: Niemals bei Lymphomen oder Metastasen im lymphatischen System anwenden!

Dosierung von Vitalpilzextrakten im Normalfall bei 300 mg pro Kapsel:

- ✓ kleine Hunde bis 10 kg: zweimal täglich eine halbe Kapsel
- ✓ mittelgroße Hunde bis 20 kg: zweimal täglich eine Kapsel
- ✓ größere Hunde bis 30 kg: zweimal täglich zwei Kapseln
- ✓ große Hunde ab 30 kg: zweimal täglich drei Kapseln

Bei Bedarf können mehrere Vitalpilzextrakte gleichzeitig verabreicht werden. Wenn Hunde vom Magen her empfindlich auf die Einnahme reagieren, sollte die Dosis herabgesetzt und langsam eingeschlichen werden.

> Sollte das Frühjahr für dich und deinen Hund zur Qual werden, weil ihr unter Heuschnupfen leidet, nehmt ab Januar für drei Monate den Reishi-Extrakt ein. Ihr werdet begeistert sein.

Feinstoffliches

Nahrung und Heilung für den Körper und die Seele

»LIEBE UND BERÜHRUNG WERDEN DICH GESUND UND GLÜCKLICH MACHEN.«

Energiearbeit

Glaubst du an die Liebe? An diese unerschütterliche Kraft, die dich mit deinem Hund verbindet, gleich, ob ihr zusammen oder voneinander getrennt seid? Kannst du dir vorstellen, dass Dinge auf dieser Welt vor sich gehen, die wissenschaftlich nicht erklärbar sind? Doch sie geschehen trotzdem, Tag für Tag? Kennst du das Gefühl, wenn du einen Ort betrittst und die guten Schwingungen wahrnimmst? Oder wenn die Schwere in einem Raum kaum zu ertragen ist?

Letztendlich seid ihr, du und dein Hund, spirituelle Wesen – ihr besteht aus Schwingungen, aus Energie. Das bedeutet aber nicht, dass ihr nicht auch eure Zellen nähren müsst. Dieses Wissen eröffnet euch jedoch viele wunderbare Möglichkeiten der Heilungsarbeit auf energetischer Ebene.

Es gibt verschiedene Techniken der Energiearbeit. Pranaheilung, Reiki, Quantenheilung und das Heilen mit Symbolen sind nur einige von ihnen. Für manche davon musst du eine Ausbildung machen oder brauchst bestimmte Hilfsmittel. Die gute Nachricht ist, dass du nichts davon benötigst, um auf deinen Hund Heilungsenergie zu übertragen, sondern dass du noch heute damit beginnen kannst, wenn du es möchtest und körperlich und seelisch in einer guten Verfassung bist, nicht unter Alkoholeinfluss stehst und du einen Rückzugsort hast, an dem ihr ungestört sein könnt. Das kann dein Schlafzimmer sein oder ein Ort in der Natur.

Die lichtvolle Kraft des Universums steht jedem zu jeder Zeit zur Verfügung, und du musst nicht erst mehrere Bücher lesen, um sie für dich und deinen Hund nutzen zu können. Wenn ihr jetzt noch eine schöne, sphärische Musik zur Verfügung habt, die euch beiden gefällt und guttut, könnt ihr beginnen. Musik ist aber nicht zwingend notwendig. Wenn du deinen Hund draußen in der freien Natur behandeln möchtest, ist das Singen der Vögel die beste musikalische Begleitung.

Am besten fragst du deinen Hund, ob er damit einverstanden ist, dass du energetisch mit ihm arbeitest. Sicher wird er sich freuen und dir ein entsprechendes Zeichen geben.

Heilenergieübertragung

Lege, setze oder knie dich neben deinen Hund, der ebenfalls eine entspannte Haltung seiner Wahl eingenommen hat. Atme mehrmals tief ein und aus, und bitte die Kraft, die dich leitet (z. B. das Universum, Gott, Engel, Naturgeister, Aufgestiegene Meister usw.) um Unterstützung. Du kannst beispielsweise sagen oder denken: »Lasse mich ein Kanal für deine Heilungsenergie sein«, oder: »Ich bitte um Heilung für meinen Hund.« Erde dich dann, indem du dir vorstellst, wie von deinen Füßen aus Wurzeln tief in den Boden wachsen.

Visualisiere, wie sich am Scheitel deines Oberkopfes dein Kronenchakra öffnet und durch dieses Heilungsenergie aus dem Universum in deinen Körper strömt, durch jede einzelne deiner Zellen fließt und durch deine Handflächen wieder austritt.

Lege jetzt eine oder beide Hände auf den Körperteil deines Hundes, in den du Heilungsenergie strömen lassen möchtest. Das kann beispielsweise der Magenbereich sein oder ein arthrotisches, schmerzendes Gelenk. Du kannst die Position deiner Hände auch nach einigen Minuten wechseln, wenn du verschiedenen Bereichen oder dem ganzen Körper deines Hundes Heilungsenergie zukommen lassen willst. Mache es so, wie es sich für dich richtig anfühlt.

Stelle dir nun vor, dass die Heilungsenergie wie eine angenehm leuchtende Flüssigkeit über deine Handflächen aus deinem Körper hinaus und in den Körper deines Hundes hineinströmt. Lässt er sich das gefallen, ist alles gut. Steht er nach einiger Zeit auf und geht, hat er wahrscheinlich genug. Ein Zeitlimit gibt es hierbei nicht.

Wenn sich dein Hund an kranken Körperstellen nicht gern anfassen lässt, kannst du auch einen Abstand zwischen seinem Körper und deinen Händen lassen. Sollten Gedanken auftauchen, die nichts mit der Energieübertragung zu tun haben, lasse sie einfach gehen. In unserem hektischen Alltag lässt sich das kaum vermeiden, es sollte dich aber nicht stören. Auch wenn du dabei vielleicht einschläfst, findet die Energieübertragung dennoch statt. Wichtig ist nur, dass du der Kanal bist und nichts von deiner eigenen Energie abgibst. Das Letzte, was dein dich liebender Hund will, ist, dass du dich für ihn aufopferst. Ganz im Gegenteil: Er will dich stark und glücklich machen und deinen Horizont erweitern.

Wenn du die Energiearbeit beenden willst, bedanke dich bei deinen unsichtbaren Helfern, schließe in Gedanken dein Kronenchakra, und streichle noch einmal über den Körper deines Hundes, um seine Aura zu schließen. Das ist sehr wichtig! Nimm dir die Zeit, die du brauchst, um wieder im Hier und Jetzt anzukommen. Gemeinsame Energiearbeit ist eine wunderbare, täglich durchführbare Methode, um neue Kraft zu sammeln und die Bindung zwischen dir und deinem Hund zu vertiefen. Neben all den Hundesportarten, Agility-Training und Suchspielen vergessen die Menschen oft, dass der Hund auch ein feinstoffliches Wesen ist und eine Seele hat.

Wir verfügen über unbeschreibliche geistige Kräfte, die es uns ermöglichen, auch aus der Ferne Energie zu übertragen und Heilungsimpulse zu geben – auch wenn der Empfangende nichts darüber weiß und uns somit auch nicht durch ein sichtbares Zeichen die Erlaubnis geben kann. In dem Fall schicken wir der Seele des Betreffenden die Heilungsenergie, und jene entscheidet dann selbst, ob diese Energie genutzt werden darf oder nicht. Manche Menschen benötigen ihre eigene Krankheit oder die Krankheit ihres Hundes als Teil ihrer Bewusstwerdung.

Bevor ich mit Patienten oder meinen Hunden beginne, energetisch zu arbeiten, frage ich sie in Gedanken oder mithilfe meines Tensors immer um Erlaubnis. Nur ein einziges Mal habe ich erlebt, dass ein Hund eine energetische Fernbehandlung abgelehnt hat. Dabei handelte es sich um das Tier eines Paares, das ich mir nur auf langes Drängen der Frau hin ansehen durfte. Während der Anamnese wiederholte der Mann dreimal, dass er nicht an die Naturheilkunde glaube, aber alle schulmedizinischen Möglichkeiten bereits ausgeschöpft seien. Derartige »Alibitermine« lehne ich heute bereits im Vorfeld ab. Sie kosten mich Unmengen an Kraft, der Therapieplan wird nicht umgesetzt, und dem Tier ist unter diesen Umständen nicht zu helfen. Das Schicksal mancher Hunde zu akzeptieren, ist nicht immer einfach.

Meditation

Es gibt nichts Schöneres und Entspannenderes als eine gemeinsame Meditation mit deinem Hund. Ganz gleich, ob für 15 Minuten am Morgen, für eine halbe Stunde zwischendurch oder spät abends, um gemeinsam in andere Sphären zu entschlummern. Für den Hund ist es bei all der Hektik im Alltag und den Stresshormonen, die er tagtäglich erschnüffeln muss, eine Wohltat, mitzuerleben, wie seine seelenverbundene Bezugsperson sich bequem hinsetzt oder hinlegt und beginnt, zu leiser Musik bewusst und entspannt zu atmen. Dein Wohlgefühl überträgt sich automatisch auf ihn, und ihr könnt euch gemeinsam in Harmonie schwingen.

Hundebesitzern, deren Tiere Symptome von stressbedingten Dysbalancen auf körperlicher Ebene zeigen und diese zumindest teilweise von ihren Bezugspersonen übernommen haben, empfehle ich immer ein gemeinsames Zur-Ruhe-Kommen oder eine ganz bewusst durchgeführte Meditation – am besten täglich.

Wenn du noch nie meditiert hast und nicht genau weißt, wie das funktioniert, dann besorge dir für den Anfang CDs mit geführten Meditationen. Später wird sich deine Lieblingsmeditationsmusik herauskristallisieren, die du wahrscheinlich niemals leid werden wirst. Hunde mögen übrigens sehr gern klassische und sphärische Musik.

Wenn ich meditiere, visualisiere ich das Einatmen von reinigendem Licht und das Ausatmen von allem, was mich belastet. Das entspannt mich auf allen Ebenen – körperlich, geistig und seelisch – und erfüllt mich und meine Hunde mit neuer Lebensenergie.

Den folgenden Satz finde ich sehr passend, um zu erklären, was die Meditation neben dem bewussten Ein- und Ausatmen noch von dem Gebet unterscheidet: Während man beim Gebet mit Gott spricht, hört man bei der Meditation zu, was er einem zu sagen hat.

Es ist durchaus möglich, dass dir während des Meditierens in absoluter Abschottung von Außenreizen, aber bei völliger geistiger Klarheit grandiose Geistesblitze kommen, die dein Leben betreffen. Lasse dich überraschen, und probiere es aus.

Liebevolle Berührung und gemeinsames Entspannen stärken eure Verbundenheit und sind für dich und deinen Hund heilsam.

Licht und Farben

Bereits in der Antike wurde mit Licht und Farben in der Heilkunde experimentiert. Kranke wurden in farbige Tücher gewickelt oder mit farbigen Pasten bestrichen.

Auch Johann Wolfgang von Goethe beschäftigte sich ausgiebig mit der Wirkung von Farben, festgehalten in seinem Werk »Zur Farbenlehre«, das noch heute Anwendung und Beachtung findet. Darin betrachtet er die Farben nicht nur von einem ästhetischen und physiologischen Standpunkt aus, sondern versucht, sie in ihrer Ganzheit zu beleuchten und zu verstehen. Goethe selbst schätzte die Ergebnisse seiner Forschungen zur Farbe höher ein als die seines gesamten literarischen Schaffens.

Er und weitere Wissenschaftler fanden heraus, dass es sich bei Farben um elektromagnetische Schwingungen in verschiedenen Wellenlängen und Frequenzen handelt. Fallen die Wellen einer Lichtquelle auf eine Oberfläche, werden bestimmte Wellenlängenbereiche verschluckt oder zurückgeworfen. So entsteht das, was wir optisch als Farbe wahrnehmen.

Die sieben Regenbogenfarben zusammengenommen ergeben weißes Licht. Wir können uns und unserem Hund die Resonanz der Farbschwingung zunutze machen, indem wir sie mit der Eigenfrequenz der Körperzellen anregen. Dadurch können verschiedene Prozesse auf körperlicher (physischer Körper und Ätherkörper), emotionaler (Emotional-, Astral- oder Gefühlskörper), mentaler (Mentalkörper) und spiritueller Ebene (auf dieser Ebene können Mensch und Hund gut miteinander kommunizieren) angeregt werden.

Anders als beim Menschen ist beim Hund der Ätherkörper am stärksten ausgeprägt. Ob Hunde einen Mentalkörper besitzen, bezweifeln manche. Allerdings haben Versuche gezeigt, dass es Hunde gibt, die sehr wohl strukturiert denken können. Wie auch immer sich Körper genau zusammensetzen, fest steht, dass auch der Hund einen physischen und einen Energiekörper hat.

Wir alle haben schon am eigenen Leib die Wirkung von Farben erfahren. Sie erzeugen Stimmungen, können uns beruhigen oder nervös machen. Je nachdem, was unser Energiekörper benötigt, können wir die entsprechenden Farben für Kleidung und Wohnraum auswählen oder entwickeln bestimmte Vorlieben. Farben können unsere Seele berühren und körperliche Schwachstellen wieder in die richtige Schwingung bringen.

Farbtherapie mit Steinen

Einer der faszinierendsten Bereiche in der Natur ist neben der Tier- und Pflanzenwelt ganz ohne Zweifel das Reich der Steine und Mineralien. Millionen von Jahren wachsen Kristalle als Produkt der Abkühlung von Magma unter der Erdoberfläche und leuchten, sobald sie entdeckt und gefördert werden, in allen erdenklichen Farben und kristallinen Formen. Je nach Entstehungsart und Kristallsystem (kubisch, hexagonal, trigonal, tetragonal, rhombisch, monoklin oder triklin) können Mineralien in verschiedene Gruppierungen mit unterschiedlichen Wirkungsweisen eingeteilt werden.

Welche Wirkung ein Stein hat, lässt sich am einfachsten anhand seiner Farbgebung erkennen. Die Farbe eines Minerals entsteht durch die in ihm enthaltenen chemischen Anteile unter Einwirkung des Sonnenlichtes. Um die Heilwirkung von Steinen auf bestimmte Körperregionen aufgrund ihrer Farbe besser verstehen zu können, ist es wichtig, sich mit den Schwingungsfrequenzen der einzelnen Bereiche des Körpers auszukennen.

Hilfreich ist dabei die Lehre der Chakras (Sanskrit, wörtlich: Rad, Diskus, Kreis), der Energiezentren des Körpers. Alten Überlieferungen zufolge gibt es Tausende Chakras im Körper, wovon sieben als Hauptchakras bezeichnet werden. Diese entsprechen den sieben Hauptdrüsen des endokrinen Systems (Hormonsystem), schwingen jeweils in der ihrer Aufgabe entsprechenden Grundfarbe und stehen mit bestimmten Organen und Körperbereichen in Verbindung.

Die sieben Hauptchakras und ihre Farben:

- ✓ erstes Chakra/Wurzelchakra – Rot
- ✓ zweites Chakra/Sakralchakra – Orange
- ✓ drittes Chakra/Solarplexus – Gelb
- ✓ viertes Chakra/Herzchakra – Grün/Rosa
- ✓ fünftes Chakra/Kehlchakra – Hellblau
- ✓ sechstes Chakra/Drittes Auge – Dunkelblau
- ✓ siebtes Chakra/Kronenchakra – Violett

Beispiel: Die Schwingung des Halses ist kompatibel mit der Farbe Hellblau. Hat ein Lebewesen Halsschmerzen, bedeutet dies, dass die Energieschwingung im Halsbereich nicht mehr in der Ordnung ist. Ähnlich wie bei Pendeluhren, die in einem Raum hängen und nach einiger Zeit alle im selben Rhythmus schwingen, ordnet sich die Schwingung im Halsbereich, wenn dem Energiekörper auf Höhe des Halses die Schwingung der Farbe Hellblau zugeführt wird. Das könnte beim Menschen in Form eines hellblauen Schals oder eines als Kettenanhänger getragenen Steines in dieser Farbe geschehen, beim Hund in Form eines hellblauen Halsbandes.

Einem herzkranken Lebewesen hilft ein rosafarbener Stein, um wieder in die richtige Schwingung zu kommen. Ein verwirrter Geist kann durch einen Bergkristall geklärt werden.

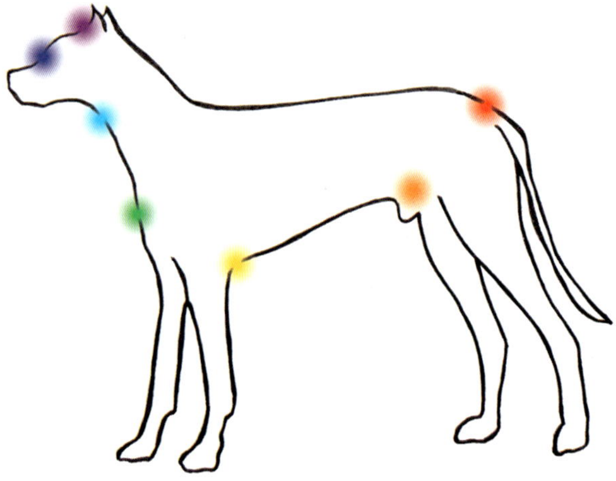

Damit ein Hund die Farb- und Heilschwingungen eines Steines in seinem Energiefeld aufnehmen kann, gibt es mehrere Möglichkeiten:

Der Hund kann einen Stein direkt am Körper tragen. Dazu befestigt man ein gebohrtes Exemplar mit einem Band am Halsband, wobei darauf zu achten ist, dass der Hund damit nirgendwo hängen bleiben kann.

Des Weiteren kann man das Trinkwasser als Informationsträger nutzen, indem man Kristalle und nicht giftige Steine direkt in eine Glaskaraffe mit Wasser legt, wodurch sie ihre Schwingungen auf die Flüssigkeit übertragen. Je höher die Wasserqualität ist, desto besser kann die Information vom Wasser aufgenommen werden.

Die Schwingungen der Steine mit giftigen Bestandteilen (Malachit, Krokoit, Azurit etc.) werden durch Bergkristallspitzen ins Wasser geleitet (siehe Foto). Dazu legt man zwischen die Steine und das Glas oder die Karaffe mit Wasser eine Bergkristallspitze, die am geraden Ende die Heilschwingungen der Steine aufnimmt und diese über das spitze Ende ins Wasser leitet. Selbstverständlich können auch die Schwingungen nicht giftiger Steine auf diese Weise auf das Wasser übertragen werden.

Man kann auch Steine in ein Glasgefäß, z. B. ein Reagenzglas, legen, welches wiederum in ein Gefäß mit Wasser kommt. Glas ist energetisch gesehen neutral.

Steine sollten regelmäßig unter fließendem Wasser oder in einer Amethystdruse gereinigt und in der Sonne oder auf einer Bergkristallgruppe mit neuer Energie aufgeladen werden.

Im Folgenden findest du einige Heilsteine und deren Wirkungen auf Mensch und Hund.

Steine	Anwendungen und Wirkungen
Achat	fördert Ruhe, Konzentration und Stabilität; vermittelt Sicherheit und Schutz; wirkt regenerierend und wachstumsfördernd
Amethyst	fördert Wachheit, inneren Frieden und die Überwindung von unkontrollierten Verhaltensmustern; hilft bei Trauer; unterstützt bei Bewältigung von Verlusten; wirkt schmerzlindernd und ist bei Verletzungen, Schwellungen und Darmproblemen einsetzbar
Apophyllit	fördert Gelassenheit, insbesondere in Zeiten großer Belastung; hilft bei Atemwegsbeschwerden, Asthma, Allergien und regeneriert Haut und Schleimhäute
Aquamarin	fördert Weitblick, Leichtigkeit und heitere Gelassenheit; harmonisiert Hormonhaushalt, insbesondere Schilddrüse und Hypophyse; lindert Autoimmunerkrankungen und Allergien, v. a. Heuschnupfen
Bergkristall	klärt auf allen Ebenen und vitalisiert gefühllose Körperstellen ebenso wie einen müden Geist; lindert Schmerzen und senkt Fieber; verstärkt Wirkung anderer Steine und absorbiert als unbehandelter Quarzkristall Elektrosmog
Bernstein	vermittelt Glück, Fröhlichkeit und ein leicht beschwingtes Lebensgefühl; einsetzbar bei Magen-, Milz-, Nieren-, Leber- und Gallenblasenbeschwerden sowie einem blockierten Solarplexus
Chalcedon, blau	fördert das Verstehen und das aufmerksame Zuhören, wird daher als »Stein der Kommunikation« bezeichnet; einsetzbar bei Atemwegserkrankungen und Halsschmerzen (blockiertes Halschakra)
Chrysokoll	aktiviert bei Trägheit und beruhigt bei Nervosität; unterstützt in Zeiten hoher nervlicher Belastung; lindert Mandelentzündungen; wirkt entgiftend und stärkt die Leberfunktionen

Steine	Anwendungen und Wirkungen
Dumortierit	fördert Mut, Zuversicht und positive Lebenseinstellung, wird daher als »Take-it-easy-Stein« bezeichnet; hilft bei Durchfall, Erbrechen, Krämpfen und Koliken
Fluorit	fördert Konzentration und geistige Wachheit; unterstützt bei der Verarbeitung von Informationen und löst einschränkende Denk- und Verhaltensmuster auf; heilende Wirkung auf Haut, Schleimhäute, Knochen und Zähne
Karneol	hilft, sich mutig den alltäglichen Herausforderungen zu stellen; regt Verwertung der Nahrung im Dünndarm und den Stoffwechsel an; lindert rheumatische Beschwerden; wirkt ausgleichend auf das Sakralchakra
Larimar	löst Opferhaltung und Leidensphilosophien auf; wirkt ausgleichend bei übermäßigen Emotionen; regt die Selbstheilungskräfte an, indem er das Bewusstsein stärkt, Schöpfer der eigenen Gesundheit zu sein
Malachit	macht Bedürfnisse und Ideale bewusst; hilft bei Verarbeitung von Traumata und schmerzvollen Erlebnissen; wirkt krampflösend, insbesondere bei Unterleibsschmerzen
Rauchquarz	hilft durch schwere Zeiten; macht belastbarer und fördert eine realistische und entspannte Sicht auf die Dinge; klassischer Anti-Stress-Stein; schütz vor Elektrosmog und lindert Strahlenschäden
Rosenquarz	Stein des Herzens und der Gefühle; fördert Selbstliebe und Liebesfähigkeit und dadurch auch Harmonie in Partnerschaften; stärkt Herz und Geschlechtsorgane; wirkt als roher Quarzkristall auch als Strahlenschlucker, der regelmäßig unter fließendem Wasser gereinigt werden sollte
Türkis	Schutzstein der Indianer; macht die eigene Schöpferkraft bewusst; gleicht Stimmungsschwankungen aus; löst Opferhaltung auf; fördert Voraussicht; neutralisiert Übersäuerung und lindert Rheuma und Magenbeschwerden

Farblichtbehandlung

Es gibt Tierheilpraktiker, die mit Farblichttherapie arbeiten. Vor der Behandlung wird eine ausführliche Anamnese mit dem Besitzer des Tieres durchgeführt, um die Farbe auszuwählen, die das körperliche und/oder seelische Leid des Tieres lindert.

Manche Therapeuten besitzen große, teure Farblichtanlagen, ein effektives Arbeiten ist jedoch auch mit einfacheren Farbleuchten möglich.

Die Arbeit mit Menschen ist in vielerlei Hinsicht einfacher für einen Therapeuten, da Abneigungen und Vorlieben besprochen werden können. Bei Hunden sind mehr Feingefühl und eine gute Intuition gefragt.

Hier eine Übersicht darüber, wann der Einsatz welcher Farben empfehlenswert ist:

- ✓ Rot: bei Schwäche, Antriebslosigkeit und Lustlosigkeit, Trägheit, Verstopfung, Kreislaufschwäche, Blutarmut, Schock, Schilddrüsenunterfunktion, Appetitlosigkeit und Muskelverspannungen
  Heilsteine: Granat, roter Jaspis
- ✓ Orange: bei Erschöpfung, Freudlosigkeit, Verdauungsstörungen, Immunschwäche, Pilzbefall, Depressionen und Magenbeschwerden
  Heilsteine: Orangencalcit, Karneol
- ✓ Gelb: bei Allergien, Hautproblemen, Parasiten, Erkrankungen von Magen, Darm und Bauchspeicheldrüse, Immunschwäche und geschwächten Abwehrkräften
  Heilsteine: Citrin, Bernstein
- ✓ Grün: zur Entgiftung; bei Lebererkrankungen, Schlafproblemen, Infektionen, Entzündungen, Husten, Asthma und allgemeiner Disharmonie
  Heilsteine: Chrysopras, grüne Jade, Chrysokoll
- ✓ Blau: bei Unruhe, Ängsten, Stress, hohem Blutdruck, Fieber, Warzen, eitrigen Prozessen, Juckreiz und Kopfschmerzen
  Heilsteine: Sodalith, Lapislazuli, Azurit
- ✓ Violett: zur Regeneration, energetischen Reinigung und Stoffwechselregulation; bei Nervosität, Psychosen, Knochenbrüchen und traumatischen Erlebnissen
  Heilstein: Amethyst

✓ Magenta: bei Zwängen, Hypersexualität und Bluthochdruck
Heilstein: Sugilith

Je nachdem, ob man den Gesamtzustand oder eine bestimmte Körperregion in die Regulation bringen will, bestrahlt man entweder den ganzen Körper oder nur einen bestimmten Bereich. Die Bestrahlung sollte ca. 15 Minuten dauern.

Dir als Hundebesitzer stehen zur farbtherapeutischen Unterstützung deines Hundes ganz einfache Möglichkeiten zur Verfügung. Du kannst Farblicht erzeugen, indem du ein farbiges Tuch vor deiner Leselampe befestigst und deren Licht auf deinen Hund richtest. Oder du legst ein farbiges Handtuch auf seinen Ruheplatz. Bei Schwächezuständen wirkt orangefarbenes oder rotes Licht unterstützend und bei Unruhezuständen blaues Licht. Wenn du die Farbbehandlung mit einer Heilenergieübertragung oder Heilungsmeditation kombinierst, verstärkt das die Wirkung. Wie auch bei jeder anderen Form der Energiearbeit solltest du dir und deinem Hund einen angenehmen Raum schaffen, wo ihr ungestört seid.

Ein Hund, der zu Hyperaktivität oder stressbedingter Epilepsie neigt, sollte nicht noch durch eine knallrote Hundedecke erregt werden. Ein Zuviel an Farbe, die ein Organismus nicht benötigt, ist nicht ungefährlich und kann sich im Verhalten oder auf körperlicher Ebene bemerkbar machen.

Der Hund als Spiegel seines Besitzers

Darüber, ob Haustiere nun die Krankheiten ihrer Besitzer »übernehmen« oder deren Konflikte auf körperlicher Ebene manifestieren können, gibt es verschiedene Meinungen. Zwar gibt es Literatur, in der dies bejaht wird, doch keine wissenschaftlichen Belege. Allerdings bestätigen viele Tierärzte, bei denen ich in den letzten Jahren Fortbildungen absolviert habe, die Aussagen der betreffenden Autoren. Auch mir selbst sind in der Praxis bereits Parallelen bei Menschen und ihren Hunden in Bezug auf deren körperliche und seelische Zustände aufgefallen.

Einige meiner Kollegen absolvieren mittlerweile auch eine Ausbildung zum Humanheilpraktiker, weil sie festgestellt haben, dass das Thema des Tieres von dem seines Menschen manchmal kaum zu trennen ist und daher optimalerweise beide parallel behandelt werden sollten.

Diese Schwingungs- bzw. Resonanzübertragung findet auf feinstofflicher Ebene statt, wo der Äther- und der Emotionalkörper des Hundes mit denen des Menschen verschmelzen. Dies geht nur bei einer sehr engen Bindung – sowohl seelisch und emotional als in der Regel auch räumlich betrachtet.

Vieles in unserem Verhalten spielt sich unbewusst ab. So kann es passieren, dass wir unsere Verhaltensmuster oder emotionalen Verstrickungen mit unseren Eltern oder anderen Vorfahren auf unseren Hund projizieren und er uns diese widerspiegelt. Sollte es in deinem Leben – in der Gegenwart oder Vergangenheit, innerhalb oder außerhalb deiner Familie – traumatische Ereignisse gegeben haben, die noch nicht vollständig therapiert oder in die Ordnung gebracht worden sind, dann ist jetzt der Moment gekommen, den ersten Schritt auf deinem Weg der Heilung zu machen. Dabei kann dir eine systemische Aufstellung (siehe S. 233) oder eine Gesprächstherapie eine große Hilfe sein. Vielleicht genügt es dir auch, regelmäßig zu meditieren,

Yoga zu praktizieren oder die passende Literatur zu lesen, um wichtige Erkenntnisse für deine Heilung zu erlangen. Habe keine Angst vor den Reaktionen deiner Umwelt. Das Bedürfnis nach Seelenfrieden steckt in jedem Menschen und ist ganz natürlich. Nur geheilt und aus der reinen Liebe heraus kann eine gesunde Beziehung zwischen dir und deinem Hund wachsen.

Wenn du dich bewusst für ein gemeinsames Leben mit deinem Seelenhund als Wegweiser entschieden hast, solltest du genau hinsehen, in welche Richtung er dich führen und was er dir sagen will. Das kann mitunter lebenswichtig für euch beide sein. Allerdings bezieht sich nicht jede Krankheit oder jedes akute Problem eines Hundes auf seinen Besitzer. Doch manchmal ergibt es Sinn, einmal genauer hinzusehen, gerade bei den Beschwerden, die sich niemand erklären kann, wie das dauerhafte Harnträufeln bei einem kerngesunden Junghund, den sich die Besitzerin inmitten einer Phase der tiefen Trauer angeschafft hat. Eine übermäßig starke Scheinträchtigkeit, die durch nichts zu regulieren ist, kann das strittige Nachwuchsthema der jungen Besitzer genauso widerspiegeln wie die verschlissenen, bereits durch Prothesen ausgetauschten Gelenke eines ansonsten stabilen Junghundes die Unbeweglichkeit und Stagnation seiner Menschen.

Ein Zufall ist es sicher auch nicht, dass manchen Menschen, v. a. Paaren, die als gesunde Welpen angeschafften Hunde noch vor deren fünftem Lebensjahr an schrecklichen Krankheiten förmlich wegsterben.

Hunde merken, wenn ihre Besitzer unglücklich oder im Dauerstress sind, und nehmen die Konflikte zwischen den Menschen und alles, was bei ihnen nie zur Sprache kommt, deutlich wahr. Man kann den Besitzern daher nur ans Herz legen, das eigene Verhalten und letztlich das eigene Leben zu reflektieren. Wenn schon nicht für sich selbst, sollten wenigstens im Sinne der Tiere Lösungen für Probleme gefunden werden. Der italienische Neurophysiologe Giacomo Rizzolatti erklärt dieses Phänomen in seinem Buch »Empathie und Spiegelneurone – Die biologische Basis des Mitgefühls« aus wissenschaftlicher Sicht. Seinen Forschungen zufolge sorgen Spiegelneuronen (Nervenzellen im präfrontalen Cortex) dafür, dass Verhaltensweisen nachgeahmt und Emotionen nachempfunden werden können. Für ein gutes Miteinander innerhalb einer Gemeinschaft ist diese Empathie sicherlich förderlich. Wenn jedoch ein Mitglied z. B. emotionale Lasten trägt, kann sich das auf die anderen, die eng mit ihm verbunden sind, negativ auswirken und v. a. bei Kindern und Haustieren zu Verhaltensauffälligkeiten oder Ängsten führen.

Auch bei Hunden, um die sich neben den jungen, berufstätigen Besitzern auch deren Eltern kümmern, kommt es oft zu Problemen. Gerade Mütter tun sich manchmal schwer, die Anweisungen ihrer erwachsenen Kinder in Bezug auf die Hundeernährung zu befolgen, was besonders bei Allergiehunden sehr problematisch werden kann. Auch Menschen der Kriegsgeneration meinen mitunter, dem Hund ihre Zuneigung zeigen zu müssen, indem sie ihn fett füttern. Das macht den Hund nicht nur auf körperlicher Ebene krank, sondern sorgt für ständige interfamiliäre Spannungen, die ihn zudem seelisch belasten.

Reagiere nicht gleich panisch bei jeder kleinen Schramme deines Hundes. Ein glücklicher Hund, der tobt und Spaß hat, wird im Laufe seines Lebens einige davontragen, und mit großer Wahrscheinlichkeit haben sie nichts mit dir zu tun. Aber nimm bewusst wahr, wenn sich etwas bei ihm manifestiert, was eigentlich dich und deine Themen betrifft. Du kannst das erkennen, wenn du auf deine innere Stimme hörst. Falls du unsicher bist, empfehle ich dir, die Tierkommunikation zu erlernen, oder hole eine Person zu Hilfe, die sie bereits beherrscht und deinen Hund fragen kann, was er dir zeigen will. Manchmal reicht es auch, wenn du einfach einen guten Freund fragst, der emotional nicht so stark eingebunden ist wie du und daher auch nicht so »betriebsblind«.

Ich bin davon überzeugt, dass sowohl Probleme innerhalb der Familie oder Partnerschaft als auch das seelische Ungleichgewicht des Besitzers insbesondere einen sensiblen Hund sehr stark belasten und krank machen können. Anders kann ich mir nicht erklären, warum viele der schlecht vermittelbaren Stammhunde des Tierheims, in dem ich ehrenamtlich ausgeführt habe, trotz suboptimaler Lebensbedingungen, relativ minderwertiger Ernährung und einer übermäßigen, gesetzlich vorgeschriebenen Verabreichung chemischer Mittel in einem den Umständen entsprechend akzeptablen Gesundheitszustand sind und teilweise ein hohes Alter erreichen. Der Unterschied dieser Hunde zum Familienhund ist der, dass sie zwar schlechtere Haltungsbedingungen, dafür aber keinerlei Konflikte, Ängste, Sorgen und Streitigkeiten aushalten müssen und stattdessen von Pflegern, Praktikanten, Auszubildenden und Ausführern mit Liebe und Streicheleinheiten überhäuft werden.

Wenn du schon immer gedacht hast, der leicht schmerzhafte Knoten in deiner Brust sollte von einem Arzt begutachtet werden, oder du tief in dir spürst, wie sehr dich das schlechte Verhältnis zu deiner Mutter belastet, warte nicht erst, bis deine Hündin einen Mammatumor entwickelt. Du bildest eine Einheit mit deinem Seelenhund, sei dir dessen bewusst, und bringe Heilung in dein Leben.

Homöopathie – Schwingungsmedizin

Begründet wurde die Homöopathie von dem deutschen Arzt, Apotheker, Pharmakologen und Chemiker Samuel Hahnemann (1755–1843). Als der sprachbegabte Hahnemann das Werk »A treatise of the Materia medica« des schottischen Pharmakologen William Cullen übersetzte, stieß er auf die Behauptung, Chinarinde sei aufgrund ihrer magenstärkenden Wirkung imstande, das Wechselfieber zu heilen. Dieser Behauptung wollte er nachgehen, und so versuchte er, durch die Einnahme einiger Quäntchen Chinarinde sein eigenes Magenleiden zu lindern. Als sich stattdessen jedoch die Symptome des Wechselfiebers bei ihm einstellten, war Hahnemann klar, dass Chinarinde bei einem gesunden Menschen exakt die Leiden hervorrufen kann, die einen kranken Menschen zu heilen sie imstande ist. Dies war der Beginn der Forschungsarbeiten zur Homöopathie, in die Hahnemann sich selbst sowie kranke und gesunde Menschen miteinbezog. Zu keiner Zeit wurden in der Homöopathie Tierversuche durchgeführt.

Um zu ermitteln, welche Mittel bei welchen körperlichen und psychischen Beschwerden eingesetzt werden können, wurden durch Arzneimittelprüfungen an gesunden Menschen die Arzneimittelbilder erstellt:

Arzneimittelprüfung: Sammlung aller Symptome, die während der Verabreichung eines bestimmten Arzneimittels unter definierten Bedingungen bei einer Gruppe von Testpersonen auftreten

Arzneimittelbild: systematisierte Auflistung aller Symptome, die während der Arzneimittelprüfung gesammelt wurden

Wirkung und Herstellung homöopathischer Mittel

Die Homöopathie heilt keine bestimmte Krankheit, sondern ein krankes Lebewesen aus ganzheitlicher Perspektive und auf allen Ebenen. Während die Phytotherapie mit Heilpflanzen arbeitet und somit hauptsächlich in den materiellen Stoffwechsel von Mensch und Tier auf organisch-funktioneller Ebene eingreift, wirkt die Homöopathie nach dem Prinzip der Information im feinstofflichen Bereich und kann, je nach Potenz, sowohl auf körperlicher als auch psychischer Ebene Einfluss nehmen. Diese feinen Reize sind der Auslöser, um krankhaft veränderte Lebensprozesse im Körper umzustimmen und zu regulieren, sodass das Immunsystem zur Selbstheilung angeregt wird.

Das Ziel der Homöopathie ist, das auf körperlicher, emotionaler oder geistiger Ebene als Krankheitssymptom erkennbare Ungleichgewicht wieder in Harmonie zu bringen. Sie ist eine Art Reiztherapie oder Schwingungsmedizin, die regulativ in die körperlichen Erhaltungssysteme eingreift und in höheren Potenzen auch das psychische Befinden verändern kann. Das Grundprinzip der Homöopathie ist, Ähnliches mit Ähnlichem zu heilen. Daher nimmt man bei Schwellungen z. B. Apis mellifica (Honigbiene) und bei wässrigem Schnupfen Allium cepa (Küchenzwiebel).

Bei der Homöopathie können empfindsame Patienten eine Erstreaktion bzw. Erstverschlimmerung wahrnehmen.

Die Ausgangsstoffe für homöopathische Arzneien sind Mineralien, Pflanzen, tierische Bestandteile, potenzierte Organpräparate, Lebensmittel oder chemische Stoffe, und sie werden nach genau vorgeschriebenen mechanischen Prozeduren hergestellt. Diese werden zu Urtinkturen bzw. Ursubstanzen verarbeitet. Anschließend erfolgt der Prozess der Potenzierung, bei dem u. a. die teilweise giftigen Urtinkturen stark verdünnt werden, sodass kein Gift mehr nachweisbar ist. Ein so erzeugtes Mittel kann auf energetischer Ebene allein durch die Information der Urtinktur den verändernden Impuls bewirken.

Beispiel: Die niedrigste Potenz ist D1 (D = Dezimale). Sie entsteht durch die Verdünnung von einem Teil Urtinktur mit neun Teilen Wasser, Alkohol oder Milchzucker, was einer Verdünnung von 1:10 entspricht. Nun wird die Arznei zehnmal auf einer festen Unterlage geschüttelt bzw. eine Stunde lang mit einem Mörser verrieben. Wenn man diese D1-Potenz nun wiederum 1:10 verdünnt und zehnmal schüttelt, entsteht die Potenz D2. Entgegen Homöopathiekritikern haben Quantenphysiker längst bewiesen, dass durch diese Prozedur starke feinstoffliche Energien aus Materie freigesetzt werden.

Im Laufe der Zeit haben sich verschiedene Richtungen der Homöopathie entwickelt, die unter den homöopathisch arbeitenden Therapeuten nicht gleichermaßen ihre Zustimmung finden. Trotzdem haben alle ihre Berechtigung. Wir leben nicht mehr im 18. Jahrhundert – die Schwingungen und Reize in unserer Umwelt haben sich aufgrund von Elektrosmog und Mobilfunkstrahlung stark verändert, und vieles, was früher auf Schwingungsebene half, wirkt heute nicht mehr gut.

Homöopathie in der Tierheilkunde

Klassische Homöopathie

In der klassischen Homöopathie wird für jeden Patienten hinsichtlich der Gesamtheit seiner Symptome individuell ein Einzelmittel (Konstitutionsmittel) ausgewählt bzw. anhand von Spezialliteratur erarbeitet (repertorisiert) und dieses auch oftmals nur ein einziges Mal verabreicht. Es wird davon ausgegangen, dass dieses Mittel in der passenden Potenzierung ausreicht, um die auf »geistiger und körperlicher Ebene fehlgeleitete Dynamik des Organismus, sich an die Welt anzupassen, tiefgreifend zu modifizieren.« (Dr. Eugenio Candegabe)

Beispiel: Basco war Konstitutionstyp Nux vomica. Er war schlank, aktiv, nervös, leicht reizbar und mit geistiger Arbeit beschäftigt. Er war nervlich nur bedingt belastbar, überempfindlich und hatte eine geringe Toleranzschwelle. Er war empfänglich für Eindrücke und unterlag somit manchmal seinen Zwängen wie dem Textilkauen und dem Verbeißen in der Leine bei Stress während Spaziergängen. Im Schlaf war er geschäftig. Außerhalb seines Zuhauses war er unsicher, schreckhaft und ängstlich, während ihn Gewitter oder Silvesterknaller völlig kaltließen. Basco reagierte auf andere Menschen und Tiere eifersüchtig. Wenn er Unsinn machte, zeigte er Reue, und er ging auf meine Stimmungen ein. Basco war verfressen und hätte für ein Leckerchen alles getan.

Typische Leitsymptome eines Nux-vomica-Typs sind:

- ✓ Empfindlichkeit der Leber, des Magen-Darm-Traktes und des Bewegungsapparates
- ✓ Neigung zu Conjunctivitis (Bindehautentzündung), nervösem Juckreiz aus psychosomatischen Gründen und zum Überfressen
- ✓ muss immer arbeiten (Workaholic), sogar im Schlaf

Wenn eine homöopathische Behandlung deines Hundes in die Tiefe gehen und nicht nur körperliche Symptome, sondern auch die psychischen Ursachen dahinter miteinbeziehen soll, solltest du das für ihn passende Konstitutionsmittel herausfinden und es ihm in einer hohen Potenz verabreichen lassen. Suche dir dazu am besten die Hilfe eines klassisch-homöopathisch arbeitenden Tierheilpraktikers. Viele Therapeuten verlassen sich heutzutage nicht mehr ausschließlich auf ihre umfangreichen Kenntnisse der Arzneimittel, sondern benutzen zudem Softwareprogramme, kinesiologische Muskeltests und Tensoren als unterstützende Werkzeuge.

Das Konstitutionsmittel kann auch immer dann gegeben werden, wenn dein Hund aus dem Gleichgewicht geraten ist – sowohl seelisch als auch körperlich durch einen Infekt oder eine anderweitige leichte Erkrankung.

Klinische Homöopathie

In der klinischen Homöopathie finden vorzugsweise homöopathische Mittel in niedrigen Potenzen ihre Anwendung. Bei der Wahl der Mittel wird das Ähnlichkeitsprinzip herangezogen. Der Heilmittelansatz beschränkt sich auf die klinische Diagnose und Symptombehandlung und öffnet sich daher nicht der Weite ganzheitlicher Zusammenhänge. Kritiker sagen, dass die klinische Homöopathie nur oberflächlich wirke bzw. dass aufgrund der Symptombehandlung falsche Mittel gewählt würden, die ein Arzneimittelbild, also die Beschwerden, für die das Mittel eigentlich eingesetzt werden soll, verursachen können (siehe Selbstversuch von Hahnemann mit Chinarinde).

In den Homöopathieratgebern ist oftmals ausschließlich von klinischer Homöopathie die Rede.

Beispiele für die Verabreichung homöopathischer Mittel in der klinischen Homöopathie:

- ✓ Ignatia bei Trauer
- ✓ Arnica bei stumpfen Verletzungen
- ✓ Nux vomica bei Erbrechen und Übelkeit
- ✓ Borax bei Angstzuständen, z. B. durch Feuerwerk
- ✓ Belladonna bei roten Entzündungen

Trotz aller Kritik hat auch die klinische Homöopathie ihre Erfolge zu verbuchen, insbesondere bei Kindern und Tieren, den meiner Meinung nach unvoreingenommensten Patienten. Doch auch sie sollte verantwortungsbewusst und im Zweifelsfall mithilfe einer Fachperson eingesetzt werden.

Bei akuten Erkrankungen werden homöopathische Mittel wie folgt verabreicht:

Gewicht des Hundes	Potenzen	Dosierung pro Tag
Welpen bis 3 kg	D3–D12	3 x 1–20 Globuli
Hunde bis 10 kg	D3–D12	4 x 1–20 Globuli
Hunde bis 20 kg	D3–D12	5 x 1–20 Globuli
Hunde ab 30 kg	D3–D12	10 x 1–20 Globuli

Ein paar Globuli mehr oder weniger pro Gabe spielen keine Rolle, da es in erster Linie auf die Schwingung ankommt und nicht auf die grobstoffliche Menge. Die Angaben sollen daher nur als Richtlinien dienen. In der Regel werden die Mittel nur so lange verabreicht, bis die Selbstheilungskräfte des Körpers angeregt wurden und die akuten Symptome verschwunden sind. Nur im Einzelfall sollte die Einnahmedauer länger als vier Wochen betragen.

Bei subakuten, chronischen sowie psychischen Erkrankungen solltest du mithilfe einer Fachperson das richtige Mittel für deinen Hund erarbeiten. Dieses wird in der Regel insgesamt nur ein- bis zweimal in der Potenz C30, C200 oder höher verabreicht. Es gibt mittlerweile allerdings verschiedene Abzweigungen in der Homöopathie, bei denen man auch Höchstpotenzen wie eine C50000 und Nosoden (aus Krankheitserregern hergestellte homöopathische Mittel) mehrfach hintereinander verabreicht, wodurch gute Erfolge erzielt werden. Mithilfe von Fachtherapeuten in Zusammenarbeit mit Apothekern können für Patienten auch Mittel aus deren eigenen Krankheits- oder Stoffwechselprodukten (Exkremente, Sekrete, Blut, Harn etc.) gewonnen werden, die sogenannten Autonosoden, die sehr hilfreich bei Immunerkrankungen aller Art sind (siehe S. 81).

Komplexmittelhomöopathie

Komplexmittel enthalten entweder verschiedene Einzelmittel, die einen starken Bezug zu einem bestimmten Leiden haben, oder ein bestimmtes Einzelmittel in verschiedenen Potenzen.

Klassische Homöopathen lehnen diese Form der Homöopathie in der Regel ab. Bei der Behandlung von kranken Tieren, zu denen ein Therapeut die für eine umfassende Repertorisation benötigten Informationen über die Symptome oftmals nicht vorliegen hat, haben sich Komplexmittel bewährt und sind unverzichtbar.

Bei einer akuten Erkrankung oder Verletzung wird ein Komplexmittel wie folgt verabreicht:

Gewicht des Hundes	Tropfen pro Tag	Tabletten pro Tag
Welpen bis 3 kg	5 x 2–3 Tropfen	1 x 1–2 Tabletten
Hunde bis 10 kg	7 x 2–3 Tropfen	1 x 2–3 Tabletten
Hunde bis 20 kg	10 x 2–3 Tropfen	2 x 2–3 Tabletten
Hunde ab 30 kg	20 x 2–3 Tropfen	3 x 2–3 Tabletten

Die Tropfen oder Tabletten werden vorzugsweise direkt ins Maul des Hundes gegeben. Die Verabreichung über die Mahlzeiten sollte nur im Ausnahmefall erfolgen. Bei Injektionen suchst du dir am besten die Unterstützung einer Fachperson. Neben den Mischungen aus homöopathischen Mitteln gibt es auch Organpräparate, die bei einem Heilungsprozess als Katalysatoren eingesetzt werden.

Bei chronischen Erkrankungen ist die Erstellung eines individuellen Therapieplans empfehlenswert, weil hier verschiedene Kriterien berücksichtigt werden müssen. Auch Komplexmittel sollten nicht dauerhaft eingenommen, sondern nur im Sinne einer Reiztherapie verwendet werden. Bei alten Hunden muss im Einzelfall entschieden werden.

Homöopathische Notfallapotheke

Symptome/ Befunde	Beschreibung	Besserung	Verschlech-terung	Mittel in Potenz D4/D6/D12
frische Wunden und Schürfwunden	hellrote Blutung	durch Ruhe	durch Berührung	Arnica
Stichwunden	durch Insekten	durch Kälte	durch Wärme	Ledum palustre und Apis mellifica
Schnittwunden	z. B. durch Messer, Operation			Staphisagria
Verletzungen von Knochen und Knorpelschäden	schmerzhaft			Symphytum officinale
eitrige Wunden	schmerzhaft	bei feuchtem Wetter	durch kalte Zugluft	Hepar sulfuris
Verstauchungen	schmerzhaft	durch Bewegung		Rhus toxicodendron
Erschöpfung	z. B. durch Hitze, Schwüle	durch frische Luft	abends	Carbo vegetabilis
Entzündung	rot, heiß	durch Ruhe	durch Bewegung	Belladonna
häufiges Urinieren	schmerzhaft	durch Wärme	durch Kälte	Cantharis
Erbrechen und Durchfall		durch Bewegung und Kälte	durch Wärme	Nux vomica
Erbrechen von Galle				Chelidonium majus

Diese Angaben sind sehr allgemein gehalten. Die Mittel sollten wirklich nur in ganz niedrigen D-Potenzen eingesetzt werden. Bei schwereren Verletzungen oder nach einer Operation können homöopathische auch parallel zu schulmedizinischen Mitteln verabreicht werden. Im Zweifelsfall solltest du immer die Hilfe einer Fachperson in Anspruch nehmen.

> Viele Dysbalancen auf körperlicher und psychischer Ebene können mithilfe der Homöopathie gelindert oder komplett in die Regulation gebracht werden.

Spagyrik

Der Begriff »Spagyrik« kommt aus dem Griechischen – »spao« bedeutet »herausziehen, trennen« und »ageiro« »vereinigen, zusammenführen« – und bezeichnet die pharmazeutische und therapeutische Umsetzung der Alchemie.

Die Spagyrik ist eine naturheilkundliche Behandlungsmethode, deren geschichtliche Wurzeln in vorchristlichen Zeiten zu finden sind. Als ganzheitliches Naturheilverfahren betrachtet sie Körper (Sal), Geist (Mercurius) und Seele (Sulfur) des Lebewesens als eine normalerweise im gesunden Gleichgewicht befindliche Einheit. Dieses philosophische Prinzip findet man in der Pflanze als arzneilichen Wirkstoffträger wieder: Mineralstoffe und Spurenelemente der Pflanze entsprechen dem Sal-Prinzip, ihre Kohlenhydrate stehen für das Mercurius-Prinzip, und die ätherischen Öle sowie ähnliche in der Pflanze angelegte Substanzen entsprechen dem Sulfur-Prinzip.

Für die Herstellung spagyrischer Mittel werden frische, biologische Heilpflanzen zerkleinert und einer Gärung unterzogen. Anschließend wird der Alkohol (Geist/Mercurius) abdestilliert. Der Pflanzensaft (Seele/Sulfur) und die Pflanzenbestandteile (Körper/Sal) werden getrocknet und verascht, womit die Trennung der einzelnen Bestandteile vollzogen ist. Anschließend wird die Asche im Destillat wieder gelöst. Die Vereinigung nach spagyrischem Prinzip besteht darin, dass die drei gereinigten Prinzipien wieder zusammengefügt und anschließend einer Zirkulation unterzogen werden, wodurch die Tinktur eine energetische Erhöhung im Sinne einer Transformation erfährt. Dieser Vorgang ist mit der Potenzierung in der Homöopathie vergleichbar. Die so hergestellten spagyrischen Mittel enthalten die kräftigsten Substanzen in veredelter Form und haben eine stärkere therapeutische Wirkung als das Ausgangsmaterial. Weil sie von Giftstoffen befreit wurden, kann der Körper sie besser aufnehmen. Spagyrische Heilmittel wirken auf körperlicher, geistiger und seelischer Ebene. Sämtliche Pflanzen, Metalle und Salze können spagyrisch aufbereitet werden.

Spagyrische Mittel gibt es in Form von Tropfen, Tabletten, Salben und Sprays sowie als fertige Einzelpräparate und Komplexmittel. Oftmals wird die Spagyrik ergänzend zur Homöopathie oder auch zur Schulmedizin eingesetzt.

Bachblüten, Remedies, Essenzen und andere Seelenhelfer

Die vom walisischen Arzt Dr. Edward Bach (1886–1936) entwickelten 38 Blütenessenzen wirken ähnlich wie homöopathische Mittel nicht auf grobstofflicher, sondern auf feinstofflicher Ebene. Das heißt, sie können Störungen im Energiefeld auf seelischer Ebene in die Harmonie bringen und dadurch Krankheiten auf körperlicher Ebene vorbeugen. Die Entwicklung der Essenzen beruht auf der Überzeugung, dass die Ursachen von körperlichen Leiden auf psychischer Ebene zu finden sind. Daher kann die Bachblütentherapie als Seelenpflege verstanden werden.

Die wohl bekannteste Bachblüte ist Star of Bethlehem. Diese kann helfen, Schockerlebnisse auf Seelenebene besser zu verarbeiten. Sie ist in vielen Schockmischungen enthalten, beispielsweise den sogenannten Rescuetropfen. Star of Bethlehem ist oftmals bei Hunden aus dem Tierschutz angezeigt. Obwohl Hunde anders als viele Menschen absolut im Hier und Jetzt leben, können auch sie durch Schockerlebnisse in der Vergangenheit in der Gegenwart beeinträchtigt werden, was sich in Form von Ängsten vor Dingen, Situationen oder Menschen, die sie mit diesen Erlebnissen verbinden, zeigt. Bachblüten können in solchen Fällen gute Dienste leisten.

Neben den klassischen Bachblüten gibt es auf dem Markt eine Vielzahl von Blütenessenzen, Chakraessenzen, Symbolessenzen, Licht- und Engelsprays und Remedies, und sicherlich haben alle ihre Berechtigung und spezifische Wirkung. Schaue und fühle einmal nach, was dich am meisten anspricht, und probiere etwas davon aus, wenn du magst.

Wenn dein Hund Ängste oder Trauer von dir übernommen hat oder du von ihm, könnt ihr die Bachblüten oder Essenzen auch gemeinsam einnehmen oder anderweitig mit ihnen arbeiten.

Die klassischen englischen Bachblüten werden durch zwei verschiedene Verfahren hergestellt: die Koch- und die Sonnenmethode.

Kochmethode: Bei dieser Methode werden vorwiegend die Blüten der im Frühjahr blühenden Pflanzen in Quellwasser abgekocht.

Sonnenmethode: Diese wird bei den im Sommer blühenden Pflanzen und auch bei der Bachblüte Rock Water angewandt. Hier werden die Blüten vormittags bei sonnigem Wetter gepflückt und in einer Glasschale mit Quellwasser bedeckt in die Sonne gestellt.

Bei beiden Methoden dient Wasser als Informationsträger, der die Essenzen der Pflanzen speichert. Nach der Filterung wird das Wasser in sogenannte Stockbottles gefüllt und mit Brandy konserviert. Die Häufigkeit der Gabe ist ausschlaggebend für die gewünschte Wirkung. In einem Braunglasfläschchen werden 2 Tropfen aus der Stockbottle mit 50 ml stillem Wasser vermischt. Von dieser Mischung wird zwei- bis fünfmal täglich 1 ml entweder direkt ins Maul gegeben oder über das Trinkwasser oder das Futter verabreicht. Die Wirkung der Bachblüten kann bereits nach wenigen Tagen, jedoch auch erst nach mehreren Wochen eintreten, das ist individuell verschieden.

Dein Seelenhund nimmt dir gern einen Teil deiner Trauer und deiner Ängste ab. Möglicherweise ist er auch dafür hier. Du musst deswegen kein schlechtes Gewissen haben. Nimm es jedoch als Ansporn, durch diese Gefühle hindurchzugehen und sie hinter dir zu lassen. Bachblüten können dir dabei eine gute Hilfe sein.

Schüßlersalze

Die Therapie mit den Schüßlersalzen, die auch »Salze des Lebens« genannt werden, wurde von Dr. med. Wilhelm Heinrich Schüßler (1821–1898) entwickelt, der im Raum Oldenburg als Homöopath arbeitete. Er erkannte die außerordentliche Wichtigkeit der Anwesenheit verschiedener anorganischer Mineralsalze in allen Zellen des Organismus. Nur wenn die Mineralien in der erforderlichen Menge und im richtigen Verhältnis zueinander im Körper vorhanden sind, ist ein idealer Zellstoffwechsel möglich. Ein Missverhältnis oder Mangel kann zu einer Störung auf zellulärer Ebene und somit zu einer Krankheit führen.

Die Therapie mit den zwölf biochemischen Funktionsmitteln nach Dr. Schüßler wird auch gern der »kleine Bruder der Homöopathie« genannt. Anders als bei dieser, die lediglich förderlich auf die Regelmechanismen des Körpers einwirkt und durch Information auf feinstofflicher Ebene Reize aussendet, werden bei der Schüßlertherapie einerseits durch die massive Zufuhr von Salzen Mängel in den kranken Zellen behoben und andererseits die sich regenerierenden Zellen angeregt, benötigte Elemente von sich aus wieder vermehrt aus dem Blut zu resorbieren. Man kann sich also darüber streiten, ob die Wirkung dieser Therapieform nun eher auf die grob- oder feinstoffliche Ebene abzielt. Beides ist in gewisser Hinsicht korrekt.

Der Grundgedanke der Schüßlertherapie ist, dass kranken Zellen, die nicht mehr imstande sind, grobmolekulare Substanzen aufzunehmen, feinmolekulare, homöopathisierte Stoffe zugeführt werden. Seine Erkenntnisse und auch die damals bereits unübersichtlich große Menge an homöopathischen Mitteln bewegten Dr. Schüßler dazu, sich ganz den zwölf lebensnotwendigen Salzen zu widmen. Mittlerweile gibt es 27 Schüßlersalze, von denen es sich bei den nachfolgend aufgeführten um die ursprünglichen und von Dr. Schüßler entwickelten Basissalze (Funktionsmittel) handelt.

Die Anwendungsmöglichkeiten der Schüßlersalze sind vielseitig. Neben den üblichen Methoden, sie auf der Zunge zergehen zu lassen oder sie in Wasser, Fruchtsaft oder Tee aufzulösen, können die Schüßlersalze dem

Körper auch durch Wickel, Bedampfungen, Bäder oder durch Kosmetik über die Haut zugeführt werden. Deinem Hund kannst du die Tabletten auf einer Untertasse in etwas Wasser aufgelöst anbieten. Bei Mäkelfressern gibt man einen Schuss Sahne hinzu. Bei Schüßlersalzen kann zwischen großen Globuli und Tabletten gewählt werden.

Dosierungsempfehlungen:

Gewicht des Hundes	Globuli pro Tag	Tabletten pro Tag
Welpen bis 3 kg	3 x 1 Globulus	3 x 1 Tablette
Hunde bis 10 kg	3 x 3 Globuli	3 x 2 Tabletten
Hunde bis 20 kg	3 x 4 Globuli	3 x 3 Tabletten
Hunde bis 30 kg	3 x 8 Globuli	3 x 6 Tabletten
Hunde ab 30 kg	bis zu 3 x15 Globuli	bis zu 3 x 10 Tabletten

Bei akuten Beschwerden können die Schüßlersalze mehrmals am Tag verabreicht werden. Die Dosierung richtet sich nach Bedarf und Zustand des Hundes. Ein Zuviel wird vom Körper ausgeschieden, eine Überdosierung ist daher nicht möglich. Bei eher chronischen Beschwerden sollte bei dem Tier eine Kur über drei bis sechs Monate durchgeführt werden. Während dieser Kur sollten die Salze zwei- bis dreimal täglich verabreicht werden. Schüßlersalze, die sich gegenseitig ergänzen (z. B. Nr. 1 und Nr. 2) können ohne Weiteres miteinander kombiniert werden. Die Schüßlersalze Nr. 1–12 gibt es in den Potenzen D3, D6 und D12.

Schüsslersalze	Anwendungen und Wirkungen
Nr. 1 Calcium fluoratum	bei Knochen- und Zahnerkrankungen wie Wirbelsäulenbeschwerden und Karies sowie Verhärtungen im Bindegewebe; wirkt unterstützend bei Krebserkrankungen
Nr. 2 Calcium phosphoricum	bei oberflächlichen Entzündungen, Schwäche, Rekonvaleszenz, nervösen Störungen und Juckreiz; in Kombination mit Calcium fluoratum bei Knochen- und Zahnerkrankungen
Nr. 3 Ferrum phosphoricum	bei Eisenmangel, Anämie, Infektanfälligkeit, frischen Wunden und Verletzungen; immunstärkend insbesondere bei Jungtieren; zum Muskelaufbau
Nr. 4 Kalium chloratum	bei Entzündungen der Schleimhäute, Verbrennungen und Schwellungen, die durch Entzündungen hervorgerufen wurden, und bei Impfreaktionen
Nr. 5 Kalium phosphoricum	bei Nervosität, Erschöpfungszuständen, Schlaflosigkeit, (Herz-)Muskelschwäche und Infektionen
Nr. 6 Kalium sulfuricum	bei Rheuma und chronischen Entzündungen mit eitrigen Absonderungen; fördert Entgiftungsprozesse
Nr. 7 Magnesium phosphoricum	bei Krämpfen, Neuralgien, Migräne und Koliken
Nr. 8 Natrium chloratum	reguliert Wasserhaushalt; bei nässenden Ekzemen, Nervenschwäche, Abmagerung und Appetitlosigkeit
Nr. 9 Natrium phosphoricum	reguliert den Säure-Basen-Haushalt; bei Nierengries, Nieren-, Blasen- und Gallensteinen
Nr. 10 Natrium sulfuricum	fördert Entwässerung und Entschlackung; bei Ödemen, Pilzbefall, Rheuma und nässenden Hautausschlägen
Nr. 11 Silicea	gut für Haut, Haare, Knochen und Krallen; festigt Bindegewebe; zur Behandlung von Narben; bei akuten und chronischen eitrigen Entzündungen; bei Fisteln
Nr. 12 Calcium sulfuricum	bei Arthrose, rheumatischen Gelenkserkrankungen, Abszessen und eitrigen Prozessen; regt den Stoffwechsel an

Wegweiser von A–Z

Alte Hunde

Bewegung

Calcium

Dorn-Methode

Elektrosmog und andere unsichtbare Gefahren

Flöhe und Zecken

Geruchsbelästigung

Haut, Haare und Halsbänder

Impfungen

Junge Hunde

Kindern Empathie und Tierliebe vermitteln

Leben und Lieben mit dem Seelenhund

Männlein oder Mann

Noxen, Notfälle und andere Gefahren

Ohren, Augen, Nase und Zähne

Probleme bewältigen

Quälereien im Alltag

Regenbogenbrücke

Systemische Aufstellungensarbeit

Trennungshunde

Urlaub

Verständigung

Würmer und Einzeller

Xylophon und Co

Yin und Yang

Zweierpack mit Herz und Seele

Alte Hunde – wenn dein Hund zur Grauschnauze wird

Um bei einem Hund herauszufinden, ob dieser bereits zu den Senioren zählt, gibt es diverse Tabellen und Berechnungsmöglichkeiten. Schließlich leben kleine Hunde meist wesentlich länger als ihre groß gewachsenen Artgenossen. Ein kleiner Hund kann es mit etwas Glück auf fast 20 Jahre bringen, wohingegen laut einer Studie ca. 30 % der Irischen Wolfshunde vor ihrem fünften Lebensjahr sterben. Leider bezeichnet man heutzutage einen Schäferhund mit acht Jahren bereits als alt, obwohl dieser bei vernünftiger Haltung und mit einigermaßen guten Erbanlagen ohne Weiteres 15 Jahre und länger ein glückliches und bis auf Altersbeschwerden auch gesundes Leben führen könnte – zu Zeiten unserer Großeltern war das jedenfalls möglich. Trotzdem wird gern erwähnt, Hunde würden heutzutage im Durchschnitt wesentlich länger leben als noch vor einigen Jahrzehnten. Ich möchte jedoch daran erinnern, dass früher alle Hunde mit Magendrehung, Darmverschluss, Knochenbrüchen, Gebärmuttervereiterung oder Geburtskomplikationen gestorben sind, während sie heutzutage aufgrund einer hervorragenden chirurgischen Akutversorgung sehr gute Überlebenschancen haben. Bei uns Menschen ist es nicht anders. Im Durchschnitt leben auch wir länger als früher – doch um welchen Preis und in welchem Zustand? Meiner Meinung nach kommt es sowohl bei unseren vierbeinigen

Weggefährten als auch bei uns selbst weniger auf die Quantität, sondern mehr auf die Qualität im Leben an. Ein quirliger, artgerecht ernährter Hund, der im Alter von zehn Jahren aufgrund eines angeborenen, nie diagnostizierten Herzfehlers beim Toben tot umfällt, hatte sicherlich mehr Freude im Leben als ein Artgenosse, der zwar zwölf Jahre alt wurde, aber aufgrund von Arthrose (Gelenkverschleiß) und Diabetes jahrelang nebenwirkungsreiche Medikamente verabreicht bekam.

Wie oft schon habe ich gehört: »Mein Hund ist auch mit dem Trockenfutter aus dem Discounter alt geworden.« Das mag ja sein, aber wie hat er sich gefühlt? War er wirklich gesund, nur weil er nicht humpelte oder keinen sichtbaren Tumor hatte? War er energiegeladen und glücklich?

Für Gesundheit im Alter gibt es keine Garantie, aber wir können unseren Seelengefährten beim Altwerden bestmöglich unterstützen.

Wenn du herausfinden möchtest, wie alt dein Hund umgerechnet in Menschenjahre ist, kannst du in der folgenden Tabelle nachschauen.

Hundejahre	umgerechnet in Menschenjahre bei einem Normalgewicht von			
	unter 10 kg	10–25 kg	25–40 kg	über 40 kg
1	15	15	14	12
3	28	29	29	28
5	36	38	40	42
7	44	47	50	56
9	52	56	61	71
11	60	65	72	86
13	68	74	82	101
15	76	83	93	
17	84	92	101	
18	88	96	108	

Dein Hund wird langsam alt – was solltest du beachten?

Kommt ein Hund in die Jahre, ergibt es Sinn, einmal im Jahr eine Altersuntersuchung beim Tierarzt oder Tierheilpraktiker durchführen zu lassen, um bei altersbedingt auftretenden Krankheiten rechtzeitig Maßnahmen ergreifen zu können. Sieht man dazu absolut keinen Anlass und ist der Hund zudem stressanfällig, kann man dies allerdings auch zurückstellen. Viele Tierheilpraktiker kommen auch gern zu euch nach Hause, was eine stressfreie Alternative zum Arztbesuch ist.

Häufige Alterserkrankungen sind Seh- und Hörschwäche, verlangsamter Stoffwechsel, Verdauungsstörungen, Herz-, Kreislauf-, Pankreas- und Nierenschwäche. Auch leiden unsere Grauschnauzen oftmals an Arthrose. Wenn die Sehkraft bei unseren Lieblingen nachlässt, müssen wir uns wohl oder übel daran gewöhnen. Ihnen zuliebe sollten wir dann nicht jede Woche die Möbel umstellen. Auch Bodenvasen gehören dann auf den Dachboden. Hört dein alter Hund nicht mehr gleich beim ersten Mal auf seine Kommandos, so ist eine beginnende Schwerhörigkeit wahrscheinlicher als der sogenannte Altersstarrsinn, der sich bei manchen Grauschnauzen beobachten lässt.

Vielen der anderen Alterskrankheiten können wir vorbeugen, indem wir unsere Hunde artgerecht füttern und ihr Immunsystem nicht mehrmals im Jahr mit diversen chemischen Mitteln belasten. Da auch Hunde Erbanlagen mitbringen und Umwelteinflüssen ausgesetzt sind, ist eine ausgewogene Ernährung natürlich nur einer von vielen Faktoren, die für ihre Gesundheit im Alter wichtig sind.

Aber auch die Natur bietet viele Möglichkeiten, unsere Hunde zu stärken. Ein schwaches Herz können wir mit Weißdornsaft und die Gelenke mit Grünlippmuschelextrakt unterstützen. Um die Organe phytotherapeutisch zu stärken, gibt es einige gute Kräutermischungen auf dem Markt. Auch homöopathische Mittel können körperliche und seelische Schwachstellen beim Hundesenior wieder ins Gleichgewicht bringen, ohne die Nieren zu belasten. Alte Hunde, die sich weniger bewegen, benötigen eine reduzierte Futtermenge, damit sie nicht übergewichtig werden. Knochen sollten seltener auf dem Speiseplan stehen und schließlich ganz gestrichen werden, da ältere Hunde meist nicht mehr die besten Zähne und eine verlangsamte Verdauung haben.

Nach wie vor sollten wir einem alten Hund ausgewogenes, frisches Futter anbieten, das reich ist an Antioxidantien wie Vitamin C, Enzymen und Mikronährstoffen und das hochwertiges Eiweiß enthält, z. B. mageres Fleisch wie Geflügel und Milchprodukte wie Hüttenkäse, sofern diese vertragen werden.

Anstatt synthetische Vitamine zu füttern, ist es nach heutigem wissenschaftlichen Stand auch für den Hund gesünder, einen Apfel zu fressen. Außer bei Tieren, die alles ordentlich durchkauen, sollte dieser allerdings vorher püriert werden, da der Verdauungstrakt des Hundes keine Zellulose aufspalten kann. Wenn Rohes nicht mehr vertragen wird, sollten wir auf schonend gegarte Hundenahrung umstellen und den Apfel gegen natürlich hergestellte Vitamine eintauschen. Manche Hersteller von Hundefutter bieten auch bereits sehr ausgewogene Menüs für Hunde an, in denen an Mineralstoffen und wertvollen Ölen alles enthalten ist, was der Hundekörper braucht.

Solltest du nachts getrennt von deinem alten Hund schlafen, würde ich dir empfehlen, ein oder mehrmals nach ihm zu sehen. Vielleicht braucht er nachts deine Hilfe, weil er zu den Typen gehört, deren Symptome sich im Ruhezustand verschlimmern. Hunde sind Rudeltiere und fühlen sich am wohlsten, wenn sie sich auch nachts in unmittelbarer Nähe zu ihren Menschen aufhalten dürfen.

Einem alten Hund macht die Hitze im Sommer oftmals zu schaffen. Du kannst sein Herz während dieser Zeit mit Weißdorn als Presssaft, als Bestandteil einer Kräutermischung oder als Crataegus-Globuli in der Potenz D1 unterstützen. Verlagere die längeren Spaziergänge auf den frühen Morgen und den späten Abend, sorge für schattige, kühle Ruheplätze, und biete ihm Erfrischungsmöglichkeiten, z. B. in Form eines Pools, an. Sollte dein Hund öfter nachts zwischen 1:00 und 3:00 Uhr wach und unruhig sein, ist das ein Hinweis darauf, dass seine Leber, die in dieser Zeit auf Hochtouren entgiftet, Unterstützung braucht. CBD-Öl (Cannabisöl ohne halluzinogene Bestandteile) wirkt nicht nur gegen Schmerzen, sondern kann für einen tiefen, entspannten Schlaf sorgen. In der Praxis erlebe ich immer wieder, dass Hunde extrem auf Elektrosmog oder andere unharmonische Frequenzen mit Unruhe reagieren – v. a. die älteren Patienten.

Alte Hündinnen schaffen es während ihrer Läufigkeitsblutung mitunter nicht mehr, sich allein vernünftig zu säubern. Hier sollten wir mit einem weichen Tuch und warmem Wasser den Bereich um die Vulva reinigen und längere Haare abschneiden, damit sie nicht verkleben.

Wie viel Bewegung braucht ein alter Hund?

Diese Frage pauschal zu beantworten, ist nicht möglich, denn der Bewegungsbedarf richtet sich auch nach Rasse und Konstitution. Ein Galgo wird trotz besten Alters mehr und anders bewegt werden wollen als ein gemütlicher, junger Bullmastiff. Du solltest das anhand des Bedürfnisses und gesundheitlichen Zustandes deines Hundes individuell entscheiden.

Auf gar keinen Fall sollte ein alter Hund einer schweren Rasse, z. B. ein zehnjähriger Berner Sennenhund, im zügigen Trab am Fahrrad geführt werden, sonst ist die Arthrose vorprogrammiert. Außerdem würde er auf diese Weise zum Laufen genötigt werden, obwohl er dabei vielleicht Schmerzen hat. Für alle Hunde, insbesondere die Senioren, sind das Schwimmen und das Laufen im Wasser im Hinblick auf Muskeln und Gelenke empfehlenswert. Nicht jeder Hund ist eine Wasserratte, aber probiere es einmal aus. Vielleicht ist in deinem Garten sogar Platz für einen Schwimmteich, dann hättet ihr beide etwas davon. Nach dem Bad solltest du die Gelenke deines Hundes gut abtrocknen, und danach heißt es: Ab ins Warme oder in die Sonne. Unternimm anstatt zwei großer Spaziergänge lieber mehrere kleine. Alte Hunde haben oft einen

gesteigerten Harndrang und werden sich freuen, nicht mehr so lange auf die nächste Gassirunde warten zu müssen.

Geistige Arbeit lastet Hunde ebenfalls aus. Veranstalte dopaminfördernde (Dopamin ist das sogenannte Glückshormon) Suchspielchen in deiner Wohnung oder in der freien Natur. Auch Mantrailing ist mit einem älteren Hund ohne Weiteres möglich, sofern es der Zustand seiner Gelenke erlaubt. Lasse deinen Hund eingefrorenen Bananenquark aus einem Kong lutschen, das macht ihn glücklich, da es zugleich eine schöne Beschäftigung und eine leckere und gesunde Zwischenmahlzeit darstellt. Vermeide bitte, dass dein Hund unzählige Treppen steigen und mehrmals täglich in den Kofferraum springen muss. Baue ihm eine Rampe, über die er leicht ins Auto und auf die Couch kommt, und versuche, deinem Hund den Treppengang so angenehm wie möglich zu gestalten, indem du ihn dabei unterstützend am Geschirr festhältst. Falls es vom Gewicht her möglich ist, kannst du ihn auch tragen.

Sollte dein alter Hund gern in deinem Bett schlafen und du tolerierst das, ermögliche ihm auch hier einen bequemen Einstieg, und schalte die Stimmen derjenigen Menschen in deinem Kopf aus, die Bedenken wegen der Hygiene haben. Stehe zu deiner Entscheidung, schließlich müssen wir unsere Wäsche nicht mehr am Fluss waschen. Dein Hund gehört zu deinem Leben und hat gerade im hohen Alter einen bequemen Ruheplatz verdient. Nicht jeder deiner Freunde oder Bekannten muss deine Art, mit ihm umzugehen, gutheißen, aber du solltest dir gut überlegen, ob die, die dich deswegen anfeinden, wirklich in dein Leben passen. Manchmal ist es ähnlich wie mit dem Aussortieren von alten Kleidungsstücken: Trenne dich von allem, was dich nicht glücklich macht. Damit tust du dir selbst und auch deinem alten Hund einen großen Gefallen.

Überlege dir gut, ob bereits jetzt ein neuer Welpe oder quirliger Junghund, der mitunter eine echte Zumutung für den ruhebedürftigen Senior sein kann, bei dir einziehen sollte. Besitzt du einen alten, hüftgeschädigten Hund aus dem Tierschutz, kann diesem ein verspielter Junghund sogar gefährlich werden. Für den relativ gesunden Senior einer agilen Rasse hingegen wäre ein freundlicher Junghund eventuell eine echte Bereicherung. Das soll keine Motivation sein, dir einen Zweithund anzuschaffen. Wie alles andere im Leben hat auch die Mehrhundehaltung Vor- und Nachteile, sollte gründlich überlegt sein und ist keine Voraussetzung für ein glückliches Hundeleben.

Schmerzfreiheit im Alter

Wenn Ballspiele oder das beliebte Apportieren die Gelenke des Hundes zu stark belasten, weil dieser trotz höheren Alters wie ein Wirbelwind losrennt und dann stark abbremsen muss, sollte bereits früh genug eine Ersatzbeschäftigung gefunden werden, die genauso spaßig, aber schonender für die Gelenke ist. Wie bereits erwähnt wären Kopfarbeit, das Erlernen von Kunststücken, Suchspiele und Mantrailing gute Alternativen.

Wird ein Hund älter, treten irgendwann die ersten Schmerzen in Knochen und Gelenken auf – je nach Lebensweise und Fütterung kann das früher oder später der Fall sein. Der Hund läuft langsamer, die Ruhephasen werden länger, und er seufzt beim Hinlegen oder Aufstehen.

Ich gehöre nicht zu den Menschen, die jeden leichten Schmerz sofort betäuben, weder bei mir selbst noch bei meinen Tieren. Wir sollten vernünftig abwägen, ab wann ein Schmerzmittel für den Hund Sinn ergibt und trotz möglicher Nebenwirkungen eine echte Steigerung seiner Lebensqualität bewirken würde, also nicht beim ersten Zipperlein, sondern dann, wenn gesunde Ernährung mit wertvollen Zusätzen und Mittel aus der Naturheilkunde keine Wirksamkeit mehr zeigen.

Vor dem Einsatz von chemischen Schmerzmitteln ist es daher empfehlenswert, neben frischer Nahrung erst einmal alternative Mittel auf natürlicher Basis auszuprobieren:

- ✓ Methylsulfonylmethan (Schwefelverbindung; kurz: MSM) – das am besten verträgliche Schmerzmittel für Hunde
- ✓ Teufelskralle und Weidenrinde – nicht für Hunde mit empfindlichem Magen geeignet

- ✓ Grünlippmuschelextrakt und Hagebuttenpulver als Vitamin-C-Lieferant
- ✓ Kollagen, Glucosamin, Hyaluron und Chondroitin
- ✓ Weihrauch als Pulver oder ätherisches Öl gegen Entzündungen
- ✓ ätherische Öle Wintergrün und Copaiba
- ✓ aus der Homöopathie: Harpagophytum (Teufelskralle), Rhus toxicodendron, Vermiculite, die Komplexmittel Zeel comp. N und Traumeel
- ✓ Akupressur oder Akupunktur mit Nadeln oder Biophotonenpflastern
- ✓ Goldakupunktur bzw. Golddrahtimplantation
- ✓ CBD-Öl (Cannabisöl ohne halluzinogene Bestandteile)
- ✓ Bioresonanzbehandlung, radionische Behandlung, Energiearbeit und Farbtherapie
- ✓ Ingwer und Knoblauch – je nach Gewicht des Hundes zweimal wöchentlich ein kleines Stück bzw. eine kleine Zehe ins Futter pürieren, sofern der Hund die dadurch steigende Körperwärme und die Magenreizung verträgt

Auch die Physiotherapie kann mit gezieltem Muskelaufbau Linderung verschaffen. Wenn all das zu keiner Verbesserung führt und der Hund weiterhin unter starken Schmerzen und Bewegungseinschränkungen leidet, sollte ein passendes Schmerzmittel aus der Schulmedizin gefunden werden. Dann muss allerdings darauf geachtet werden, dass der Hund dieses vom Magen her gut verträgt. Viele chemische Schmerzmittel verursachen Übelkeit, die nicht sofort bei jedem Hund zu erkennen ist. Die Schmerzen des Bewegungsapparates gegen eine dauerhafte Übelkeit einzutauschen, ist für keinen Hund eine Option. Lasse dich gut beraten, und gib deinem Hund bei Bedarf ca. eine halbe Stunde vor seiner Mahlzeit und der Schmerzmittelverabreichung Hericium-Extrakt, die Rinde der amerikanischen Rotulme (Slippery Elm Bark) oder Leinsamenschleim zum Schutz vor Magenschleimhautreizungen. Bei starken Arthroseschmerzen ist mitunter auch eine Fellmineralanalyse sinnvoll, um herauszufinden, ob sich Schwermetalle in den Gelenken eingelagert haben. Gute Diagnostiklabors bieten solche Untersuchungen an.

Im Normalfall sollten homöopathische Mittel nicht dauerhaft und auch nur dafür eingesetzt werden, Reize auszulösen und den Körper zur Selbstheilung anzuregen. Besitzt du jedoch einen sehr alten Hund, dem eines der genannten Mittel besonders guttut, darf er es ruhig für den Rest seines Lebens mit mehrtägigen Pausen nach ca. vier Wochen bekommen.

Um Gelenkbeschwerden vorzubeugen bzw. zu lindern, sind ausgiebige Spaziergänge mit dem Hundesenior unerlässlich, da die Nährstoffversorgung des Gelenkknorpels über die Bewegung der Gelenke erfolgt. Tiere mit Arthrose kommen daher meist schwer in Gang, werden nach einigen Hundert Metern jedoch immer leichtfüßiger.

Arthrose hat verschiedene Ursachen: Übergewicht, zu schnelles Wachstum und Mangelernährung durch Industriefutter und damit Unterversorgung von Knochen und Gelenkknorpel, starke Belastung durch zu viel Sport, Hundetraining, Zergelübungen oder Treppensteigen. Arthrose kann an sämtlichen Gelenken im Körper entstehen: Knie, Ellenbogen, Schulter, Hüfte und Zehen.

Ängste im Alter

Hunde entwickeln im Alter mitunter Ängste vor lauten Geräuschen. Vermutlich hat dies mit dem Nachlassen der Sinneswahrnehmungen zu tun, wodurch es ihnen schwerfällt, Reize wahrzunehmen und einzuordnen. Bei Geräuschangst gibt es keinen roten Faden, der eine Hund hat sie, der andere nicht. Schlüsselerlebnisse sind dafür nicht zwingend erforderlich.

Nachfolgend findest du einige bewährte Möglichkeiten bei extremer Geräuschangst für Hunde jeden Alters.

Kräuter

Kräuter müssen einige Wochen lang eingenommen werden, bis sie ihre Wirkung optimal entfalten. Sie sind daher keine Akutmittel in der Silvesternacht oder beim Aufziehen dunkler Gewitterwolken.

Baldrianwurzel wirkt auf Hunde beruhigend. Die Firma »Krauterie« hat für Hunde zwei Ergänzungsfuttermittel aus hochwertigen Kräutern zur Stärkung der Nerven im Angebot, von denen eines u.a. Baldrian enthält. Dem Produkt liegt eine genaue Anwendungsempfehlung bei. Baldrian ist auch als ätherisches Öl einsetzbar.

Vorsicht! Auf Katzen hat Baldrian eine gegenteilige, also stark anregende Wirkung.

Auch die spagyrischen Tropfen Solunat Nr. 4 wirken stresslindernd.

Außerdem sind im Handel Nahrungsergänzungen erhältlich, die Ginseng und Gingko sowie reichlich Vitamin B12 enthalten und somit nervenberuhigend und stresslindernd wirken. Nervenberuhigungstee mit etwas Honig kann von Mensch und Hund ebenfalls unterstützend eingenommen werden.

CBD-Öl

Obwohl keine halluzinogenen Stoffe in diesem Cannabisöl enthalten sind, hat es auf viele Hunde eine extrem entspannende Wirkung und sorgt insbesondere bei alten und kranken Tieren für einen gesunden Schlaf. Das Öl gibt es in verschiedenen Intensitäten und muss vor Gebrauch kräftig geschüttelt werden.

B-Vitamine

Sie sind unglaublich wichtig für starke Nerven und können nicht überdosiert werden, weil sie wasserlöslich sind und der Körper einen Überschuss einfach über die Nieren ausscheidet. Bei einem Nervenbündel würde ich immer auf eine reichliche Vitamin-B-Zufuhr achten, denn Stress lässt den Verbrauch stark ansteigen. Es empfiehlt sich, den ausgewogenen Ernährungsplan des Hundes mit Vitamin-B-Lieferanten wie Bierhefe, Kanne Brottrunk, Fermentgetreide und grünes Blattgemüse anzureichern und bei gestressten Tieren zusätzlich natürliche Vitalstoffe einzusetzen. Bei Epilepsie oder Darmproblemen sollte auf Bierhefe verzichtet werden.

Bachblüten und andere Energiehelfer

Es spricht nichts dagegen, einem Hund zusätzlich zu den genannten Mitteln Rescuetropfen oder andere auf Seelenebene wirkende Präparate zu verabreichen – zusätzlich deshalb, weil sie allein meistens nicht ausreichen. Ein homöopathisches Mittel in höherer Potenz sollte nur verabreicht werden, wenn es zu dem Hund passt.

Biophotonenpflaster

Diese Pflaster ermöglichen eine moderne Form der Phototherapie, die auch als Licht- oder Heliotherapie bekannt ist. Sie enthalten organische Kristalle, die durch Körperwärme aktiviert werden, und stimulieren durch Lichtwellen die Nerven- bzw. Akupunkturpunkte. So regulieren die Pflaster den Energiefluss entlang der Meridiane (Energiebahnen, auf denen die Akupunkturpunkte liegen) und regen die Bildung unterschiedlicher körpereigener Stoffe an. Bei Angstzuständen werden sie in den Nacken oder zwischen die Augen geklebt.

Thundershirt

Auch in einem Hundebody oder einer gebauten »Höhle« fühlen sich viele Hunde bei Lärm sicherer.

Relaxodog

Die Musik dieses speziell für Hunde entwickelten Soundmoduls wirkt extrem entspannend. Aber auch sphärische, hochfrequente Meditationsmusik oder klassische Musik empfinden viele Hunde als beruhigend.

Nicht jeder dieser Vorschläge findet bei jedem Tier Anklang. Auch hier muss der individuell passende Weg gefunden werden. Die wahrscheinlich größte Unterstützung, die du deinem Hund bieten kannst, ist es, selbst cool zu bleiben und ihn nicht zu bedauern.

Wenn dein Hund zu Silvester extrem unter der lauten Knallerei leidet, kann ich dir nur empfehlen, in den Zeiten mit ihm spazieren zu gehen, wo es noch ruhiger ist. Wenn es möglich ist, fahre mit ihm in den Wald oder an einen anderen abgelegenen Ort in der Natur. Ich kenne viele Menschen mit Hunden, die den Silvesterabend auf einem Parkplatz im Naturschutzgebiet verbringen oder auf die Autobahn fahren, um erst nach 1:00 Uhr morgens nach Hause zurückzukehren. Manche machen Urlaub in feuerwerksfreien Gegenden. Das alles kann dir und deinem Hund jede Menge Stress ersparen.

> Die Erfahrungen mit einem Hundesenior können sehr wertvoll sein. Wenn du diesen Lebensabschnitt deines Hundes bewusst wahrnimmst, wird dir das wichtige Erkenntnisse für dein eigenes Leben liefern.

Bewegung –
wie viel ist angemessen?

Jeder Hund braucht Bewegung – auch ein alter und arthrosekranker. Je nach Rasse und Alter schwankt die empfohlene Gassidauer zwischen einer und vier Stunden. Ein Border Collie hat einen starken Bewegungsdrang und benötigt außerdem noch viel Kopfarbeit. Ein sehr groß gewachsener, schwerer Hund dagegen sollte nicht übermäßig lange am Fahrrad laufen, sondern lieber mehrere kleine Spaziergänge mit dir unternehmen dürfen.

Abhängig von der sogenannten Gebäudeform, dem Körperbau, haben Hunde je nach Rasse verschiedene Bewegungsbedürfnisse und unterscheiden sich in Bezug auf Ausdauer, Schnelligkeit, Kraft und Beweglichkeit.

Galoppform

Typische Hunderassen sind Windhunde wie Galgos, Podencos, Afghanen, Greyhounds und Windspiele. Auffällig ist die extrem schlanke Figur, da ihnen die mittlere Haut- bzw. Fettschicht weggezüchtet wurde. Sie besitzen eine auffällige Pfotenform, die sogenannten Renn- oder Hasenpfoten. Hunde wie Galgos sind für die Jagd gezüchtet worden. Sie sind nicht für das Traben oder Kraftarbeit ausgelegt, sondern sie müssen rennen, um glücklich zu sein. Das sollten sie regelmäßig auf einem großen, eingezäunten Grundstück tun dürfen. Ihre Stärke ist das Sprinten.

Traberform

Typische Hunderassen sind Schäferhunde aller Art, Collies und Labradore. Die Kraftübertragung ist gleichmäßig auf alle vier Läufe verteilt, was lange, gleichmäßige Bewegungen und somit eine erhöhte Ausdauer zur Folge hat. Diese Hunde wurden in der Regel zum Hüten gezüchtet und eignen sich hervorragend zum Joggen oder Traben neben dem Fahrrad.

Kraftform

Hierzu zählen Rassen wie sämtliche Bulldoggen, American Staffordshire Terrier und Pitbull Terrier, die einst für Kraftarbeit gezüchtet wurden. Diese Hunde haben neben einer starken Muskulatur im Nackenbereich einen ausgeprägten Brustkorb und in Relation dazu eine schmale Hinterhand, was diese verkümmern lässt und die Knie extrem belastet. Die Kraftformen sind daher wohl einige der häufigsten Patienten in Praxen für Tierphysiotherapie.

Spitzform

Typische Hunderassen sind Eurasier, Chow Chows, Akitas und natürlich der Spitz. Oft sind es nordische Rassen, also Hunde aus kalten Gegenden. Diese Tiere haben ein sehr dichtes Fell und dadurch eine leicht quadratische Form und eine gute Wärmeverteilung. Durch die ausgeglichene Körperform neigen sie am wenigsten zu Problemen mit dem Bewegungsapparat.

Suche dir mit deinem Hund schöne und abwechslungsreiche Runden in der Natur, dann werden die Spaziergänge nicht zur Last, sondern bereiten euch Freude. Gute Kleidung und bequeme Schuhe für jede Wetterlage sind wichtig. Für länger andauernde Regenphasen dürfen auch Gummistiefel in der Garderobe eines Hundebesitzers nicht fehlen. Wenn du einen Garten besitzt, in dem dein Hund viel herumläuft, spielt und schnüffelt, dürfen die Spaziergänge etwas kürzer ausfallen. Ein Garten ersetzt jedoch nicht die gemeinsamen Erlebnisse in der Natur und stellt für deinen Hund nur einen ziemlich großen Zwinger dar.

Habe kein schlechtes Gewissen, wenn du es neben deiner Arbeit, insbesondere im Winter, wenn es früh dunkel wird, nicht jeden Tag schaffst, mit deinem Hund mehrere Stunden im Wald zu verbringen. Dein Hund ist an deiner Seite trotzdem glücklich. Menschliche Emotionen wie Enttäuschung, weil Erwartungen nicht erfüllt wurden, kennt ein Hund glücklicherweise nicht.

Durch meine ehrenamtliche Arbeit als Ausführerin von Tierheimhunden hat sich meine Denkweise in mancherlei Hinsicht verändert. Ich bin nicht der Meinung, dass ein Hund jeden Tag acht bis zehn Stunden auf seinen Menschen warten sollte. Das ist besonders für alte Tiere mit einem oftmals vermehrten Harndrang zu lange. Doch habe ich auch kein Verständnis dafür, dass manche Tierschutzorganisationen Tiere nicht in Haushalte geben, in denen sie bis zu sechs Stunden warten müssten, denn das wäre meiner Meinung nach völlig okay. In dem Kapitel »Trennungshunde« (siehe S. 237) zeige ich eine Vielzahl von Möglichkeiten auf, wie Vollberufstätige Hund und Arbeit gut managen können.

Der Tierheimhund, der 23 ½ Stunden täglich in seinem Zwinger verbringen muss, gelangweilt und angeekelt von seinen eigenen Exkrementen, wird sicher nicht verstehen können, warum er nicht an Menschen vermittelt werden soll, die ihren Lebensunterhalt außer Haus verdienen.

Bei allem Bewegungsdrang des Hundes benötigt er dennoch ausgiebige Ruhephasen. Viele Hunde sind heutzutage regelrecht gestresst, weil ihre Besitzer mit ihnen von einem Hundekurs zum nächsten gehen. Vergiss nicht, deinem Hund neben Spiel und Sport auch das Liegen auf seinem Platz beizubringen. So bekommt er seine Entspannung, und du kannst in Ruhe Dinge erledigen, ohne ständig über ihn zu stolpern. Stress ist bei Hunden neben Ernährungsfehlern die Hauptursache für Magenbeschwerden.

Achte bei euren Ausflügen stets darauf, dass dein Hund nichts vom Boden aufnimmt. In vielen Büschen liegen die entsorgten Brote von Schulkindern oder etwas anderes Essbares, das vielleicht bereits verdorben ist, obwohl es für den Hund noch verlockend riecht. Manche Vierbeiner, insbesondere ehemalige Straßenhunde oder Labradore, können sich außer Haus zu regelrechten Staubsaugern entwickeln. In diesem Fall empfehle ich, gemeinsam mit einer Fachperson ein sogenanntes Giftködertraining zu absolvieren. Hier lernen die Hunde, den Fund von Essbarem anzuzeigen, anstatt es zu fressen, was ihnen im Falle von echten Giftködern das Leben retten kann. Sollte das bei deinem Hund nichts bringen, empfehle ich dir, ihn an einen bequemen Maulkorb zu gewöhnen, mit dem er trotzdem gut schnüffeln kann.

Calcium –
wichtig, aber bitte nicht im Übermaß

Calcium ist ein sehr wichtiges Mineral, das im Mangel zu Skeletterkrankungen, Muskelabbau und Krämpfen und in Überdosierung zu Fehlbildungen der Gelenke, Nierenerkrankungen und Schilddrüsenunterfunktion führen kann. Calcium ist wichtig für die Bildung von Knochen und Zähnen, außerdem für Muskeln, Herz und Nerven. Des Weiteren ist es an hormonellen und enzymatischen Prozessen beteiligt, insbesondere an der Aufnahme und Verwertung von Vitamin D.

Nach dem Motto »Viel hilft viel« wurde Welpenfutter jahrzehntelang mit einem Übermaß an Calcium und Vitamin D angereichert. Dadurch sind die Knochen der Tiere schnell gewachsen, während Sehnen und Gewebe nicht mithalten konnten. Die Folgen waren starke Fehlstellungen des gesamten Skeletts, besonders bei groß gewachsenen Hunden. Der hohe Bedarf eines Hundes an Mineralstoffen und Vitaminen bis zu seinem achten Lebensmonat sollte durch große Mengen an ausgewogenem Futter ohne erhöhte Calciumanreicherung abgedeckt werden.

Ich persönlich betrachte Welpenfutter mit überhöhtem und noch dazu synthetischem Calciumanteil sehr kritisch. Die wichtigsten Calciumquellen für Hunde sind Knochen und Knochenmehl, Algenkalk, Eierschalen, einige Milchprodukte und grünes Blattgemüse. Ein Hund, der eine ausgewogene Rohernährung oder ein hochwertiges, ausgewogenes Dosenfutter erhält, wird ausreichend mit Calcium versorgt. Eine Zufütterung von Calcium ist dann nur im Einzelfall bei besonderen Indikationen nötig.

> Achte bei Knochenmehl auf die Herkunft und eine gute Qualität. Bestelle bitte keine Billigprodukte aus dem Internet.

Dorn-Methode – muss wirklich immer operiert werden?

Diese spezielle Form der Chiropraktik, die von dem Landwirt Dieter Dorn entwickelt wurde, hilft bei Rückenbeschwerden, Verspannungen, Kreuzbein- und Darmbeinblockaden, Skoliosen und vielen anderen Beschwerden.

Die Human- und Tierheilpraktikerin Susanne Schmitt hat die Dorn-Methode erfolgreich auf Tiere übertragen und bietet zu diesem Thema Ausbildungen an. Vor vielen Jahren erlitt ihr damaliger Hund Jazz im hohen Alter einen akuten Bandscheibenvorfall mit Lähmung. Die Klinikärzte rieten ihr zur Einschläferung. Doch sie entschied sich dagegen und stattdessen für eine intuitive Behandlung nach Dorn, die sie mit der Breuss-Massage kombinierte. Als ihr Hund nach 36 Stunden aufstand, war das die Geburt der Dorn-Therapie für Hunde. Jazz lebte noch weitere drei Jahre schmerzfrei. Susanne Schmitt gibt ihr wertvolles Wissen in praxisnahen Seminaren an Therapeuten und Hundebesitzer weiter.

Die Dorn-Behandlung ist eine sanfte, manuelle Form der Wirbelsäulenbehandlung, durch die das gesamte Skelettsystem wieder ins Lot gebracht wird. Wirbelfehlstellungen und Beckenschiefstände, die auf falsche Belastung und Ernährung, schlechte Haltungsbedingungen, Unfälle, Krankheiten, Überzüchtung oder das Älterwerden zurückgehen, werden ausgeglichen. Der sanfte Druck auf die Wirbel wird mit Gegenbewegungen der betroffenen Körperteile unterstützt.

Symptome für Probleme mit dem Bewegungsapparat des Hundes:

- ✓ schlechtes Gangbild, Humpeln oder Schleifen der Hintergliedmaßen und Schmerzlaute wie Winseln sowie verstärktes Hecheln oder Speicheln
- ✓ plötzliche Schmerzempfindlichkeit an manchen Körperstellen, die teils aggressive Reaktionen hervorrufen können
- ✓ auffälliges Knabbern an bestimmten Körperteilen aufgrund von Schmerzen oder Kribbeln, das auch ganz plötzlich während eines Spazierganges auftreten kann
- ✓ plötzliches Herumspringen und Schreien aufgrund von ziehenden Nervenschmerzen, die der Hund nicht einordnen kann – man denke an den Hexenschuss beim Menschen (Ischiasnerv)
- ✓ Wanken und Hinfallen direkt nach dem Aufstehen, weil Gliedmaßen eingeschlafen sind, woraufhin der Hund auch panisch reagieren kann

Sollte eines dieser Symptome bei deinem Hund auftreten, suche umgehend Rat bei einer Fachperson für den Bewegungsapparat.

Neben Dorn-Therapeuten gibt es auch ausgebildete Physiotherapeuten und Osteopathen für Tiere, die deinem Hund im Falle einer Bewegungseinschränkung mit großer Wahrscheinlichkeit weiterhelfen und auch in schwierigen Fällen gemeinsam mit dem Tierarzt deines Vertrauens und anhand eines aktuellen Röntgenbildes entscheiden können, wann eine Operation oder schulmedizinische Medikamente wirklich nötig sind und wann eine alternative Therapie sinnvoller wäre. Selbst eine Hüftdysplasie ist bei einem alten Hund mit Physiotherapie, Muskelaufbau und gelegentlicher Akupunktur oftmals sehr gut behandelbar. Lasse dich also nicht vorschnell zu einer Operation drängen.

> Bevor du deinen Hund im Falle einer Bewegungseinschränkung vorschnell operieren lässt, hole immer die Meinung einer zweiten Fachperson ein. Manchmal ist nur ein Wirbel verschoben, eine Sehne versprungen oder ein Gelenk ausgerenkt, was durch alternative Behandlungsmöglichkeiten aus der Chiropraktik, Physiotherapie oder Osteopathie behoben werden kann.

Elektrosmog und andere unsichtbare Gefahren

Strahlenbelastung

Die Existenz von Elektrosmog und Netzwellen ist eine Tatsache und von jedem Baubiologen oder Feng-Shui-Architekten nachweislich messbar. Die Langzeitschäden durch die Allgegenwärtigkeit von Smartphones, WLAN und Sendemasten sind heute noch gar nicht abzusehen. Das Immunsystem eines empfindlichen Lebewesens kann durch Elektrosmog derart geschwächt werden, dass schwere Erkrankungen die Folge sein können. Insbesondere die ständigen Reize auf Gehirn und Nervensystem können Epilepsie begünstigen. Auch das Liegen auf Wasseradern stört nicht nur die Schlafqualität, sondern gefährdet dauerhaft die Gesundheit.

Achte daher bitte darauf, dass sich die Schlaf- und Ruheplätze deines Hundes nicht neben oder zwischen miteinander verbundenen Steckdosen, inmitten von Kabelgewirr oder in unmittelbarer Nähe von Routern, Radioweckern, schnurlosen Telefonen und Energiesparlampen befinden.

Sollte dies nicht zu vermeiden sein, setze Quarzkristalle (Rosenquarz, Bergkristall, Amethyst) ein, um die Strahlung zu absorbieren. Oder triff anderweitige Schutzmaßnahmen, z. B. indem du die Blume des Lebens nutzt. Dieses Symbol steht für die harmonische Ordnung und ist in der Lage, Elektrosmog aufzulösen. Du kannst es als Bildschirmschoner verwenden, und im Handel sind Kleidung und Bettwäsche mit diesem Symbol und wunderschöne Wandbilder erhältlich.

Mittlerweile gibt es ein großes Angebot an Hilfsmitteln, um Elektrosmog abzuschirmen. Als erste und sofort umsetzbare Maßnahme empfehle ich dir: Verbanne dein Smartphone, die Telefonstation, den Router, den Radiowecker und den Fernseher aus deinem Schlafzimmer. Unzählige Menschen und ihre Hunde schlafen nachts schlecht. Die steigenden Frequenzen im Außen können wir nicht ändern, doch daheim sollten wir unbedingt für einen möglichst strahlungsarmen Ruheraum sorgen.

Fremdenergien

Ich habe lange überlegt, ob ich den folgenden Aspekt in diesem Buch ansprechen soll, weil manche Leser ihn vielleicht nicht nachvollziehen können. Trotzdem möchte ich dich darauf aufmerksam machen, denn ich habe in der Vergangenheit erlebt, dass Gebäude mit schweren Energien belastet waren, die die Gesundheit von Mensch und Tier in Form von psychischen Erkrankungen, Depression und Epilepsie negativ beeinflusst haben. Die Ursachen sind oftmals in der Kriegszeit zu finden, als Menschen zwangsenteignet, vertrieben und ermordet wurden. Das Trauma kann dazu geführt haben, dass die Seelen den Weg ins Licht nicht fanden und sich noch immer in den Häusern aufhalten. Betroffen sein können alte Bauern-, aber auch normale Wohnhäuser. Tiere nehmen diese schweren Energien deutlich wahr, aber auch ich konnte sie schon spüren, obwohl ich nicht hochsensibel bin. Vielleicht kennst auch du das unbehagliche Gefühl, wenn du einen bestimmten Ort betrittst.

Auf emotionaler Ebene sehr empfängliche Menschen, die in unmittelbarer Nähe von Friedhöfen wohnen, können von den Trauerenergien ebenfalls beeinflusst werden. Solltest du dich angesprochen fühlen, suche dir die Hilfe von Fachpersonen, die sich mit energetischer Hausreinigung auskennen.

> Nimm deinen Hund zum Anlass, die Elektrosmogquellen in deiner Wohnung ausfindig zu machen und Dinge so zu verändern, dass die Strahlenbelastung so gering wie möglich ist. Tausche z. B. Energiesparlampen durch LED-Lampen aus. Sorge auch auf energetischer Ebene für eine Wohlfühlatmosphäre, z. B. durch Räucherstoffe und Energiesprays.

Flöhe und Zecken – keine Panik vor Parasiten

Flöhe und Zecken – beim Vernehmen dieser beiden Begriffe verfallen manche Menschen fast in Schockstarre. Mit Flöhen verbinden wir juckende Hautekzeme, und Zecken sind dafür berüchtigt, Borreliose, Ehrlichiose und Anaplasmose zu übertragen.

Natürlich sind derartige Erkrankungen alles andere als angenehm. Doch sie sind heilbar, und ich halte es für übertrieben, sich zum Schutz vor ihnen gänzlich von Wäldern und Wiesen fernzuhalten und Hunde mit Nervengiften zu behandeln. Ein gesundes Immunsystem kann Borrelien in Schach halten und somit einen Ausbruch der Krankheit verhindern. So berichtet Wolf-Dieter Storl in seinem Buch »Borreliose natürlich heilen« von einer Studie, im Zuge derer bei fast allen untersuchten Hunden Antikörper gegen Borrelien gefunden wurden. Die Hunde waren also im Laufe ihres Lebens mit diesen Bakterien in Kontakt gekommen, doch nur ein niedriger Prozentsatz von ihnen erkrankte an Borreliose. Bei der Behandlung von Infektionskrankheiten durch natürliche Mittel wurden große Fortschritte gemacht (siehe S. 175). In der Praxis ist mir mehrfach aufgefallen, dass direkt nach einer Mehrfachimpfung der Borreliose- oder Anaplasmose-Titer (Titer zeigt die Antikörper- bzw. Antigenkonzentration an) angestiegen war oder Symptome auftraten. Für mich gibt es da einen deutlichen Zusammenhang mit der Überlastung des Immunsystems.

An Hunden, die viel in der Natur unterwegs sind, werden sich Zecken andocken – bei manchen mehr, bei anderen weniger. Die Körperausdünstung eines Hundes, der minderwertiges, konservierungsmittelhaltiges Futter bekommt, kränkelt oder gestresst ist, wirkt auf Zecken, Flöhe und andere Parasiten oftmals verlockender als die eines Tieres, das artgerecht ernährt wird, kerngesund und ausgeglichen ist. Wir sollten daher Wert darauf legen, dass unsere Hunde gesund sind, gutes Futter erhalten, möglichst wenig Chemie verkraften müssen und keinem dauerhaften Stress ausgesetzt sind.

Flöhe

Jeder Hund kann von Flöhen befallen werden, gegebenenfalls über einen Zwischenwirt. Doch meist wird er sie schnell wieder los, wenn ein paar einfache Dinge beachtet werden. Solltest du bei deinem Hund Flöhe entdecken, ist es ratsam, ihn für einige Minuten in die Badewanne mit lauwarmem Wasser zu setzen. Wenn das nicht möglich ist, kommt er unter die Dusche. Schäume ihn mit einem milden, duftneutralen Shampoo ein, spüle ihn danach gründlich ab, und bürste oder kämme sein Fell anschließend gut aus. Wenn das Fell wieder trocken ist, hast du mehrere Möglichkeiten, wie du den restlichen Flöhen entgegentreten und eine weitere Flohvermehrung vermeiden kannst:

- ✓ Kieselgur (Haushaltsinsektenpulver) – ein pflanzliches, für Flöhe scharfkantiges Pulver, das sie und deren Brut aufschlitzt; in die Haut des Hundes einmassieren; Vorsicht: Kieselgur darf nicht eingeatmet werden!
- ✓ Kokosöl – leicht erhitzen oder zwischen den Handflächen verreiben, bis es sich verflüssigt hat, dann eine großzügige Menge tief ins Fell des Hundes und bis auf die Haut einmassieren
- ✓ Spot-Ons auf natürlicher Basis – das Fell des Hundes scheiteln, dann vom Hinterkopf bis zur Schwanzwurzel tröpfchenweise Spot-On-Präparat auf die Haut auftragen; Lösungen werden heutzutage von diversen Herstellern angeboten

Gib sämtliche eventuell befallenen Textilien bei 90 °C in die Kochwäsche, oder friere sie ein. Sprühe alles, was du nicht waschen kannst, z. B. Sofas, Kissen, Teppiche und Autositze, mit einem natürlichen Insektenschutzspray ein, um Flöhe und Larven auszutrocknen. Manche dieser Sprays werden auf der Basis von Octansäure und Decansäure (Bestandteile des Kokosöls) hergestellt und sind für empfindliche Hundenasen in der Regel besser geeignet als solche, die ätherische Öle wie Geranium enthalten. Vergiss das tägliche Staubsaugen nicht.

Ist der Floh- und Nissenbefall bereits extrem oder innerhalb eines größeren Hunderudels der Flohzirkus ausgebrochen, muss im Einzelfall entschieden werden, ob ein chemisches Mittel vonnöten ist. Falls dem so ist, stärke bitte parallel zur Verwendung die Leber der Hunde, und führe anschließend eine Entgiftungskur bei ihnen durch. Chemische Spot-Ons enthalten Nervengift und sind daher nicht zu unterschätzen. Aus gutem Grund soll ein damit behandelter Hund nicht in einen Gartenteich springen, in dem Fische leben.

Flöhe können übrigens Bandwürmer übertragen. Wenn im Rahmen einer Kotuntersuchung keine Wurmeier oder Gliedmaßen von Würmern gefunden werden, schließt dies einen Wurmbefall aber nicht aus. Ein solcher geht jedoch in der Regel mit einer starken Gewichtsabnahme trotz guter Futteraufnahme einher und macht sich somit relativ schnell bemerkbar. Ein derartiger Bandwurmbefall sollte mit einer chemischen Wurmkur mit anschließender Darmsanierung behandelt werden. Sollte keine Gewichtsabnahme vorliegen, würde ich dem Hund nach einem Flohbefall an drei aufeinanderfolgenden Tagen einen Brei aus Buttermilch, Kürbiskernen und Honig zu fressen geben und somit versuchen, mögliche Bandwürmer zu eliminieren, noch bevor sie Schaden anrichten können. Das kann sehr gut funktionieren. Meinem Basco musste in zehn Jahren nicht eine einzige chemische Wurmkur verabreicht werden.

Zecken

Ein Zeckenbefall kann durch folgende natürliche Mittel vermieden bzw. verringert werden:

- ✓ Kokosöl – leicht erhitzen oder zwischen den Handflächen verreiben und gegen den Strich im Fell des Hundes verteilen, vorwiegend und reichlich im Kopfbereich und auf den Innenseiten der Oberschenkel
- ✓ Schwarzkümmelöl – täglich ins Fell des Hundes einmassieren und einmal wöchentlich ins Futter mischen (½ TL pro 10 kg Körpergewicht) Achtung: Nur kleine Mengen und nicht dauerhaft oder über mehrere Wochen täglich verfüttern, da das die Leber massiv belasten kann.
- ✓ Cystustee – täglich 1–2 EL ins Futter geben
- ✓ Kräuterpresslinge verfüttern, in denen Cystus (Cistrose) enthalten ist
- ✓ Bierhefe – verfüttern; nicht bei Epileptikern
- ✓ Knoblauch, frisch – zweimal wöchentlich eine Zehe ins Futter pressen
- ✓ kurweise Mittel verfüttern, die für ein gutes Darmmilieu sorgen, z. B. Kanne Brottrunk, Kräutertinkturen und -presslinge oder Katzenkralle
- ✓ Bernstein – gebohrten Bernstein mit einem Band am Halsband des Hundes befestigen
- ✓ Trinkwasser mit Rhodonit, schwarzem Turmalin und Bernstein informieren (siehe »Licht und Farben«, S. 110)
- ✓ Clips für Halsbänder, die auf der Basis von Bioresonanz schwingen oder durch Magnetismus wirken
- ✓ Halsbänder mit Keramikteilchen, in denen Effektive Mikroorganismen eingebrannt sind
- ✓ Spot-Ons und Sprays auf natürlicher Basis – meist wirken auf dem Markt angebotene Mittel mit natürlichen Inhaltsstoffen sowohl gegen Flöhe als auch Zecken
- ✓ naturreine ätherische Öle wie Lavendel oder Pfefferminze – 1 Tropfen zwischen den Handflächen verreiben und in das Fell des Hundes wedeln, die Kopfpartie aufgrund des starken Geruchs sehr achtsam und erst zum Schluss behandeln

Welches Mittel bei welchem Hund am besten wirkt, muss ausprobiert werden. Kokos- oder Schwarzkümmelöl würde ich grundsätzlich immer ins Fell massieren, da es Zecken dadurch erschwert wird, sich anzudocken. Außerdem mögen diese den Geruch der Laurinsäure im Kokosöl und der ätherischen Öle im Schwarzkümmelöl nicht. Die Ölbehandlung bitte nach jedem Ausflug im Regen oder in den Bach erneuern. Das Fell sollte nach jedem Spaziergang gründlich abgesucht und ausgekämmt werden, um eventuelle Zecken abzufischen. Neben dem täglichen Absuchen des Hundes nach Zecken (am besten mit Kopflampe) sollten auch seine Ruheplätze regelmäßig kontrolliert werden. Viele Hunde werden durch Zeckenbefall sehr unruhig, sie beißen sich, knabbern an sich herum und liegen nachts hechelnd wach.

Zecken werden zügig mit einem Zeckenhebel (keiner Zeckenzange!) herausgezogen, ohne vorher zu drehen. Es gibt Zeckenhebel für kleine und für größere Zecken. Zur Desinfektion von Zeckenbissen eignet sich beispielsweise ein Tropfen der Urtinktur Geranium robertianum, Propolis oder Kardenessenz. Die Karde ist übrigens ein überaus wirksames Mittel zur Behandlung von Borreliose bei Mensch und Hund. Artemis ist ein hervorragendes Mittel, das die natürlichen Kräfte von Karde und Einjährigem Beifuß kombiniert.

Die relativ neuartigen Kautabletten, die vor Flöhen und Zecken schützen sollen, lehne ich grundsätzlich ab. Sie enthalten Fluralaner oder einen ähnlichen chemisch-synthetischen Wirkstoff, der systemisch gegen Ektoparasiten wie Flöhe und Zecken wirken soll. Das heißt, er wird über die Magen- und die Darmschleimhaut und anschließend über die Blutbahn im gesamten Körper des Hundes verteilt. Die Parasiten müssen über eine Blutmahlzeit mit Fluralaner in Kontakt kommen, also am Wirt saugen. Flöhe sterben dann innerhalb von acht und Zecken innerhalb von zwölf Stunden ab. Sie werden quasi vom Hund vergiftet, nachdem sie bereits mehrere Stunden an ihm gesaugt haben. Das ist also ganz und gar nicht harmlos.

Deinen Hund aus Angst vor Krankheiten zu vergiften und dafür den Weg für andere Krankheiten zu bereiten, sollte für dich keine Option sein.

Zecken fühlen sich am wohlsten, wenn es feucht ist, beispielsweise direkt nach einem Gewitter, und generell auf hohem Gras. Daher sollten Moorgebiete im Sommer gemieden werden. Versuche, deinen Hund nicht durch hohes Gras oder Unterholz im Wald rennen zu lassen, und ergreife in deinem Garten folgende zeckenunfreundliche Maßnahmen:

- ✓ Bodendecker, z. B. Efeu, komplett entfernen
- ✓ Gebüsch im Bodenbereich stark lichten, Laub und Gestrüpp entfernen
- ✓ Küchenabfälle nicht offen kompostieren, sondern abdecken oder in der Biotonne entsorgen
- ✓ Brennholzstapel vom Haus entfernt aufrichten
- ✓ Ameisen nicht bekämpfen, da sie die natürlichen Fressfeinde von Zecken sind
- ✓ Rasen möglichst kurz halten

Zecken ertrinken nicht, verbrenne oder zerdrücke sie daher, und wasche die Auflagen der Ruheplätze bei sehr hoher Temperatur.

Wenn dein Hund auffallend oft von Flöhen oder Würmern befallen ist, sollte ein Blick auf seinen Gesamtzustand geworfen werden. Vielleicht steckt eine ernsthafte Erkrankung wie eine angeborene Herzinsuffizienz dahinter, die unbehandelt sein Immunsystem dauerhaft schwächt.

> Das tägliche Absuchen deines Hundes nach Flöhen und Zecken kann zur entspannenden Routine werden, die für deinen Hund wie eine Art Wellnessmassage ist, während du sie wie eine Meditation genießen kannst.

Geruchsbelästigung – woran wir oftmals nicht denken

Wenn ich zu einem Haustermin erscheine, um mir eine Katze oder einen Hund mit Atemwegsproblemen anzusehen, sich die Wohnungstür öffnet und mir ein Schwall von Parfümduft entgegenschlägt, ist das meist schon ein Indiz für die Krankheitsursache. Oftmals sehe ich in der Wohnung dann noch diverse Duftkerzen und in Duftöl getränkte Bambusstäbchen. Für Hunde und Katzen ist das ein absolutes No-Go.

Düfte, die wir Menschen als angenehm empfinden, können für Tiere gesundheitsschädlich sein. So ist der Körper eine Katze noch nicht einmal in der Lage, natürliches ätherisches Öl zu verstoffwechseln, geschweige denn synthetische Duftstoffe. Für Hunde, die um ein Vielfaches besser riechen können als wir Menschen, stellen Parfüms und Raumdüfte eine Belästigung dar, die meiner Meinung nach an Tierquälerei grenzt. Benutze daher bitte keine unnötigen Düfte in der Wohnung, und wasche die Decken deiner Tiere ohne Weichspüler. Was wir als angenehm empfinden, ist für Hunde und Katzen mitunter eine Zumutung, die sie still leidend hinnehmen.

Sollte dein Hund an einer Form von Epilepsie leiden oder eine zerebrale Störung aufweisen, sei mit Düften ganz besonders vorsichtig, denn solche Tiere können auf intensive Reize extrem reagieren. Weitere Reize gehen von sämtlichen chemisch-synthetischen Zusatzstoffen im Futter, in Parasitenschutz- und Impfmitteln aus, zudem von Frequenzstörungen im Radio, Energiesparlampen, scharfen Gerüchen von Haarfärbemitteln oder Dauerwellflüssigkeiten und auch von den Lichtblitzen mancher Rauchmelder.

Was nicht nur eine Geruchsbelästigung für Tiere darstellt, sondern zudem auch mitverantwortlich ist für multiresistente Keime, sind Desinfektionsmittel. Leider verhindern diese keine Infektionen, sondern sorgen dafür, dass lediglich die starken Bakterien, Viren und Keime überleben und am Ende durch nichts mehr zu bekämpfen sind. Ein Immunsystem mit ausreichend Antikörpern und Abwehrkräften bleibt nur durch die Auseinandersetzung mit diversen Keimen stabil.

Wer panische Angst vor Bakterien, Flöhen und Einzellern hat, sollte sich lieber kein Haustier anschaffen, das durch den Dreck läuft und gern Aas frisst.

Trage dein Parfüm erst auf, wenn du die Wohnung verlassen hast. Der für dich angenehme Duft ist für deinen Hund eine Geruchsbelästigung. Wenn du auf einmal nicht mehr nach dir, sondern nach deinem Lieblingsduft riechst, kann ihn das zudem verwirren.

Haut, Haare und Halsbänder – was du darüber wissen solltest

Nein, ein Hund muss nicht regelmäßig geduscht oder gebadet werden. Solange er sich nicht in Aas, Fäkalien oder etwas anderem unangenehm Riechenden gewälzt hat, stark über seine Haut entgiftet oder Flöhe in seinem Fell gesichtet wurden, ist das nicht notwendig. Im Fall des Falles benutze bitte ein duftneutrales, mildes Shampoo (am besten eines für Babys) aus dem Bioladen. Ein solches ist auch für Hunde mit empfindlicher Haut geeignet. Oder du nimmst ein Spezialshampoo mit Meersalz oder Effektiven Mikroorganismen.

Haut

Die Haut sagt viel über den Gesundheitszustand des Hundes aus. Wenn sie schmierig und talgig ist und deine Finger nach dem Streicheln nach Fleischbrühe riechen, könnte das auf eine Leberbelastung hindeuten. Sind trockene Schuppen zu sehen, hat dein Hund entweder akuten Stress oder seine Nieren weisen eine Dysbalance auf.

Rote Stellen, insbesondere auf den Oberschenkelinnenseiten, haben meist mit einer Futtermittelunverträglichkeit zu tun, und bei Abszessen und Hotspots (nässende Hautentzündungen, bei denen teils stinkende Wundsekrete abgesondert werden) sind die Entgiftungsorgane Leber und Nieren dermaßen überlastet, dass der Körper versucht, die Noxen über das größte Entgiftungsorgan, die Haut, auszuscheiden. Schulmedizinische Mittel und Salben helfen nur kurzzeitig. Hier müssen die Ursachen ergründet und beseitigt werden. Diese finden sich oft in der Ernährung und einem Übermaß an chemischen Parasitenmitteln.

Hunden, die über ihre Haut entgiften und extreme, teils schmierige Schuppen absondern, tut es gut, wenn sie ein- bis zweimal im Monat gründlich geduscht werden.

Haare

Was das Fell betrifft, so haben die großen Futtermittelhersteller längst herausgefunden, welche Zusätze und Fette zu strahlendem Glanz führen. Glänzendes Fell allein ist heutzutage also kein Beweis mehr dafür, dass der Hund die richtige Ernährung erhält und sich guter Gesundheit erfreut. Stumpfes Fell dagegen kann ein Zeichen dafür sein, dass dem Tier etwas fehlt. Ebenso ist Haarausfall ein Indiz für diverse Störungen, z.B. eine Schilddrüsenunterfunktion oder ein Mineralstoffmangel.

Da Haare im erweiterten Funktionskreis mit der Emotion Trauer in Zusammenhang stehen, kann ein Haarausfall auch mit einem für den Hund traurigen Erlebnis zu tun haben. In der Praxis habe ich das bei einem Tier erlebt, das für zwei Wochen in einer Tierpension untergebracht wurde, und bei einem weiteren nach dem Tod des Zweithundes.

Der Fellwechsel, der zweimal im Jahr stattfindet, ist für deinen Hund anstrengender, als es oftmals den Anschein macht, und kann mit Juckreiz einhergehen. Du kannst deinen Hund unterstützen, indem du ihn täglich bürstest und ihm somit hilfst, seine Unterwolle loszuwerden. Großen körperlichen Herausforderungen, z.B. in Form von Impfungen, solltest du ihn während dieser Zeit nicht aussetzen. Gib ihm stattdessen gesunde Nahrungsergänzungsmittel wie Gerstengras oder Hanfprodukte.

Die ausgekämmte Unterwolle kannst du zu kleinen Knödeln formen, diese mit einem Naturfaden zusammenbinden und in einen Baum hängen. So können Vögel sie bei Bedarf herauszupfen und für ihren Nestbau verwenden. Dies gilt natürlich nur, wenn du deinen Hund nicht mit einem chemischen Spot-on behandelt hast. Studien haben gezeigt, dass bereits unzählige Meisen der vergifteten Unterwolle von Hunden zum Opfer gefallen sind. Dafür verantwortlich sind die Wirkstoffe Fipronil und Imidacloprid.

Halsband oder Hundegeschirr?

Diese Frage stellen sich die meisten Hundebesitzer irgendwann. Vielen Hunden, insbesondere den leinenführigen, bereitet das Tragen eines Halsbandes keine Probleme. Zieht ein Hund jedoch permanent an der Leine oder hat er eine Schilddrüsenempfindlichkeit mit ins Leben gebracht, kann es infolge der ständigen Irritation durch ein Halsband schnell zu Problemen wie Hypo- oder Hyperthyreose (Schilddrüsenunter- bzw. -überfunktion) kommen. Durch ständiges Zerren am Halsband können auch Kehlkopfentzündungen, Muskelzerrungen, Schäden an der Halswirbelsäule und andere Gesundheitsschäden begünstigt werden. Auch wenn dies wissenschaftlich nicht belegt ist, sollte uns doch der gesunde Menschenverstand ausreichen, um die Richtigkeit dieser These in Erwägung zu ziehen. Des Weiteren kann es bei einem Hund, der an der Leine geführt wird, dabei Schmerzen am Hals erfährt und dann anderen Hunden begegnet, zu einer Fehlverknüpfung und somit zur Leinenaggression kommen.

Um einem Welpen das ordentliche Laufen an der Leine beizubringen, ergibt ein Halsband meist Sinn, weil man ihn damit besser führen kann. Ein ständiges Zurückziehen des Tieres am Hals ist allerdings absolut nicht mehr zeitgemäß. Man stelle sich vor, Kinder würden mit einem Seil um den Hals ruckartig zurückgezogen werden, sobald sie sich zu weit entfernten. Moderne Hundeschulen bieten sowohl Hundegeschirr- als auch sanfte Halsbandtrainings an.

Leinenführigkeit ist sehr wichtig, da ansonsten auch dein eigener Bewegungsapparat in Mitleidenschaft gezogen wird und du in Versuchung kommst, deinen Hund an unsicheren Stellen abzuleinen, weil du seiner Kraft einfach nicht mehr standhalten kannst.

Für den dauerhaften Einsatz ist ein Hundegeschirr zu empfehlen. Mit diesem wird dein Hund, sobald zwischen euch eine Bindung entstanden ist, sicherlich besser laufen als mit einem Halsband, das er als unangenehm an seiner Kehle empfindet, infolgedessen er stärker zieht. In Hundefachgeschäften gibt es für jeden Hundetyp das passende Geschirr. Du kannst auch eines nach Maß anfertigen lassen. Es sollte stabil und aus einem für den Hund angenehmen Material sein.

Läuft dein Hund während eures Spaziergangs entspannt an der Leine, muss jedoch in bestimmten Situationen von dir gelenkt werden, empfiehlt sich neben dem Tragen eines Geschirrs auch ein Halsband, das du nur bei Bedarf in Anspruch nimmst. Eine Doppelsicherung mit Geschirr und Halsband ist auch bei ängstlichen Hunden zu empfehlen, damit sie sich in einer Extremsituation nicht aus ihrer Sicherung herausdrehen und davonlaufen können.

Immer wieder entlaufen ehemalige Straßenhunde aus dem Auslandstierschutz, die von der Leine gelassen werden, noch bevor sie eine enge Bindung zu ihren neuen Besitzern aufgebaut oder ein Gehorsamstraining absolviert haben. Das ambivalente Verhalten mancher Hundebesitzer ist mir ein Rätsel: Einerseits wird der Hund aus Angst vor Krankheit und Tod mit Chemie vollgepumpt, andererseits wird die Gefahr des Davonlaufens und Überfahrenwerdens in Kauf genommen. Für einen größeren Bewegungsradius gibt es Schleppleinen sowie große Hundeausläufe, die stundenweise gemietet werden können – sicher auch in deiner Nähe.

> Das Erlernen der Leinenführigkeit deines Hundes sollte hohe Priorität haben, sonst werden Spaziergänge für euch beide schnell zur Last.

Impfungen – lebenswichtig oder Geschäftemacherei?

Kaum ein anderes Thema polarisiert mehr und ist dermaßen stark mit Angst, ja, sogar Todesangst verknüpft. In den sozialen Netzwerken werden hochemotionale Diskussionen geführt, in denen von »dummen Impfgegnern« und »an Parvovirose krepierenden Welpen« die Rede ist. Diesen Aussagen gegenüber stehen Berichte über diverse Impfschäden und Sekundärerkrankungen, epileptische Anfälle und autistische Kinder.

Die hier wie auch in vielen Bereichen der Alternativmedizin geforderten wissenschaftlichen Studien über Risiken und Nutzen existieren nicht. Wissenschaft ist teuer – wer sollte derartige Studien finanzieren? Mir ist nur die Doktorarbeit eines Veterinärs mit dem Titel »Untersuchung der Wirksamkeit eines Impfstoffes gegen die Feline Infektiöse Peritonitis unter Tierheimbedingungen« bekannt. Mit dieser wurde u.a. bewiesen, dass die Impfung gegen FIP (Bauchfellentzündung), insbesondere bei Tierheimkatzen, nur mangelhaft wirksam ist.

Die Journalistin Monika Peichl hat sich aufgrund eines Impfsarkoms ihrer Katze eingehend mit dem Thema »Impfungen bei Haustieren« beschäftigt und ihre Erkenntnisse in ihren Büchern festgehalten. Ihr Werk »Hunde impfen – ein kritischer Ratgeber« ist ein Muss für jeden Hundebesitzer, der sich intensiv mit diesem Thema befassen will. Nur mit dem entsprechenden Hintergrundwissen und ausführlichen Informationen bist du in der Lage, die für dich und dein Tier richtigen Entscheidungen bezüglich des Impfens zu treffen. Monika Peichl ist keine Impfgegnerin, sie beleuchtet das Thema zwar kritisch, aber objektiv.

Die Tierärztin und Autorin Jutta Ziegler bezieht dagegen weitaus deutlicher Stellung: Sie impft überhaupt nicht mehr, und das nicht nur aufgrund der Nebenwirkungen, sondern auch wegen der unzähligen Impfdurchbrüche. Viele Tiere, bei denen Infektionskrankheiten ausbrechen, hätten eigentlich immun sein müssen. Dr. Ziegler sagt, es seien zu viele Fragen offen, die niemand beantworten könne.

Fakt ist, dass es keine unabhängigen Studien gibt, die die Wirksamkeit von Impfungen oder die gesundheitliche Unbedenklichkeit der Impfadjuvantien beweisen.

Gemäß diversen Fachbüchern ergibt eine Grundimmunisierung gegen Krankheiten wie Staupe, Parvovirose und Hepatitis durchaus Sinn. Grundimmunisierung bedeutet, dass Welpen bzw. Junghunde innerhalb eines gewissen Zeitraums zwei bis drei Impfungen erhalten. Die meisten weiteren Impfungen wie die gegen Leptospirose haben teils gefährliche Nebenwirkungen oder bieten kaum Schutz, weil sie nur einen Bruchteil der möglichen Erregerstämme abdecken. So sind Impfungen gegen Borreliose oder Leishmaniose vergeblich, und auch der sogenannte Zwingerhusten geht regelmäßig selbst bei geimpften Hunden reihum. In den Tierheilpraxen erlebe ich oft, dass im Fall von Zwingerhusten eher von Husten oder Halsentzündung die Rede ist, vermutlich weil dort das Wort »Zwingerhusten« nicht gern in den Mund genommen wird, denn dieses würde Fragen nach dem Sinn der in der Regel mehrfach durchgeführten Impfungen nach sich ziehen. Zwingerhusten hat im Impfpass das Kürzel »Pi«, das für »Parainfluenzavirus« steht. Er ist hochgradig ansteckend und naturheilkundlich durch die Stärkung des Immunsystems sehr gut behandelbar.

Hier die Hauptimpfungen im Überblick:

- ✓ Staupe (S): Staupe ist eine Viruserkrankung. Die Erreger sind mit denen von Masern verwandt. Hier wird ein Lebendimpfstoff verabreicht. Die Schutzdauer beträgt viele Jahre, hält vermutlich sogar lebenslang an, weshalb jährliche oder dreijährliche Wiederholungsimpfungen unbegründet sind.
- ✓ Parvovirose (P): Auch hierbei handelt es sich um eine Viruserkrankung. Der Lebendimpfstoff ist einzeln und in Kombination mit dem gegen Staupe und Hepatitis erhältlich. Die Schutzdauer beträgt mindestens zehn Jahre, weshalb jährliche oder dreijährliche Wiederholungsimpfungen unbegründet sind.
- ✓ Hepatitis (H): Diese ansteckende Leberentzündung kommt in Westeuropa kaum noch vor. Der Lebendimpfstoff ist nur in Kom-

bination erhältlich. Die Impfantikörper sind mindestens neun Jahre nachweisbar, der Schutz ist für mindestens sieben Jahre gegeben.

- ✓ Tollwut (T): Seit 2008 gilt Deutschland als tollwutfrei. Diese hochgefährliche, fast immer tödliche Viruserkrankung kann bei uns heutzutage nur noch durch Hundeeinfuhr aus dem Ausland auftreten. Der Schutz bei zweimaliger Impfung hält wahrscheinlich lebenslang an.
- ✓ Leptospirose (L): Hierbei handelt es sich um eine bakterielle Erkrankung. Die Impfung ist sehr umstritten, denn die Impfstoffe gelten als besonders nebenwirkungsreich, da sie aus abgetöteten Bakterien bestehen, und bieten außerdem wenig Schutz.

Auf keinen Fall sollten eine Impfung und eine Wurmkur gleichzeitig durchgeführt werden, wie es leider oft gehandhabt wird. Das Ergebnis sind unzählige Junghunde, die Probleme mit Giardien (Einzeller, die Durchfall verursachen) haben, weil ihr Immunsystem völlig überfordert ist. Es ist also extrem wichtig, dass ausschließlich gesunde Hunde geimpft werden. Bitte lasse deinen Hund nicht impfen, wenn er in einem gesundheitlich bedenklichen Zustand ist. Es gibt so viele Nebenwirkungen, die erst viele Monate nach der Impfung auftreten können, beispielsweise die sogenannten Staupe-Ticks, die mit epileptischen Anfällen verwechselt werden können. Auch können Erreger die Überhand gewinnen, die zuvor durch das Immunsystem in Schach gehalten wurden. Im schlimmsten Fall können andere Krankheiten ausbrechen oder diverse Titer ansteigen.

Durch eine Impfung soll das Immunsystem angeregt werden, Antikörper zu bilden. Bei manchen Krankheiten besteht auch die Möglichkeit, dem Hund direkt Antikörper zu injizieren. Beides stellt eine nicht zu unterschätzende Belastung für den Körper dar und funktioniert nur bei einem absolut stabilen Immunsystem.

Durch die Gedächtniszellen des Abwehrsystems ist ein Organismus auch bei niedrigem Antikörperspiegel geschützt, denn sie produzieren bei Erregerkontakt neue Antikörper. Ein niedriger Titer weist daher nicht zwangsläufig darauf hin, dass kaum noch Schutz gegeben ist. Auf der anderen Seite bedeutet ein hoher Titer nicht unbedingt, dass ein 100%iger Schutz besteht.

(Über-)Lebenswichtig: das Immunsystem

Der beste Schutz vor Infektionskrankheiten ist ein starkes Immunsystem. Erst wenn der Organismus durch Krankheit, chemische Medikamente, schlechte Ernährung und andere Belastungen dauerhaft geschwächt ist, kann es zu Infektionskrankheiten kommen. Viren und Parasiten suchen sich gern einen Wirt, dessen Abwehr ihnen nicht viel entgegenzusetzen hat.

Von einer Impfung ist abzuraten:

- ✓ wenn in den nächsten Wochen eine Operation ansteht oder kurz zuvor eine Operation durchgeführt wurde
- ✓ wenn das Tier krank ist oder sich in der Rekonvaleszenz befindet
- ✓ während des Fellwechsels
- ✓ kurz nach, kurz vor oder während der Läufigkeit
- ✓ während der Säugezeit
- ✓ wenn das Tier alt und schwach ist
- ✓ direkt nach einer chemischen Wurmkur

Nebenwirkungen einer Impfung können sein:

- ✓ Erbrechen und Durchfall
- ✓ Fieber
- ✓ gestörtes Allgemeinbefinden
- ✓ Leber-, Nieren- und Nervenstörungen, evtl. Lahmheit
- ✓ Allergien, Hautreaktionen, Ekzeme
- ✓ Blutgerinnungsstörungen
- ✓ Lymphdrüsenschwellungen
- ✓ Vergrößerung der Milz
- ✓ Atembeschwerden
- ✓ Schock
- ✓ Sekundärerkrankungen, weil das Abwehrsystem überfordert ist

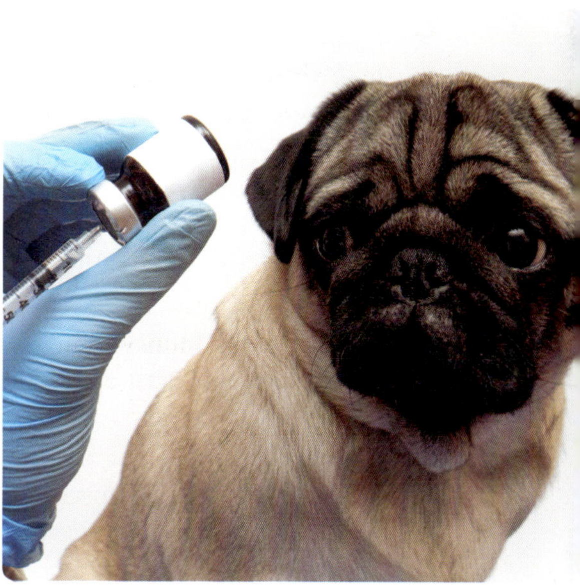

Du hast dich für eine Impfung entschieden – was solltest du beachten?

Führe vier Wochen vor der Impfung eine natürliche Wurmkur mit anschließender Darmsanierung bei deinem Hund durch. Stärke vorab sein Immunsystem mit Propolis oder Kolostrum, und verzichte auf zusätzliche Belastungen wie chemische Wurmkuren und Parasitenprophylaxe. Du musst sicher sein, dass dein Tier körperlich in der Lage sein wird, seine Immunreaktion und die Nebenwirkungen der Zusatzstoffe zu verkraften. Ziehe den Kombinationsimpfungen (Mehrfachimpfungen) ein Einzelpräparat vor, und wähle einen Impfstoff, der einen langen Schutz gewährleistet. Sei kritisch, und erkundige dich vorab über den verträglichsten Impfstoff. Lasse deinen Hund vormittags und nicht direkt vor dem Wochenende impfen. So kann er noch lange beobachtet und im Falle schwerwiegender Reaktionen zum Tierarzt gebracht werden. Lasse ihn am besten in der ersten Nacht nach der Impfung neben deinem Bett schlafen, damit du auch im Schlaf sein Befinden erspüren kannst. Markiere oder merke dir genau die Einstichstelle der Impfnadel, damit du diesen Punkt beobachten kannst, und dokumentiere sämtliche Auffälligkeiten, auch diejenigen, die dir unwichtig erscheinen.

Um die Fremdeiweiße, Konservierungsstoffe, Antibiotika und hochgiftigen Schwermetalle wie Aluminiumhydroxid und Quecksilber als Teil des Thiomersals wieder auszuleiten, hast du neben diversen homöopathischen Mitteln sowie dem Konstitutionsmittel deines Hundes noch folgende Möglichkeiten:

- ✓ eine vierwöchige Entgiftungskur mit Chlorella-Algen – zusammen mit etwa ½ TL püriertem, frischem Koriander oder ätherischem Korianderöl binden diese Schwermetalle im Gehirn
- ✓ das Immunsystem mit Propolis, Kolostrum und guter Ernährung stärken
- ✓ Streicheleinheiten und liebevolle Zuwendung anstatt körperlicher Verausgabung in den ersten beiden Tagen nach der Impfung

Behandlungsmöglichkeiten bei Infektionskrankheiten

Die Angst vor diversen Infektionskrankheiten ist groß. Dabei bietet der Handel mittlerweile gute Behandlungsmöglichkeiten an. Mehrere Hersteller, unter ihnen die Firmen »AnoKath«, »OrthoCell« und »GladiatorPLUS«, haben u. a. Basenkonzentrate entwickelt, die das Zellmilieu in einen basischen Bereich regulieren, sodass Erregern wie Bakterien, Viren und Pilzen die Lebensgrundlage entzogen wird. Sie sind daher bei vielen Erkrankungen unserer Tiere einsetzbar.

Übrigens: Für die Erkenntnis, dass auch Krebszellen in einem basischen Zellmilieu keine Lebensgrundlage haben und nur in einem anaeroben und sauren Milieu entstehen bzw. überleben können, erhielt Dr. Otto Warburg bereits 1931 den Nobelpreis für Medizin. Die Frage, ob die sich dadurch eröffnenden Behandlungsmöglichkeiten einigen Fachleuten zu einfach oder kostengünstig erschienen, sei einmal dahingestellt. Fakt ist, dass auch bei Hunden mit Gewebstumoren bereits große Erfolge erzielt wurden, indem man das Zellmilieu in einen basischen Bereich regulierte, die Tiere gleichzeitig hochwertig und getreide- sowie zuckerfrei ernährte und ihr Immunsystem unterstützte.

Auch DMSO, MMS und CDL sind einfache Mittel, die bei Infektionserkrankungen durch Viren und Bakterien helfen können und mit denen sich jeder Mensch intensiv auseinandersetzen sollte.

Wusstest du, dass ...

... in der Bundesrepublik Deutschland seit 1992 nicht mehr gegen die Maul- und Klauenseuche geimpft werden darf? Auch die Einfuhr geimpfter Tiere aus anderen Ländern ist verboten. Aus den europäischen Daten von 1966–1988 geht eindeutig hervor, dass es in den Ländern mit gesetzlich vorgeschriebener Impfung erheblich mehr Ausbrüche gegeben hat als in den Ländern ohne.

Wie auch immer – du allein entscheidest, also informiere dich:

- ✓ www.impf-report.de
- ✓ www.individuelle-impfentscheidung.de
- ✓ www.impfkritik.de
- ✓ DVDs zu den jährlichen Impfsymposien, die in Stuttgart stattfinden
- ✓ diverse Bücher zu diesem Thema

Nach jahrelanger Erfahrung in meiner Tierheilpraxis und dem, was ich in unserer Gesellschaft tagtäglich beobachte, möchte ich aus tiefster Überzeugung folgendes Statement abgeben: Es muss ein Umdenken stattfinden, wenn wir aus dem über Jahre hinweg entstandenen Teufelskreis der Pharma-Empfehlungen, der Unsicherheit und des schlechten Gewissens aussteigen wollen. Es ist absurd und bereitet den Nährboden für diverse Autoimmunerkrankungen, einen Hund, ein anderes Tier oder sich selbst aus Angst vor Krankheit mit Schwermetallen und Nerventoxinen zu vergiften.

> Dein Hund will dir zu mehr Eigenverantwortung verhelfen. Mache dich schlau, und gib die Verantwortung für das Leben deines Hundes nicht an der Praxistür ab. Dein Hund und du, ihr allein müsst mit den Folgen deiner Entscheidungen leben können.

Junge Hunde – der Mythos vom süßen Welpen

Junghunde zwischen dem sechsten und zwölften Lebensmonat werden am häufigsten in Tierheimen abgegeben oder über Kleinanzeigen zum Verkauf angeboten. Jobwechsel, Umzug oder Allergien werden hier oft als Grund genannt. Nur ein einziges Mal habe ich einen Text gelesen, in dem der Besitzer zugab: »Wir sind völlig überfordert und haben wahrscheinlich alles falsch gemacht, was man falsch machen konnte.«

Die Zeit mit einem heranwachsenden Hund ist schön und anstrengend zugleich. So wie Kinder brauchen auch Welpen eine gute Erziehung. Und auch ein Junghund hat ein Recht auf seine Pubertät und das damit verbundene hormonell gesteuerte Rüpelverhalten. Es bedarf Arbeit, starker Nerven und der Bereitschaft, Zeit zu investieren, um aus einem süßen Welpen einen gut sozialisierten Hund zu machen. Viele kleine Bewegungseinheiten und regelmäßige Übungen sind an der Tagesordnung.

Wenn du dir nicht sicher bist, dieser Herausforderung gewachsen zu sein, wäre ein gut erzogener, bereits erwachsener Hund aus dem Tierheim eine ganz wunderbare Alternative für dich. Bist du jedoch bereit und hast den Willen und den nötigen Freiraum, die Herausforderung anzunehmen, kann die Zeit mit einem Junghund zur interessantesten deines Lebens werden. Momente voller Begeisterung und Faszination werden sich abwechseln mit solchen, in denen du fast verzweifelst. Der Hund wird dich mit seiner bedingungslosen Liebe zutiefst berühren, und du wirst über dich hinauswachsen.

Welcher Züchter?

Bitte kaufe keinen Junghund aus dem Internet, in einem Tiergeschäft oder von einem Züchter, dem es gleich ist, was nach dem Kauf mit dem Tier passiert, der eine Rückgabe des Welpen nicht vertraglich festhalten will oder dir nicht die Elterntiere zeigen kann oder will. Sei wachsam bei Welpen, die als »Zufallswurf« von Familien oder auf Bauerhöfen angeboten werden – manche »Hundevermehrer« versuchen auch auf diesem Weg, ihre Welpen zu verkaufen. Auch solltest du niemals aus dem Kofferraum heraus auf einer Autobahnraststätte einen Mitleidskauf tätigen.

Wirklich gute und seriöse Züchter verwenden für ihre Zucht ausschließlich kerngesunde Tiere und legen größten Wert darauf, für die Welpen ein gutes Zuhause zu finden. Bei einigen wenigen, meist Hobbyzüchtern, ist der Kauf eines Welpen sogar nur möglich, wenn eine artgerechte Fütterung und eine naturheilkundlich orientierte Haltung seitens der Käufer zugesichert werden. Hier trennt sich meiner Meinung nach die Spreu vom Weizen.

Der Welpenhandel boomt und spiegelt doch gleichzeitig erbarmungslos die Werte und Ignoranz eines Teils unserer heutigen Gesellschaft wider: Hauptsache ein Rassehund, und je billiger desto besser. Die oftmals unter schlimmsten Umständen produzierten Tiere sind meist krank und verhaltensgestört, die Muttertiere leiden fürchterlich – körperlich und seelisch. Ein Armutszeugnis für unsere Bevölkerung, die sich doch weitestgehend als tierlieb ausgibt.

Diesen Zustand können wir nur verändern, indem wir Verantwortung übernehmen und Hunde ausschließlich von seriösen Züchtern und Tierschutzorganisationen zu uns nehmen. Letztere zeichnen sich dadurch aus, dass sie Tiere aus Tötungsstationen retten, Vorkontrollen durchführen und mit deutschen Vereinen verbunden sind, deren Mitglieder regelmäßig die Tierschutzpartner im Ausland besuchen und Interessenten ehrlich über die Eigenschaften der Hunde, z.B. fehlende Stubenreinheit, aufklären. Leider werden von schwarzen Schafen auf diesem Sektor mittlerweile Welpen produziert und als Tierschutzwelpen aus der Mülltonne ausgegeben. Gib daher acht! Auch das Einfangen eines glücklichen Streuners, der als Teil eines intakten Rudels am Strand des Schwarzen Meeres lebt, und seine anschließende Verfrachtung in eine kleine deutsche Stadtwohnung haben meiner Meinung nach nichts mit Tierschutz zu tun.

Welche Rasse?

Hier ist es nur möglich, ein paar Denkanstöße zu geben. Ausnahmen bestätigen immer die Regel. Auch Jagd-, Hüte- und Herdenschutzhunde mit friedlichem Charakter können bei guter Prägung hervorragende Familienhunde werden. Ich kenne unzählige Beispiele, die das bezeugen. Trotzdem sollten manche Hunderassen für Menschen mit bestimmten Charakterzügen und Lebensumständen nicht infrage kommen.

Lauffreudige Polarhunde wie Huskys in einer kleinen Dachgeschosswohnung zu halten, in der im Sommer Temperaturen über 30 °C herrschen, ist reine Tierquälerei. Border Collies, die täglich mehrere Stunden bewegt und geistig gefordert werden wollen, sind für vollberufstätige Couch-Potatoes oder Wasserscheue, die bei Regen das Haus höchstens für zehn Minuten verlassen wollen, auf keinen Fall geeignet. Doggen, Irische Wolfshunde, Berner Sennenhunde oder ähnlich groß gewachsene Hunde sollten ausschließlich im Erdgeschoss gehalten werden, weil es bei ihnen durch das Treppenlaufen zu Erkrankungen der Hüfte kommen kann. Galgos, Podencos oder andere Hunde, deren Jagdinstinkt extrem ausgeprägt ist, sind nicht für Personen geeignet, die ihre Tiere am liebsten immer ohne Leine laufen lassen wollen. Sicher kann einem Hund einiges beigebracht werden. Wir sollten allerdings nicht das Rad neu erfinden wollen und die Natur infrage stellen. Wenn man mit einem Jagd- oder Hütehund in einem Mietshaus lebt, in dem keine anderen Hundebesitzer wohnen, die für das häufige Bellen des Hundes Verständnis hätten, kann es schnell zum Nachbarstreit kommen. Nimm bitte Abstand von Moderassen und Qualzuchten, z. B. Französische Bulldogge, Englische Bulldogge, Mops und Nackthund. Diese Tiere leiden oft ihr Leben lang, bereiten den Besitzern große Sorgen und verursachen hohe Kosten hinsichtlich der medizinischen Versorgung. Aber auch viele andere Rassen wie der Labrador sind heutzutage stark überzüchtet und leiden vermehrt an Allergien und Erkrankungen des Bewegungsapparates. Da nützt auch der hochadelige Stammbaum nichts.

Diese Empfehlungen gelten selbstverständlich nicht für Hunde, die im Tierheim auf dich warten. Diesen Hunden sollte immer geholfen werden!

Die ersten Tage des Welpen im neuen Zuhause

Wenn du einen Welpen zu dir nach Hause holst, dann lasse ihn ganz in Ruhe ankommen. Habe Geduld, er ist vielleicht noch etwas verstört, sicherlich vermisst er seine Mutter und seine Wurfgeschwister. Lade auf gar keinen Fall Freunde, Verwandte und Nachbarskinder ein, um den Kleinen lautstark begutachten zu lassen. Welpen sind kein Spielzeug! Baue ganz langsam eine Bindung zu dem Welpen auf. Erziehung und Kommandos kommen später. Der Welpe soll merken, dass es in deiner Nähe schön und sicher ist. Versuche daher immer wieder, für ein paar Sekunden seine Aufmerksamkeit auf dich zu ziehen – vielleicht mit einem Spielzeug oder einer massageähnlichen Streicheleinheit. Aus Erziehungs- und Sicherheitsgründen muss das Spielzeug dem Welpen nach Beendigung einer Spieleinheit wieder weggenommen werden. Gehe ungefähr alle drei Stunden mit dem Welpen vor die Tür, damit er stubenrein wird, auch nachts. Wenn er sein Geschäft außer Haus erledigt hat, dann honoriere das mit einem großen Lob oder einem kleinen Leckerchen.

Von Beginn an gilt: Ernähre den Welpen artgerecht und gesund. Verfüttere kein Welpenfutter, sondern große Mengen an frischer, ausgewogener Nahrung. Lies dazu bitte gute Fachliteratur. Es ergibt Sinn, einem Welpen neben frischer Rohkost auch qualitativ sehr hochwertiges Dosenfutter, ab und zu einen Löffel gekochte Hirse und eventuell für Suchspiele ein gutes, kalt gepresstes Trockenfutter zu geben, damit sich sein Verdauungstrakt auch an diese Formen der Ernährung gewöhnt. Bei der Entwicklung der sogenannten oralen Toleranz lernt die Darmschleimhaut, welche Stoffe im Körper gefährlich (Allergene) oder ungefährlich (Nahrung) sind. Das kann sehr hilfreich sein, wenn man im Urlaub nicht roh füttern kann oder sich im Notfall eine andere Person um den Hund kümmern muss.

Gewöhne ihn nach und nach an Umweltreize, den Straßenverkehr, andere Menschen, Kinder, Jogger, Fahrradfahrer und ans Autofahren.

Wenn sich der Welpe gut eingelebt hat, solltet ihr regelmäßig die Welpenstunde einer guten Hundeschule besuchen. Dort erhält der Hund eine Grunderziehung, z. B. lernt er die Kommandos und das Gehen an der Leine. Durch den Kontakt zu anderen Hunden wird er eine soziale Verträglichkeit entwickeln und gesundes Rudelverhalten lernen.

Ein Junghund passt nicht zu jedem Menschen. Überlege dir in Ruhe, welcher Hund dein Seelenhund sein und woher er kommen soll. Lasse dein Herz entscheiden, aber schalte nicht den Verstand aus. Und bitte: Kaufe niemals einen Hund aus Mitleid!

Kindern Empathie und Tierliebe vermitteln – die beste Investition in eine lichtvolle Zukunft

Wie würde es dir gefallen, deine eigenen Kinder, Enkel- und Patenkinder und auch die Kinder deiner Freunde dabei zu unterstützen, als tierliebe Menschen heranzuwachsen? Hinterlässt dieser Gedanke ein gutes Gefühl in deinem Herzen? Ja, es wäre nicht nur gut für die Kinder, sondern ein wichtiger Beitrag für das Ethikbewusstsein der gesamten Gesellschaft.

Robert Ressler, Gründer der Abteilung Verhaltensforschung des FBI, hat einmal auf die Frage, wie jemand zum Massenmörder wird, geantwortet: »Das sind die Kinder, die niemals gelernt haben, dass es falsch ist, einem Hund die Augen auszustechen.«

Motiviere Kinder zum mitfühlenden Handeln, indem du es ihnen vorlebst, und vermittle ihnen Freundlichkeit anhand von Beispielen. Achte darauf, wie du dich ihnen gegenüber ausdrückst. Sage niemals »Halt die Klappe, blöder Köter!«, »Du dumme Sau!«, »Scheiß Viecher!«, »Ich hasse Katzen!« oder andere respektlose Dinge in ihrem Beisein. Zeige Kindern, wie man Spinnen und andere Insekten, die sich ins Haus verirrt haben, einfängt, und setze diese gemeinsam mit ihnen vor die Tür. Schenke ihnen ein Insektenfanggerät, damit sie das üben können und Freude daran finden, das Leben von Insekten zu retten. So entwickeln sie auch diesen Geschöpfen gegenüber Mitgefühl.

Wenn du eine Familie hast, mache Tiere zu einem festen Bestandteil eures Lebens. Lebst du allein oder in einer kinderlosen Beziehung, lade Kinder zu dir nach Hause ein, und schaffe eine Verbindung zwischen ihnen und deinem Hund. Zeige ihnen, wie schön das Leben mit einem Tier ist und wie viel Freude es bereitet, sich um sein Wohlergehen zu kümmern. Wenn im Winter alles zugefroren ist, kannst du mit ihnen gemeinsam Löcher in Pfützen und Teiche machen, damit Vögel, Eichhörnchen und andere Tiere daraus trinken können. Besuche mit Kindern keinen Zoo und keinen Zirkus, in dem Tiere gezeigt werden, und erkläre ihnen genau warum. Erkläre ihnen auch, warum du ausschließlich Bioeier kaufst, tierversuchsfreie Kosmetik verwendest und gegebenenfalls auf tierische Produkte verzichtest.

Pflanzt gemeinsam Blumen und Sträucher für Schmetterlinge, Bienen und Kleintiere in deinem Garten, oder verstreut Samen auf öffentlichen Grünflächen. Wenn ihr einen Spaziergang im Wald oder am Strand macht, könnt ihr zusammen Müll aufsammeln, der Vögeln bzw. Fischen und anderen Tieren gefährlich werden kann. Besucht das örtliche Tierheim, und helft dort den Mitarbeitern. Lies Kindern Geschichten vor, die Tiere als fühlende Wesen zeigen, wie »Lassie« oder »Der König der Löwen«. Kritisiere im Beisein von Kindern ausdrücklich tierunfreundliches Verhalten. Motiviere Kinder, Schwächeren zu helfen, indem ihr gemeinsam verletzte Wildtiere wie Igel zum Tierarzt bringt oder du ihnen selbst hilfst.

Solltest du dein Kind dabei erwischen, wie es vorsätzlich ein Tier quält oder sogar tötet, lasse ihm dies nicht kommentarlos durchgehen, auch dann nicht, wenn es nicht in böser Absicht geschah, es ein Einzelfall war oder dein Kind nur aus Neugierde gehandelt hat. Nimm dir die Zeit, mit deinem Kind über die Tat zu sprechen, und erkläre ihm, warum es das nie wieder tun darf. Kinder, die dadurch auffallen, dass sie wiederholt Tiere quälen, bedürfen psychologischer Hilfe, denn es könnte sich um erste Anzeichen einer wachsenden Gewalttätigkeit bzw. -bereitschaft handeln.

Kinder, die mit einem Haustier aufwachsen und lernen, dieses liebevoll zu betreuen, sollen im späteren Leben auch freundlicher, gerechter und achtsamer gegenüber ihren Mitmenschen sein. Aus meinen persönlichen Erfahrungen heraus kann ich das bestätigen.

> Durch das liebevolle Wesen unseres Hundes wird unser ethisches Denken und Fühlen gestärkt, das wir Kindern vorleben und an sie weitergeben sollten.

Leben und Lieben mit dem Seelenhund – von Prioritäten und Herausforderungen

»Erst kommt der Hund, dann kommt ganz lange nichts, und dann komme ich.« Das war der Satz, den mein Mann Andreas unseren Besuchern gegenüber gern einmal lachend in den Raum warf, und alle glaubten dann, das wäre ein Witz. Nur mein Mann und ich wussten, dass er der Wahrheit entsprach. Das hatte nichts damit zu tun, dass ich ihn nicht liebe, ganz im Gegenteil: Er ist großartig und wahrscheinlich der einzige Mann auf der Welt, der mich versteht. Darum habe ich ihn auch 2011 geheiratet – und es bis heute nicht ein einziges Mal bereut. Mein Mann weiß, was mir Tiere bedeuten und wie stark ich mit meinem Seelenhund Basco verbunden war und es auch heute noch bin. Und wegen dieser fürsorglichen, bedingungslosen Liebe, die ich für meinen verrückten schwarzen Hund empfinde, sind wir einander noch näher gekommen. Und auch Basco wurde von ihm trotz anfänglicher Schwierigkeiten und ausgeprägter Verhaltensoriginalität geliebt, denn er wusste, dass Basco derjenige war, der mich in den schwersten Zeiten meines Lebens begleitet und wie ein Schutzengel durch sie hindurchgetragen hat.

Als ich im Jahr 2008 aufgrund des Umsatzeinbruchs infolge der Wirtschaftskrise mein Geschäft schließen musste und nach zweijährigem Existenzkampf mit teilweise drei gleichzeitigen Arbeitsstellen eine finanzielle Basis geschaffen hatte, auf der ich durchatmen konnte, kam der Wunsch in mir auf, die Tierheilpraktikerausbildung zu machen. Also suchte ich mir noch einen Samstagsjob, damit ich die Schule finanzieren konnte, und meldete mich dort an. Erst als alles geregelt war, kam Andreas in mein Leben.

Basco und mein Kater Streuner mussten nie darunter leiden, dass ich existenziell schwierige Zeiten durchmachte. Ich bin putzen gegangen, um sie weiterhin gesund ernähren zu können. Niemals hätte ich ihnen billiges Trockenfutter gekauft. Sicher haben sie meine Anspannung gespürt, doch Basco musste nie zu lange auf mich und seine Gassirunden warten. Gemeinsam haben wir täglich viele Stunden in der Natur verbracht. Das waren die Zeiten, in denen wir begannen, eine Symbiose zu bilden. Ich habe mein Leben mit sämtlichen Jobs so organisiert, dass ich immer genug Zeit für Basco hatte, und im Gegenzug hat er es glücklich und lebenswert gemacht. Und nichts und niemand könnte diese Verbindung jemals wieder trennen. Basco hat mich von meinen Sorgen abgelenkt und mein Herz mit Liebe und Freude erfüllt, in jeder einzelnen Minute. Wenn ich Udo Lindenbergs Lied »Durch die schweren Zeiten« höre, denke ich unweigerlich an diese Jahre zurück.

Leider haben viele alleinstehende Menschen in Sachen Beziehung anscheinend noch andere Lektionen zu lernen als ich. Erzählungen zufolge kommen in einigen Mensch-Hund-Beziehungen vermehrt Spannungen auf, wenn Frauchen oder Herrchen sich verlieben. Und zwar nicht nur, weil der Hund die plötzliche Konkurrenz verständlicherweise ablehnt.

Eifersuchtsverhalten seitens des Hundes ist mit einem Hundetraining und etwas Geduld sehr gut zu meistern. Doch oftmals sind die kennengelernten Damen, die keine »Viecher« mögen, oder die Herren, die eifersüchtig auf den Hund reagieren oder aufgrund ihrer Allergien verlangen, er solle außerhalb des Zimmers bleiben, das wahre Problem.

Wenn du dich in einen Menschen verliebst, der eine Herzensverbindung mit seinem Hund hat, lege ich dir folgende Tipps unbedingt ans Herz: Versuche, diese Verbundenheit zu verstehen und zu akzeptieren, und werde dem Hund ein guter Freund. Akzeptierst du sie nicht und machst dich Tag für Tag darüber lustig, beende die Beziehung, und versuche gar nicht erst, die beiden voneinander zu trennen.

Kommt in dir Eifersucht hoch, wenn deine Traumfrau (oder Traummann) ihrem Hund Zuneigung und Aufmerksamkeit schenkt, nimm die Situation zum Anlass, um diese zerstörerische, von Minderwertigkeitsgefühlen zeugende Emotion endgültig loszulassen und in Vertrauen umzuwandeln. Vielleicht ist tief in dir noch ein verletztes Kind, das getröstet und liebevoll in den Arm genommen werden will. Suche dir bei Bedarf professionellen Rat.

Sei froh und dankbar, dass du eine Frau (oder einen Mann) kennengelernt hast, die sich in einer von Oberflächlichkeit und Gleichgültigkeit geprägten Zeit dazu entschieden hat, Verantwortung zu übernehmen und Mitgefühl zu zeigen. Auch du wirst in dieser Dreierbeziehung wachsen können, wenn du es zulässt.

Vielleicht bist du auch ein Mensch, der durch Bemerkungen wie »Heutzutage hat jeder einen Hund, aber keiner will mehr Kinder haben« unbewusst versucht, den Frust darüber loszuwerden, dass viele Menschen eine bessere Beziehung zu ihrem Hund haben als du zu deinen Kindern. Diesen Zustand kannst du noch heute ändern, indem du deine Kinder anrufst und ihnen sagst, dass du sie liebst, vermisst und gern einmal wiedersehen möchtest.

Solltest du tatsächlich an einer Tierhaarallergie leiden, dir eurer Liebe aber ganz sicher sein, setze alles daran, dass diese Allergie schnellstmöglich der Vergangenheit angehören wird. Finde dich nicht mit ihr ab, Allergien kommen, und sie gehen auch wieder. In der Alternativmedizin gibt es einige Immunmodulatoren, die dir dabei behilflich sein können, die Allergie loszuwerden. Auch eine klassische-homöopathische Behandlung kann dem zuträglich sein (siehe S. 122). Denke immer daran: Ein Leben ohne dich ist möglich – für ein Leben ohne den Seelenhund ist es schon lange zu spät.

Männlein oder Mann – wann ergibt Kastration Sinn?

Rüden

Noch vor einigen Jahren wurden standardmäßig alle Rüden und fast alle Hündinnen kastriert – auch ohne Indikation. Man argumentierte damit, hinter der Triebgesteuertheit und Angriffslust der Rüden ihr wahres Wesen entdecken zu wollen. Sie sollten von ihrem Fortpflanzungsdrang erlöst und brave Kerle werden. Heutzutage wissen viele Hundebesitzer jedoch, dass ein intaktes Hormonsystem und ein aggressives Verhalten beim Rüden nicht zwangsläufig miteinander in Zusammenhang stehen.

Viele Hundebesitzer versprechen sich von einer Kastration, dass der Hund danach folgsamer ist und nicht mehr jagt. Doch so einfach ist es nicht. Manchmal kann eine Kastration Aggressionsprobleme noch verschärfen. Testosteron macht ohne Zweifel selbstbewusst, doch dagegen ist nichts einzuwenden. Insbesondere bei unsicheren oder gar ängstlichen Hunden kann es verheerende Folgen haben, wenn man ihnen dieses Selbstbewusstsein nimmt.

Für einen Rüden hingegen, der, sobald seine Lieblingshündin läufig ist, eine Tortur durchlebt – sowohl auf körperlicher Ebene durch eine angeschwollene Prostata, Fieber und Abmagerung aufgrund der Verweigerung der Futteraufnahme als auch auf psychischer Ebene durch Stress –, würde Kastration Erleichterung bedeuten. Hier wirken homöopathische Mittel meist auch nicht mehr. Dann gibt es Rüden, die jeden Besucher begatten wollen oder den Besitzer der läufigen Lieblingshündin vom Fahrrad holen, weil dieser so unwiderstehlich gut nach ihr duftet. Dem gegenüber stehen die umgänglichen, sozial äußerst verträglichen und eher zurückhaltenden Rüden, die sich zweimal im Jahr gut ablenken lassen und ihr intaktes Hormonsystem brauchen.

Man sollte daher immer im Einzelfall entscheiden, ob eine Kastration nötig und sinnvoll ist oder nicht, bzw. ob der Eingriff nach tierärztlicher

Indikation geboten ist. Eine Kastration gilt gemäß § 6 Absatz 1 des deutschen Tierschutzgesetzes als Amputation und ist ohne Grund nicht erlaubt.

Vorteile einer Kastration beim Rüden:
- ✓ Vorbeugung gegen Hodenkrebs und Vorhautentzündung
- ✓ Minderung sexuell motivierter Aggression
- ✓ Schutz vor Geschwüren im Analbereich
- ✓ kein Aufreiten und sonstiges sexuell orientiertes Verhalten mehr

Hündinnen

Um die Fortpflanzung bei Hündinnen zu vermeiden, reicht eine Sterilisation aus, bei der die Eileiter unterbunden werden und das Hormonsystem unbeeinflusst bleibt. Die Entfernung der Gebärmutter ist nicht notwendig. Kastrationsbefürworter argumentieren in Bezug auf Hündinnen oft mit einem verminderten Mammatumor-Risiko. Allerdings gibt es Studien, in denen dieser Effekt angezweifelt wird. Würdest du dir als Frau die Brüste amputieren oder die Gebärmutter entfernen lassen, um einer Krebserkrankung aus dem Weg zu gehen? Hast du dich nicht dazu entschlossen, gemeinsam mit deinem Seelenhund neue Wege zu beschreiten, Zusammenhänge bewusst wahrzunehmen und durch Ängste hindurchzugehen? Wer seine Hündin durch einen Mammatumor verloren hat, wird hier sicher anders denken – das kann ich vollkommen nachvollziehen.

Vorteile einer Kastration bei der Hündin:
- ✓ keine Läufigkeit und dadurch im Allgemeinen mehr Ausgeglichenheit
- ✓ keine Scheinträchtigkeit und damit verbundene Depressionen
- ✓ Schutz vor Gebärmutterentzündung und lebensgefährlicher Gebärmuttervereiterung (Pyometra; mehr dazu: siehe S. 198)
- ✓ eventuell leicht erhöhte Lebenserwartung
- ✓ keine Blutung, kein Belecken
- ✓ keine Belästigung durch Rüden
- ✓ kein ungewollter Nachwuchs

Risiken einer Kastration und Alternativen

Sowohl für Rüden als auch für Hündinnen birgt eine Kastration Risiken. Sie stellt einen massiven Eingriff in den Hormonhaushalt des Hundes dar, der mit einer Veränderung des Stoffwechsels einhergeht, was häufig zu Übergewicht führt. Es besteht ein erhöhtes Risiko für Schilddrüsenunterfunktion und bestimmte Tumorarten. Zudem erschlafft das Muskel- und Bindegewebe, wodurch ein erhöhtes Risiko für einen Kreuzbandriss besteht.

Von einer Frühkastration ist generell abzuraten, da der Hund die während der Pubertät stattfindenden Hormonschübe für Wachstumsvorgänge in seinem Körper dringend benötigt. Hunde, die kastriert werden, bevor sie ausgewachsen sind, können erhebliche Herz-Kreislauf-Probleme und Erkrankungen der Knochen und Gelenke davontragen. Meistens bleiben sie auch zeitlebens Kindsköpfe. Kastrierte Hündinnen neigen außerdem zu Inkontinenz.

Die Kastration ist ein Thema, bei dem individuell unter Abwägung aller Vor- und Nachteile, einer möglichen Indikation und unter Berücksichtigung der Geburtskonstitution entschieden werden muss. Pauschalaussagen sind hier nicht angebracht. Lies dich in das Thema ein, und mache dich schlau über die Zusammenhänge von Kastration und dem Verhalten des Hundes.

Bevor man sich zu einem operativen Eingriff entscheidet, sollten jedoch alternativmedizinische Mittel aus der Homöopathie ausprobiert worden sein. Bei einer Hündin könnte das Sepia officinalis, Pulsatilla pratensis oder Ignatia sein, bei einem Rüden Agnus castus oder Origanum vulgare. Auch das individuelle Konstitutionsmittel hilft oftmals. Zudem gibt es diverse Komplexmittel und auch einen hormonregulierenden Vitalpilz, den Cordyceps sinensis, die hier Wirkung zeigen können. Bei einigen Hunden reichen diese Mittel aus, um Hormonschwankungen erträglich zu machen. Lasse dir bei der Wahl des Mittels von einer Fachperson helfen.

Chemische Medikamente kommen für mich als Empfehlung nicht in Betracht, weil diese mit nicht unerheblichen Nebenwirkungen verbunden sind. Sie wären höchstens eine Option, um zu sehen, inwieweit sich das Verhalten des Hundes durch eine Kastration verändern würde, beispielsweise bei einem Aggressionsproblem. Als Dauerlösung lehne ich diese Mittel ab. Dann würde ich eher zu einer Operation raten, der sich eine Nachbehandlung, eine Ausleitung des Narkosemittels und eine Entstörung der Operationsnarbe, z. B. durch ein Biophotonenpflaster, anschließen.

Informiere dich umfassend über sämtliche Vor- und Nachteile einer Kastration, bevor du eine Entscheidung triffst, die dem entspricht, was dein Seelenhund will und braucht

Noxen, Notfälle und andere Gefahren im Alltag des Hundes

Manche Gifte lassen sich im Alltag kaum vermeiden. Je nachdem wo wir wohnen, befinden sich mehr oder weniger Autoabgase und andere Schadstoffe in der Luft. Hunde, die in Innenstädten leben, werden fast ausnahmslos an Straßen entlang spazieren geführt. Eine Gassirunde durch idyllische Feld- und Wiesenlandschaften, auf denen der Bauer zuvor noch Glyphosat verteilt hat, ist ebenso ungesund für Mensch und Hund. Wälder und Naturschutzgebiete sind die besten Orte, um sich aufzuhalten, denn hier ist alles noch ursprünglich. Bitte gib acht, dass dein Hund in diesen Arealen auf den Wegen bleibt, damit er der Tier- und Pflanzenwelt keinen Schaden zufügt.

Neben einer natürlichen und chemiefreien Ernährung, einer Reduzierung von chemischen Parasitenmitteln und Impfungen auf das Allernötigste sind Hundespielzeuge sicher ein großes Thema, wenn es um Noxen geht, denn auf ihnen kauen die Hunde gern stundenlang herum und nehmen dadurch eventuell enthaltene Gifte direkt über die Maulschleimhaut auf.

Hundespielzeug

Gerade im Bereich Hundespielzeug gibt es einen unendlich großen Markt. Auch hier ist auf die Qualität des Materials Wert zu legen. Produkte aus Naturkautschuk sind empfehlenswert. Bei vielen anderen Spielzeugen ist Vorsicht geboten. Die Chemikalien und Weichmacher, die bei einer Studie von ÖKO-TEST im Jahr 2007 in über 90 % der getesteten Tierspielzeuge gefunden wurden, können Erbgutschädigungen, Krebserkrankungen, Allergien und vieles mehr verursachen. Derart stark belastete Produkte gehören weder zwischen die Pfoten, geschweige denn zwischen die Zähne eines Hundes. Ich selbst habe schon Bälle direkt nach dem Auspacken in den Müll befördert, weil der penetrante Geruch, der von ihnen ausging, unerträglich war. Chemie belastet den Organismus eines Hundes ebenso wie den des Menschen. Bei der Auswahl des Spielzeuges kannst du daher ruhig ein Kind als Maßstab nehmen: Welches Spielzeug würdest du einem Kleinkind geben, das alles in den Mund nimmt und darauf herumkaut?

Kaufe deinem Hund einen Kong aus Naturkautschuk. Den kannst du mit einem guten Nassfutter, den übrig gebliebenen Kartoffeln vom Mittagessen, einem Gemisch aus Flocken, Banane und Quark oder etwas Ähnlichem füllen und einfrieren. Für die meisten Hunde ist es ein riesiger Spaß und eine tolle Beschäftigung, die gesunde Füllung herauszuschlecken. Kongs gibt es in verschiedenen Größen in jedem Tiergeschäft.
Nachdem 2013 die Behauptung eines österreichischen Testmagazins im Raum stand, dass im Kong Spuren des Weichmachers PAK (polyzyklische aromatische Kohlenwasserstoffe) gefunden worden seien, habe ich mich mit den Herstellern in Verbindung gesetzt. Diese stellten mir den Testbericht eines unabhängigen Labors zur Verfügung, der dies nicht bestätigen konnte.

Wer 100 % Natur bevorzugt, kann seinem Hund auch eine naturbelassene Kauwurzel geben, wie es sie in Fachgeschäften zu kaufen gibt.

Was außerdem zu beachten ist

Benutze keine synthetischen Öle für deine Duftlampe, und dosiere echte ätherische Öle sehr sparsam. Verwende für Hundedecken und -tücher geruchsneutrales Waschmittel, und verzichte auf Weichspüler. Kaufe deinem Hund ausschließlich Schlaf- und Ruheplätze aus natürlichen Materialien, die in der Waschmaschine heiß gewaschen werden können, oder beziehe ein altes Oberbett, auf das du einen Stoffkringel legst. Diese Kringel sind ringförmige Kuschelkissen, die keinen Boden besitzen und daher im Handumdrehen aus einer Decke oder einem Kissen einen gemütlichen Ruheplatz zaubern. Auch die Bodenbeläge und Läufer, auf denen dein Hund gern liegt, sollten nichts Chemisches ausdünsten und vorzugsweise aus dem Ökohandel stammen. Flokatiähnliche Teppiche sind ebenfalls ungeeignet, da sich darin unbemerkt Parasiten und abgefallene Zecken sammeln können. Für die Reinigung der Böden in deiner Wohnung solltest du ökologische Mittel und einen einfachen Wischer benutzen. Verwende keine Metall- oder Kunststoffnäpfe, sondern solche aus Keramik oder stoßfeste Auflaufformen aus dickem Glas in einer Halterung. Lasse deinen Hund niemals an einem Feldrand Gras oder gar Getreide von einem Feld fressen! Es soll Hunde und Pferde gegeben haben, die anschließend an den frisch aufgebrachten Pestiziden gestorben sind. Auch solltest du mit deinem Hund einen großen Bogen um Felder machen, auf denen Gülle aufgebracht worden ist. Stammt diese aus der Tiermast, enthält sie nicht nur Tierexkremente, sondern auch jede Menge Krankheitserreger und Medikamentenrückstände. Infiziert sich der Hund durch Gülle mit dem Erreger Clostridium botulinum, können lebensgefährliche Lähmungen auftreten. Ein Maiskolbenstrang ist übrigens unverdaulich und kann lebensgefährliche Verstopfungen verursachen. Wenn ein Hund durch ein Feld läuft, auf dem Chemikalien frisch ausgebracht worden sind, können diese auch eitrige Hautentzündungen im Gesicht des Tieres verursachen. Halte deinen Hund also am besten von Feldern fern. Das ist gesünder, und die Bauern werden nicht verärgert.

Umweltgifte sind nicht zu unterschätzen. Die Qualität der Luft, die wir atmen, können wir leider nicht beeinflussen. Daher sollten wir uns auf die Dinge konzentrieren, über die wir selbst bestimmen können. Gehe möglichst oft in der freien Natur mit deinem Hund spazieren und nicht direkt an Straßen entlang. Verwahre chemische Reinigungsmittel und Chemikalien wie Frostschutzmittel, Rattengift, Urinsteinlöser und Schneckentod in verschlossenen Schränken. Verstaue vor dem Zubettgehen die Zartbitterschokolade dort, wo dein Hund sie nicht erreichen kann, und lasse auch keine anderen für den Hund ungeeigneten Lebensmittel wie abgenagte Hühnerknochen, Avocadocreme, Weintrauben, Rosinenstuten, Backpulver und Muskatnüsse in seiner Reichweite liegen.

Achtung: Der Süßstoff Xylit, der unter anderem in Lebensmitteln für Diabetiker enthalten ist, kann bei Hunden zu einem Abfall des Blutzuckerspiegels und zu Leberversagen mit Todesfolge führen. Auch Erythrit soll bei Hunden lebertoxisch wirken. Gehe hier kein Risiko ein.

Ein Komposthaufen sollte für einen Hund unerreichbar sein, denn sowohl verdorbene Lebensmittel als auch Abfälle wie Kaffeesatz können bei ihm zu lebensgefährlichen Vergiftungen führen.

Eine akute Vergiftung kann man anhand veränderter Vitalfunktionen (Bewusstsein, Atmung, Kreislauf, Unruhe, Körpertemperatur unter 38 °C) und eines gestörten Allgemeinbefindens erkennen, während chronische Vergiftungen nicht immer gleich ersichtlich sind. Bei dem leisesten Verdacht einer Vergiftung oder eines allergischen Schocks bringe deinen Hund bitte auf dem schnellsten Weg in eine Tierklinik oder Tierarztpraxis, und rufe parallel dazu dort an, damit man auf eure Ankunft vorbereitet ist!

Unter dieser Adresse erhältst du wichtige Informationen über Vergiftungen:

Giftnotrufzentrale Berlin
Tel.: 030/19240 (Tag und Nacht)
www.giftnotruf.de

Das Gleiche gilt für alle weiteren Notfälle (siehe S. 197).

Dinge, die jeder Hundebesitzer im Haus haben sollte:

- ✓ Digitalthermometer – Fieber beim Hund: über 39 °C; Vergiftungen beim Hund: unter 38 °C
- ✓ Zeckenhebel – einen für große und einen für kleine Zecken

- ✓ Pinzette – zur Fremdkörperentfernung
- ✓ Taschen- und Kopflampe – zur Maul- und Fellinspektion bei Wunden oder Parasitenverdacht
- ✓ Kühlelement – zur Kühlung bei Schwellungen und Insektenstichen
- ✓ Propolis-Liquid, kolloidales Silber, 3%iges Wasserstoffperoxid, mineralischer Spray, Calendulaessenz und/oder belaVet – zur Desinfektion und Behandlung von Wunden und Verletzungen
- ✓ Arnikagel und/oder Traumeel-Salbe – für stumpfe Verletzungen und Prellungen
- ✓ Bachblüten-Notfalltropfen – zur Verabreichung bei Schockerlebnissen
- ✓ Manukahonig – bei Hals- und Blasenentzündung
- ✓ Komplettausrüstung, um blutende Wunden zu verbinden, bis man in der Tierarztpraxis angekommen ist: Kompressen, selbstklebende Binden, Kreppklebeband, Mullbinden, Watte, die vor dem Verbinden der verletzten Pfote zwischen die Zehen gestopft wird, Erste-Hilfe-Schere

Das sogenannte Rückwärtsniesen, das sich zugegebenermaßen etwas dramatisch anhört, hat übrigens nichts mit einem Asthmaanfall zu tun, sondern mit dem Einatmen von Härchen oder Flusen. Bei kleinen Hunden, die mit ihrer Nase oftmals direkt in den Fusseln des Läufers liegen, tritt dieses Phänomen besonders oft während der Heizperiode auf, wenn die Staubmäuse auf dem Boden tanzen. Sauge am besten täglich Staub, und verstaue den Läufer während der kalten Jahreszeiten im Keller.

Einige kleine Rassen wie der Chihuahua leiden aufgrund eines zu langen Gaumensegels an häufigen Rückwärtsniesanfällen. Eine operative Kürzung des Gaumensegels sollte ausschließlich von Tierärzten durchgeführt werden, die sich mit solchen Hunden gut auskennen.

Sollte dein Hund von heute auf morgen Niesanfälle haben oder sich wie verrückt am Ohr kratzen, obwohl diese gesund sind, lasse umgehend untersuchen, ob sich ein Fremdkörper in Nase oder Ohr befindet. Gerade Grannen (kleine, oft borstige Pflanzenteilchen, die sich beispielsweise an den Ähren verschiedener Getreidearten befinden und das Korn umschließen) können sich zu einer Gefahr entwickeln, wenn sie sich festsetzen und für Entzündungen sorgen. Manchmal werden die dadurch entstehenden Symptome fehlinterpretiert und daher falsch behandelt.

Weitere Notfälle

Magendrehung und Darmverschluss

Beide sind lebensbedrohlich und müssen umgehend chirurgisch versorgt werden. Jeder Hund kann beim Trinken aus einem öffentlichen Gewässer oder beim Spielen einen unverdaulichen Gegenstand, eine Eichel, eine Nuss, ein Stück Plastik oder ein Stück eines Maiskolbenstrangs, verschlucken, ohne dass die Besitzer es merken. Wenn dieser Fremdkörper den Magenausgang versperrt, wird es gefährlich.

Von einer Magendrehung sind ältere Tiere großer Rassen öfter betroffen, aber generell kann sie bei jedem Hund zu jeder Zeit auftreten.

Sollte dein Hund …

- ✓ ein ungewöhnliches Verhalten an den Tag legen, weil er sich vermutlich unwohl fühlt,
- ✓ alles, was er zu sich nimmt, erbrechen und dies auch im Falle eines leeren Magens versuchen,
- ✓ auffallend oft die sogenannte Sägebockhaltung einnehmen, also den Oberkörper senken und den hinteren Teil des Körpers in die Luft strecken,
- ✓ ständig die Liegeposition wechseln und versuchen, sich auf den Rücken zu drehen,
- ✓ an seinem Unterleib knabbern und Schmerzsymptome zeigen, z. B. Janken, Hecheln oder Speicheln,
- ✓ oder aufgasen bzw. einen harten, druckempfindlichen Unterleib bekommen, gehe nicht von einer harmlosen Magen-Darm-Infektion aus. Bringe den Hund sofort in eine gut ausgestattete Tierklinik.

Du kannst das Risiko einer Magendrehung verringern, indem …

- ✓ du deinen Hund nach dem Fressen ruhen lässt und dafür sorgst, dass er dann weder springt noch spielt noch sich hin und her dreht.
- ✓ du dafür sorgst, dass dein Hund nicht allzu schnell schlingt. Es gibt Schlingernäpfe, die das verhindern können.
- ✓ du mit ihm keine Gartenschlauchspielchen machst, bei denen er den Wasserstrahl mit dem Maul fangen soll.

- ✓ du dafür Sorge trägst, dass sein Futter gut verträglich und es weder allzu blähend noch zu kalt ist, um Schmerzen und Aufgasung zu verhindern.
- ✓ du mehrere kleine Mahlzeiten über den Tag verteilt fütterst.

Etwa 25 % der Deutschen Doggen sollen im Laufe ihres Lebens eine Magendrehung bekommen. Im Falle einer Operation, z. B. der Kastration einer Doggendame, ist es daher ratsam, den Magen annähen zu lassen.

Innere Blutungen

Diese können beispielsweise infolge eines geplatzten Tumors auftreten, was nicht zwangsläufig mit starken Schmerzsymptomen einhergehen muss.

Meistens zeigen betroffene Hunde folgende Anzeichen:

- ✓ Schlappheit, Unlust, Unruhe und Appetitlosigkeit
- ✓ gesteigertes Hecheln und Speicheln
- ✓ sehr helle Schleimhäute im Maul

Treten diese Symptome gleichzeitig auf, bringe deinen Hund umgehend in eine Tierklinik.

Gebärmutterentzündung bzw. -vereiterung (Pyometra)

Man unterscheidet zwischen der offenen und der geschlossenen Pyometra. Bei ersterer tritt eine meist übel riechende, eitrige Flüssigkeit aus der Scheide der Hündin aus, ohne dass weitere auffällige Symptome zu erkennen sein müssen. Hier können Spülungen mit antibakteriellen Flüssigkeiten hilfreich sein. Allerdings sollte eine Kastration in Betracht gezogen werden, denn in der Regel folgen weitere Entzündungen. Bei einer geschlossenen Pyometra muss sofort operiert werden.

Die Symptome sind:

- ✓ Schlappheit und Unlust bis hin zu Apathie und völliger Immobilität
- ✓ erhöhte Temperatur und innere Hitze
- ✓ extremer Durst

Saisonale Gefahren

Im Frühjahr und Sommer gibt es neben Zecken noch weitere Gefahren für den Hund, die trotz umfassender Aufklärung immer wieder missachtet werden. Lasse dein Tier nie im heißen Auto, denn es kann trotz eines geöffneten Fensterspalts innerhalb kürzester Zeit überhitzen und in der Folge einen grausamen Tod erleiden. Ein Hund sollte bei hohen Temperaturen auch nicht am Fahrrad geführt werden, weil die Herz-Kreislauf-Belastung hierbei enorm ist. Zudem kann der heiße Asphalt für schlimme Verbrennungen an den Pfoten sorgen. Hunden in überhitzten Wohnungen sollten immer Abkühlungsmöglichkeiten, z. B. durch Kühldecken, angeboten werden.

Auch der bedingt durch die steigenden Temperaturen immer häufiger vorkommende Eichenprozessionsspinner stellt eine ernst zu nehmende Gefahr für die Gesundheit von Mensch und Hund dar. Die feinen Härchen der Raupe enthalten ein Eiweißgift, das das Immunsystem angreift und eine heftige Dermatitis auslösen kann. Werden die Härchen verschluckt, können auch die inneren Organe angegriffen werden. Gesichtete Nester bzw. befallene Eichen sollten umgehend der jeweiligen Stadtverwaltung gemeldet werden, damit diese fachmännisch entfernt werden können. Die Sichtungsorte sollten weiträumig gemieden werden. Wind kann die Härchen großflächig verteilen, sodass auch an eichenfreien Plätzen und in Gärten ein Kontakt möglich ist. Sollte dein Hund mit einem Nest in Berührung kommen, suche umgehend eine tierärztliche Praxis auf.

> Finde durch deinen Hund zurück zur Natur, und versuche, unnötige Gifte und andere Gefahren im Alltag zu vermeiden. Sei aufmerksam, was das Verhalten deines Hundes betrifft, und zögere nicht, ihn bei entsprechenden Symptomen sofort zum Arzt zu bringen.

Ohren, Augen, Nase und Zähne – wunderschön und sehr aussagekräftig

Ohren, Augen und Nase sind wichtige Sinnesorgane, die jeder Hundebesitzer stets im Blick behalten sollte, denn sie liefern oftmals mehr Information über den gesamtorganischen Zustand des Hundes, als man denkt. Auch die Zähne sollten nicht außer Acht gelassen werden. Treten plötzlich Auffälligkeiten in Bezug auf die Sinnesorgane auf, z. B. heftiges Niesen, Ohrenkratzen oder Augenreiben, sollte das Tier sofort gründlich auf Fremdkörper untersucht werden.

Ohren

Sie sind groß und spitz oder hängen schlapp herunter. Bei manchen Hunden unauffällig klein, bei anderen Hunden sind es Riesenohren, die an Gremlins erinnern. Obwohl der Hund sehr gut hören kann, ist ihm als Makrosmatiker seine Spürnase viel wichtiger. Trotzdem ist ein gutes Gehör unerlässlich, damit Kommandos bei ihm ankommen. Für den Fall, dass sich das Gehör des Hundes eines Tages verschlechtert, sollte man von Anfang an zu allen gesprochenen Kommandos Handzeichen geben. So wird er im Laufe der Zeit bereits allein auf diese reagieren können.

Sollten Ohren regelmäßig gereinigt werden? Nicht wenn sie gesund und sauber sind. Ein wenig Ohrenschmalz ist ganz natürlich und muss nicht ständig entfernt werden. Sind die Ohrmuscheln dreckig, weil dein Hund in einem verkeimten Matschloch getollt hat oder in einem Naturgewässer schwimmen war, kannst du sie vorsichtig mit einem weichen Tuch reinigen.

Ohren können von Bakterien, Pilzen oder Milben befallen werden, was man sehen und riechen kann. Im Zweifelsfalle besteht die Möglichkeit, einen Abstrich in ein Labor schicken zu lassen. Grundsätzlich sind Schlappohren gefährdeter, weil sie schlechter belüftet werden. Im heutigen Zeitalter der Allergien sind jedoch auch gut belüftete Ohren von chronischen Entzündungen betroffen. Bakterielle Entzündungen lassen sich gut mit Propolis in warmem Olivenöl, kolloidalem Silber, belaVet oder Spenglersan G behandeln. Pilze hingegen lieben Öl und sollten daher mit Propolis in Wasser, kolloidalem Silber oder Ohrentropfen mit essigsaurer Tonerde behandelt werden. Vorsicht: In vielen Ohrentropfen bzw. -reinigern ist Paraffin (Mineralöl) enthalten, was diese für die Behandlung einer Ohrenentzündung mit Hefepilzen kontraproduktiv werden lässt! Milben mögen die im Kokosöl enthaltene Laurinsäure nicht. Milbengeplagte Ohren sollten daher gründlich mit diesem Öl eingerieben werden. Das Ohrengel von »AnoKath« ist bei sämtlichen Infektionen empfehlenswert.

Wenn Ohrenentzündungen immer wieder auftreten, kann es sich dabei um das Anzeichen einer Allergie oder, da Ohren zum erweiterten Funktionskreis der Nieren gehören, einer Nierenproblematik handeln. Die Ursache kann auch eine Dysbalance in einem anderen Organ sein, was durch eine Fachperson abgeklärt werden sollte. Starker Haarwuchs im Ohr muss herausgezupft werden, was einfacher und weniger schmerzhaft ist, als oft vermutet wird.

Augen

Sie sind braun, blau oder zweifarbig wie bei den Huskys und immer wunderschön: die Augen eines Hundes. Durch sie kannst du bis in seine Seele blicken. Sie können vorwurfsvoll schauen, leidend oder vor Freude aufleuchten wie zwei Diamanten. Zwar ist der Hund nicht farbenblind, wie früher vermutet wurde, doch wir können davon ausgehen, dass seine Augen empfindlicher auf Licht als auf Farben reagieren. Für ihn als ursprünglichen Beutejäger in der Dämmerung ist es viel wichtiger, Bewegungen zu erkennen als Farbgebungen.

Bindehautentzündungen lassen sich gut mit Augentropfen aus der anthroposophischen Medizin behandeln. Ein wenig durchsichtiger Schleim am Morgen ist okay. Zähflüssiger, gelbgrüner Augenschleim hingegen deutet jedoch auf eine eitrige Entzündung hin, die behandelt werden muss, z.B. mit Augentropfen von »Wala«. Wenn ein Augenleiden droht chronisch zu werden oder immer wieder auftritt, sollte auch ein Blick auf den Zustand der Leber geworfen werden, da die Augen zum erweiterten Funktionskreis der Leber gehören. Aber auch Dysbalancen in anderen Organen können als Ursache infrage kommen. Diese Zusammenhänge entsprechen den Lehren der Traditionellen Chinesischen Medizin und spielen bei der Diagnosestellung eine wichtige Rolle.

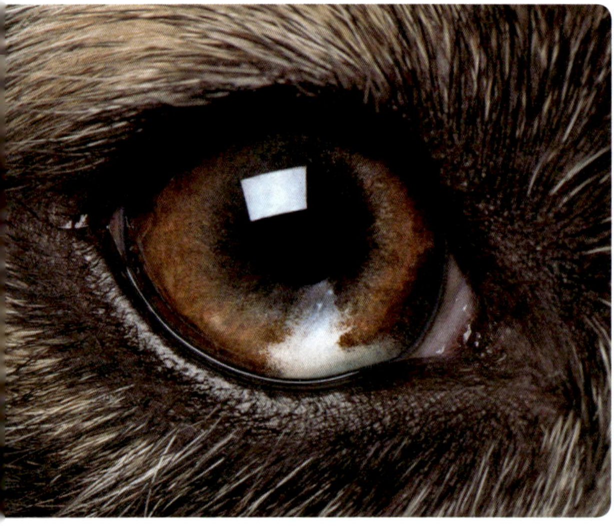

Augen können noch weitere Hinweise liefern: Verfärbt sich der Augapfel gelb, muss an Hepatitis gedacht werden. Wird die Linse trübe, kann es sich um beginnenden Grauen Star handeln. Eine punktuelle Wölbung oder Schwellung innerhalb des Augapfels könnte ein Ödem sein und auf eine Herzinsuffizienz hindeuten, die einen Rückstau des Blutes im Gewebe bewirkt. Dann sollte ein Hundekardiologe aufgesucht werden. Bestätigt sich der Verdacht, ist es ratsam, das Herz zu unterstützen – entweder schulmedizinisch oder naturheilkundlich. Interessant ist, dass die Schulmedizin gerade für Herzmedikamente oftmals die Molekularstrukturen von Heilpflanzen wie Weißdorn im Labor rekonstruiert und für ihre Medikamente verwendet. Das erinnert mich an eine geschälte Orange, die in einer Plastikverpackung zum Kauf angeboten wird.

Nase

Die Nase ist das wichtigste Werkzeug des Hundes und gleichzeitig das empfindlichste. Mit ihr kann der Rüde eine läufige Hündin über mehrere Kilometer hinweg riechen. Speziell ausgebildete Hunde können Rauschgift und sogar Geld erschnüffeln. Eine Hundenase ist also sehr sensibel, daran solltest du stets denken. Vermeide daher starke Gerüche innerhalb deiner Wohnung. Der Geruch von frisch zubereiteter Nahrung gehört allerdings nicht dazu – den wird jeder Hund lieben.

Die Nase eines Hundes sollte sich kühl und feucht anfühlen, kann jedoch auch einmal warm und trocken sein, besonders nach dem Schlafen. Das ist von Typ zu Typ verschieden. Sollte sie über einen längeren Zeitraum hinweg trocken und warm sein, liegt eine Trockenheit im Körper vor, die zu ernsthaften Erkrankungen führen kann. Dann und auch bei eingerissener Nasenhaut, Nasenbluten, Ausfluss von Sekret, Wechsel der Nasenfarbe und Krustenbildung sollte der Hund gründlich untersucht werden. Hier können Entzündungen, Allergien oder auch schwerwiegende Erkrankungen vorliegen.

Zähne

Das Hundegebiss besteht aus Schneidezähnen, Fang- bzw. Reißzähnen, vorderen und hinteren Backenzähnen. Es ist so aufgebaut, dass der Hund Beute fangen, festhalten, zerreißen und die Knochen zermalmen kann. Durch den Verzehr von Industriefutter wird das Hundegebiss kaum noch beansprucht, die darin enthaltenen Kohlenhydrate verursachen Zahnstein.

Dass Zahnstein ein Nährboden für Bakterien ist, die zu schlechtem Maulgeruch führen und langfristig das Herz und weitere Organe des Hundes belasten können, ist allgemein bekannt, und viele lassen daher regelmäßig eine Zahnreinigung bei ihrem Hund durchführen. Das Zerkauen und Abnagen von sehnigem Fleisch und Knochen reinigt die Zähne und beugt Zahnstein vor. Trotzdem gibt es Hunde, bei denen sich aufgrund der Zusammensetzung ihres Speichels immer wieder Zahnstein bildet. Insbesondere die kleinen Rassen sind oftmals betroffen. Weiterhin kann es sein, dass die vorderen, gut sichtbaren Zähne sauber sind, die hinteren Backenzähne jedoch voller Zahnstein.

Wenn sich dein Hund seinen Maulraum von dir nicht untersuchen lässt, solltest du die Hilfe einer Fachperson in Anspruch nehmen. Mein Hund Basco, mit dem ich normalerweise Behandlungen aller Art problemlos durchführen konnte, ließ sich von mir nie richtig ins Maul schauen. Bei meinen tierischen Patienten hingegen habe ich damit keine Probleme. Hier sei erwähnt, wie wichtig es ist, einem Hund durch das sogenannte Medical Training beizubringen, sich von seiner Bezugsperson und anderen Menschen wie Tierärzten an sämtlichen Stellen des Körpers untersuchen zu lassen – am besten bereits im Welpenalter.

Um die Zähne deines Hundes von Belägen und leichtem Zahnstein zu reinigen, stehen dir verschiedene Möglichkeiten zur Verfügung: Gib im Handel erhältliches Zahnreinigungsgel auf natürlicher Basis auf ein Mikrofasertuch oder Wattepad, und reibe damit seine Zähne ab. Bei konsequenter Durchführung über mehrere Wochen hinweg können gute Erfolge erzielt werden. Kolloidales Silber und Zitronensaft eignen sich ebenfalls. Das Abreiben von Zähnen, Zahnhälsen und Zahnfleisch mit frischen Salbeiblättern sorgt für ein antibakterielles Milieu im Hundemaul. Futterzusätze mit Gewürzen wie Nelke können Zahnstein reduzieren. Pasten aus Kokosfett, gemörserten OPC-Presslingen und Lavendelöl reinigen die Zähne und eliminieren gleichzeitig die freigesetzten Bakterien. Mittlerweile gibt es Ultraschallzahnbürsten für Hunde, die konsequent angewendet ebenfalls effektiv sind.

Bei Zähnen handelt es sich nicht nur um Zerkleinerungswerkzeuge für Nahrung. Sie haben auch einen direkten Bezug zu unseren Organen. So können Störfelder im Maul, beispielsweise durch Fäulnis oder die Füllung einer toten Zahnwurzel verursacht, die Organfunktionen negativ beeinflussen. Im umgekehrten Fall kann ein Zahn durch das ständige Ungleichgewicht eines Organs zerstört werden. So wundert es mich nach heutigem Wissensstand nicht mehr, dass mein Basco, dessen Hauptthema stets die während seiner Prägezeit gefestigte und unverarbeitete Wut war, in jungen Jahren nur noch zwei abgenutzte Fangzähne besaß. Die beiden anderen mussten ihm aufgrund von Fäulnis im Alter von gerade einmal vier Jahren gezogen werden – und das trotz leberkonformer Ernährung und eines ausgewogenen Calciumhaushaltes. Die Fangzähne haben einen Bezug zur Leber – dem Organ, das Emotionen wie Zorn und Wut speichert.

Hier eine Übersicht der Hundezähne in Bezug auf die fünf Elemente, die ihnen zugeordneten Organe und Themen sowie die homöopathischen Mittel, die unterstützend eingesetzt werden können.

Zähne und Elemente	speichernde Organe	ausleitende Organe	Themen	homöopathische Mittel
Schneidezähne Wasser	Nieren	Blase	alles, was an die Nieren geht, z. B. Traumata und Ängste	Solidago virgarea, Lycopodium clavatum
Fangzähne Holz	Leber	Gallenblase	alles, was die Galle zum Überlaufen bringt, z. B. Wut und Aggression	Carduus marianus, Taraxacum officinale
vordere Praemolaren Metall	Lunge	Dickdarm	Selbstwert, Schuld, Kreativität, Toleranz	Bryonia alba, Sulphur
hintere Praemolaren Erde	Milz/Pankreas	Magen	alles, was auf den Magen schlägt, z. B. mangelnde Anerkennung	Graphites, Chamomilla
Molaren Feuer	Herz	Dünndarm	alles, was das Herz betrifft, z. B. Liebe und Zuneigung	Crataegus, Belladonna

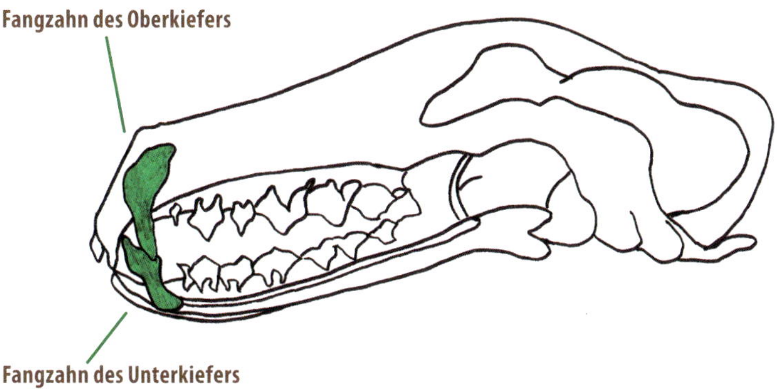

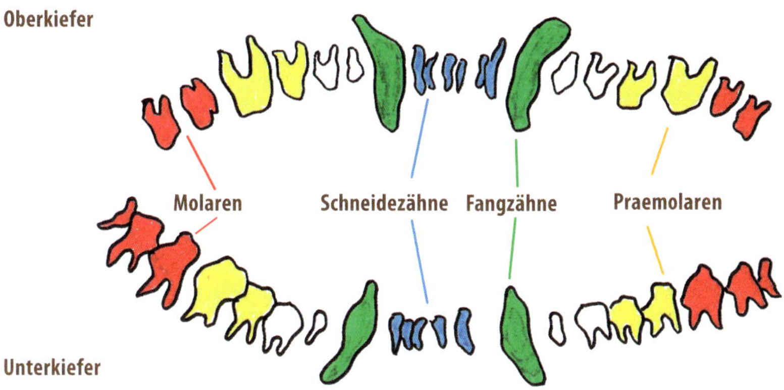

Wenn beim Hund ein Zahn gezogen werden muss, ist es wichtig, dass dieser vollständig entfernt wird. Insbesondere das Ziehen der Fangzähne, deren Wurzeln bis tief in den Kiefer ragen, kann mitunter kompliziert sein. Wenn Zähne während des Ziehens abbrechen und die Wurzelreste nicht ordnungsgemäß entfernt werden, können noch Jahre später schmerzhafte und mitunter bösartige Gewebsveränderungen entstehen. Basco wurden im September 2016 neben einer walnussgroßen Geschwulst auch darunterliegende Wurzelreste entfernt, die bei seiner ersten Zahnoperation im März 2009 übersehen worden waren. Der Tumor, der sich glücklicherweise als gutartiges Fibrom herausstellte, bildete sich in der durch das Ziehen des Fangzahnes entstandenen Vertiefung und war daher von außen nicht richtig zu erkennen. Ich hoffe, Basco hatte keine allzu großen Schmerzen während all der Jahre. Auffällige Schmerzsymptome zeigte er nur in den letzten Wochen vor der Operation.

Diagnose

Hier zeigt sich, wie wichtig gute Diagnosemöglichkeiten sind. Ein klares Röntgenbild nach der missglückten Zahnextraktion im Jahr 2009 hätte die Wurzelreste sichtbar gemacht. Während in so mancher Klinik unnötige und teure Untersuchungen durchgeführt werden, wurde in dieser Tierarztpraxis am falschen Ende gespart. Ich habe in meiner Praxis schon mehrmals erlebt, dass Patienten mit Diagnosen zu mir kamen, die ich nicht glauben konnte, oder mit unklaren Röntgenbildern, aufgrund derer ich sie zu besser ausgestatteten Tierärzten schickte. Das, was auf dem Bild eines dreißig Jahre alten Röntgengerätes aussieht wie eine Arthrose, entpuppt sich mit moderner Technik nicht selten als Kreuzbandriss, der operiert werden muss. Natürlich kann nicht jede Tierarztpraxis stets mit der neuesten Medizintechnik ausgestattet sein. Jedoch muss eine einwandfreie Diagnose immer das oberste Ziel eines Therapeuten sein, und dieser sollte sich daher nicht scheuen, seine Patienten an Fachmediziner oder Kliniken zu überweisen. Jeder hat sein Spezialgebiet – im Humanbereich ist das selbstverständlich.

Nachbehandlung nach einer Operation

Ich möchte an dieser Stelle noch einmal deutlich machen, wie wichtig ein starkes Immunsystem in einem widerstandsfähigen Körper ist. Natürlich habe auch ich in meinem Leben in Bezug auf die Ernährung und Behandlung meiner Hunde nicht immer alles richtig gemacht. Wir alle lernen jeden Tag dazu und können nicht immer perfekt sein. Doch ich glaube, dass ich, was Basco betrifft, meistens die richtigen Entscheidungen getroffen habe. Wenn er einmal, was selten der Fall war, Durchfall hatte, weil er seine Nase in die falschen Dinge gesteckt hatte, dann höchstens für einen Tag. Er liebte es, zu schwimmen, auch im Winter, dennoch hatte er nie eine Blasenentzündung oder entzündete Ohren. Selbst im Alter von elf Jahren überstand er eine Zahnoperation mit Narkotisierung und einer anschließenden weiteren Betäubung wie ein Junghund. Sein Blutbild war sehr gut. Ich sage das nicht mit Überheblichkeit, sondern mit aufrichtiger Freude und tiefer Dankbarkeit – auch dafür, diese Erfahrungen mit dir teilen zu dürfen.

Bereits einige Tage vor der Operation bekam Basco Kolostrum, um sein Immunsystem mit diesem natürlichen »Dopingmittel« auf die Belastung durch Narkose, Stress und chemische Medikamente vorzubereiten. Kolostrum enthält Immunglobuline (Antikörper) zum Schutz vor Krankheiten, Aminosäuren und Vitamine, Lactoferrin und Transferrin als natürliche Antibiotika, und es unterstützt außerdem die Zellerneuerung.

Während der über 100 Kilometer weiten Heimfahrt nach der Operation saß mein Mann am Steuer, und ich befand mich mit Basco hinten im Wohnmobil. Bereits hier begann ich, durch sanftes Handauflegen Heilungsenergien in seinen Kopf fließen zu lassen, was er sehr genoss, während er die ganze Zeit über entspannt auf seinem Platz lag. In den folgenden drei Tagen verabreichte ich ihm schulmedizinische Schmerzmittel und Antibiotika. Parallel dazu bekam Basco neben seinem homöopathischen Konstitutionsmittel Nux vomica C30 reichlich Kolostrum, Q10, OPC (Antioxidans aus Traubenkernextrakt) und Extrakte aus roten Beeren. Mehrmals täglich durfte er Honig von unseren eigenen Bienen sowie Manukahonig mit Aloe vera schlecken. Dadurch konnten die antibakteriellen und wundheilungsfördernden Wirkstoffe des Honigs direkt in der Mundschleimhaut wirken. Wenn dein Hund Honig ablehnt, kannst du ihm auch Propolis-Liquid ohne Alkohol sanft in den Maulbereich reiben oder in sein Futter mischen. Vor der Gabe des magenreizenden Schmerzmittels gab es den ersten Löffel Honig mit Hericium-Pilzextrakt, der als Schleimbildner die Magenwände schützt. Auch den Maitake-Pilzextrakt zur Leberstärkung konnte ich ihm umgehend wieder verabreichen, weil seine Wunde schnell verheilte und nicht mehr blutete. Alle Vitalpilze haben neben ihren spezifischen Eigenschaften eine blutverdünnende Wirkung und sollten daher vor einer Operation abgesetzt werden.

Basco ging es vom Moment des Aufwachens nach der Narkose an hervorragend. Er verließ die Klinik an der Leine einer Auszubildenden, die ihn kaum halten konnte, weil er sich auf einer Grünfläche neben dem Gebäude der Flüssigkeit seines Tropfes entledigen musste. Ich traute meinen Augen nicht. Nach Bascos erster Zahnoperation sieben Jahre zuvor hatte ich den ganzen Tag hindurch einen halb toten, winselnden Hund auf dem Sofa liegen gehabt, den ich abends fast auf die andere Straßenseite tragen musste, damit er sich entleeren konnte. Der vormals aasige Maulgeruch veränderte sich fortan in den normalen Geruch eines Seniors, und seine Schnauze war kaum noch druckempfindlich. Nach Abschluss einer oralen Antibiotikagabe sollte anhand einer Kotprobe die Bakteriologie des Darms von einem guten Diagnostiklabor bestimmt werden, damit dem Darm gezielt Bakterien zugeführt werden können. Hierfür stehen uns diverse frei verkäufliche Präparate zur Verfügung. Zeigt der Befund keine besonderen Auffälligkeiten, würde ich die Darmflora trotzdem etwas auffrischen und Propolis oder Effektive Mikroorganismen verabreichen oder frische Kräuter verfüttern.

Zähne sind sehr wichtig! Pflege die deines Hundes, und gib ihn für eine Zahnbehandlung in gute Hände. Wenn es notwendig ist, dann lasse seine Zähne von spezialisierten Ärzten entfernen, denen du vertrauen kannst. Mit dem Einsatz von naturheilkundlichen Mitteln in der Vor- und Nachsorge kann auch ein alter Hund eine Zahnsanierung ohne Probleme überstehen und so eine bessere Lebensqualität erlangen.

Schaue deinem Hund ab und zu tief in die Augen, und stecke deine Nase in seine Ohren und sein Maul. Das ist ein Vorsorgeprogramm, das Spaß macht!

Probleme bewältigen – was es auch sein wird, du schaffst das

Mit einem Hund ist es nicht immer einfach. Er wird dich vor Herausforderungen stellen, und vielleicht wird es durch ihn in deinem Leben zu problematischen Situationen kommen, für die gut strukturierte Lösungen gefunden werden müssen. Wer Kinder hat, der weiß, wie kompliziert es im Alltag manchmal zugeht und wie anstrengend es mitunter sein kann, ihre Sorgen zu entkräften und ihre Bedürfnisse zu erfüllen. Kinder fordern uns heraus und bringen uns an unsere Grenzen. So ähnlich kann es uns auch mit unserem Seelenhund ergehen. Er bereitet uns unendlich viel Freude, hält uns jedoch auch ganz deutlich den Spiegel vor die Nase.

Belastende Glaubens- und Verhaltensmuster

Mangelndes Selbstwertgefühl: Wenn es dir an Selbstbewusstsein mangelt, wird dein Hund für peinliche Situationen sorgen, in denen dir das vor Augen geführt wird. Das kann richtig wehtun und immer wieder geschehen, bis du beginnst, bewusst an deinem Selbstwertgefühl zu arbeiten.

Ablehnung von Autorität: Wenn das Thema »Autorität« in dir Unbehagen auslöst und du Probleme hast, anderen deine Grenzen aufzuzeigen, dann wird es Situationen geben, in denen dir dein Hund das schmerzhaft ins Bewusstsein rufen wird. Das kann sogar in unangenehme Dominanzrangeleien ausarten. Dein Seelenhund will dir helfen, denn er weiß, dass du ohne deine blockierenden Gedanken- und Gefühlsmuster ein glücklicherer Mensch wärst. Du solltest daher nicht böse auf ihn und auch nicht traurig sein. Nimm diese Situation dankbar an, und bringe Veränderung in dein Leben und dein Verhalten.

Opferhaltung: Wenn du noch der Überzeugung bist, schwach und ein Opfer der Umstände zu sein, wird das Universum Zeiten in deinem Leben erschaffen, in denen du über dich hinauswachsen und stark sein musst. Mit deinem Seelenhund an der Seite schaffst du das, denn er ist dein Motivator! Doch er möchte auch, dass du die Verantwortung für sein und dein eigenes Leben übernimmst. Erspare dir wirklich anstrengende Lektionen, indem du noch heute beginnst, deine eigene Stärke wahrzunehmen, sie zu fühlen und anzunehmen. Du bist kein Opfer! Beginne, dein Leben nach deinen Wünschen zu gestalten. Steige aus dem Zug aus, der zwar warm, aber definitiv nicht der richtige ist.

Nichts geschieht durch Zufall. Du wirst für alle Herausforderungen und Probleme in deinem Leben eine Lösung finden. Wenn der Himmel über dir einstürzt, du dich einsam fühlst und glaubst, die Welt hätte dich vergessen, schaut dein Seelenhund dir tief in die Augen, und du vernimmst seine Botschaft in deinem Herzen: »Uns wird immer geholfen, und wir sind niemals allein!«

Probleme lösen

Meinem Mann und mir war immer klar, dass wir eines Tages eine souveräne Hündin aus dem Tierheim adoptieren würden, die meinem Seelenhund Basco Sicherheit geben und ihn liebevoll in seine Schranken weisen würde. Wir wollten bei der Auswahl sehr umsichtig sein, und wir waren uns sicher, dass alles ganz harmonisch ablaufen würde. Im April 2014 zogen wir in unser gemeinsames Haus mit großem Grundstück und planten, nach einer Eingewöhnungsphase in Ruhe nach einer passenden Hündin Ausschau zu halten. Doch natürlich kam alles ganz anders.

Es ist schon richtig, dass wir dem Gesetz der Anziehung unterliegen und Situationen in unser Leben einladen, denen wir Aufmerksamkeit schenken. Es sollte daher immer unser Ziel sein, diese universelle Gesetzmäßigkeit möglichst positiv für uns zu nutzen. Heißt das, dass wir große Wünsche visualisieren und Ängste am besten einfach ausknipsen sollten? Ganz so einfach ist es dann doch nicht. Woran sollten wir wachsen, wenn alles immer glatt liefe? Wer sollte im Supermarkt an der Kasse sitzen, wenn wir uns alle reich denken würden? Wie sollten wir die Sonne zu schätzen wissen, wenn wir die Dunkelheit nicht kennen würden?

Für Basco bekamen wir jedenfalls das, was wir uns so sehr für ihn gewünscht hatten: eine souveräne Hündin, die ihm Sicherheit gab und mit der er sich gut verstand. Nur war es bis dorthin ein beschwerlicher Weg, der viel Liebe und Geduld erforderte. Das Universum baute also ein paar »Extras« in unsere Lieferung ein, die ich für mein weiteres Leben als Tierheilpraktikerin, Tierschützerin und Autorin sehr gut gebrauchen konnte. Wie sollte ich auch sonst glaubhaft über Dinge schreiben, wenn ich nicht wenigstens den Großteil davon selbst erlebt hätte?

Während der Renovierungsarbeiten im März 2014 kam der Tag, an dem ich Farbe, Pinsel und Dreck nicht mehr sehen konnte. Im Tierheim hatten wir uns aufgrund von Zeitmangel seit Wochen nicht mehr sehen lassen. »Ich muss heute mal ins Tierheim fahren und mit ein paar Hunden laufen«, lautete meine folgenschwere Entscheidung an diesem Tag im März. Meine Tierschutzkollegin Jenny schrieb mir eine SMS: »Du kannst heute mit Chelly laufen. Die arme Maus ist sichergestellt worden.« Chelly schaffte das, was mir in den neun Jahren zuvor als Ausführerin kein einziges Mal passiert war. Ich öffnete die Zwingertür, um hineinzuhuschen, doch Chelly war schneller. Sie schlich an mir vorbei und rannte in einen leer stehenden Zwinger gegenüber, um dort zu schnuppern. Erschrocken lief ich ihr nach, leinte sie an und ging mit ihr spazieren. Mein Herz klopfte.

Chelly war eine Sicherstellung des Veterinäramtes. Zuvor hatte sie mit ihrem physisch und psychisch schwer erkrankten Herrchen in einem Wohnwagen gelebt. Ihr Körper war ausgemergelt, der Bewegungsapparat austherapiert, die Hüften waren kaputt und die Pfoten durchgetreten. Die Ohren waren stark entzündet und rochen nach Malassezien (Pilzen). Später begann sie, sich selbst zu benagen und großflächige Wunden zuzufügen. Sie war extrem gestresst und litt außerdem unter der Trennung von ihrem Besitzer. Allem Anschein nach war dieser zwar nicht in der Lage gewesen, sie gut zu versorgen, doch aufgrund Chellys Herzlichkeit allen Menschen gegenüber vermuten wir, dass sie durch ihn niemals körperliche Gewalt erfahren musste. Ich fuhr erst einmal wieder nach Hause, doch in den folgenden Tagen und Wochen ging mir Chelly nicht aus dem Kopf. Ständig fragte ich im Tierheim nach, ob sie schon vermittelt sei. Doch niemand wollte dieses achtjährige »Wrack« auf vier Pfoten zu sich nehmen. Jemand, der sich mit Medizin überhaupt nicht auskennt, wäre mit ihr auch völlig überfordert gewesen.

Im Mai 2014, nur einen Monat nach unserem Umzug, holten wir Chelly zu uns. Damit begann für uns eine Zeit voller harter Arbeit, Sorgen, Zweifel und Ängste. Nach anfänglichen Unverschämtheiten seitens Basco übernahm Chelly einige Tage später die Führung. Andreas meinte, sie würden das unter sich klären. Doch zwei schwer erziehbare Einzelkinder aus dem Jugendknast machen gar nichts unter sich aus, ohne Katastrophen zu verursachen. Ich weiß nicht, wer von den beiden mir mehr leidtat. Chelly, die sehr viel Stress bei uns zu haben schien, was völlig verständlich war, musste sie sich doch in einem völlig neuen Umfeld erst einmal zurechtfinden. Zudem fuhr ihr neuer Meister namens Andreas mindestens fünfmal in der Woche ohne sie zur Arbeit, was für sie unbegreiflich war. Oder Basco, der regelmäßig und manchmal aus nicht ersichtlichem Grund dermaßen energisch von Chelly gemaßregelt wurde, dass auch schon mal ein Tropfen Blut floss und wir dazwischengehen mussten. Die Hundetrainerin war sich sicher, dass Chelly uns als ihre Bezugspersonen verteidigte.

Mir zerriss es das Herz, obwohl Basco sehr gelassen blieb. Er schien weder böse auf uns zu sein, noch empfand er Chellys Dasein als störend.

Ganz im Gegenteil. Trotzdem hatte ich mir das alles ganz anders vorgestellt. Nein, diese Lieferung vom Universum konnte nichts mit meiner Bestellung und meinem Bauchgefühl zu tun haben. Als dann am 30. Juni noch mein geliebter Kater Streuner überfahren wurde, zweifelte ich erstmalig an meiner Entscheidung. Ich liebte Chelly sehr, doch die ständige Angst um meinen Seelenhund nagte an mir. Ich war verzweifelt.

Ich bat eine liebe Freundin um Hilfe, und sie machte ein Channeling mit Chelly. Das Ergebnis war: Alles, was wir brauchten, war noch etwas mehr Zeit und Geduld. Liebe hatten wir im Überfluss. Wir arbeiteten mit den Hunden, achteten in ihrem Beisein auf unsere Körpersprache und hielten Regeln ein – sowohl was unser eigenes Verhalten als auch das der Hunde betraf. Ich entwickelte immer mehr Mitgefühl für Chelly. Diese wunderbare Hündin wollte so gern bei uns bleiben und konnte genauso schlecht aus ihrer Haut wie wir aus unserer. Ich sagte ihr, dass wir sie liebten, doch dass sie niemals wieder meinem Seelenhund Schmerzen zufügen durfte. Und sie tat es nie wieder.

Wenn die beiden später allein auf uns warten mussten, legten wir Chelly noch immer einen Maulkorb an, mit dem sie zwar trinken konnte, der Basco jedoch vor ihren scharfen Zähnen schützte. Das nahm mir die Angst, dass etwas während unserer Abwesenheit passieren konnte, und entstresste somit die Gesamtsituation. Nach den ersten Monaten kam es in unserem Beisein jedoch nie wieder zu Beißattacken.

Basco und Chelly wurden zu einem guten Team. Sie liebten sich und liefen durch den Garten wie ein altes Ehepaar. Manchmal leckten sie sich gegenseitig die Schnauze, bei Gewitter kuschelten sie sogar miteinander. Sie bildeten eine Art Symbiose, denn jeder profitierte vom anderen, obwohl sie in ihrer jeweiligen Persönlichkeit sehr unterschiedlich waren. Basco fühlte sich sicherer in ihrer Gesellschaft und spielte dafür bei Spaziergängen ihren »Leithammel«.

Zurückblickend war die Lektion, die ich lernen sollte, ganz eindeutig: Habe Vertrauen in deine Entscheidungen, und finde Lösungen für Probleme! Heute kann ich aufgrund dieser Erfahrung Menschen in ähnlichen Situationen beratend und motivierend zur Seite stehen und Hunde somit vor einem Leben im Tierheim bewahren. Durch Chelly habe ich unendlich viel lernen dürfen – medizinisch, verhaltenstherapeutisch und nicht zuletzt über den wunderbaren Mann an meiner Seite und mich selbst.

Quälereien im Alltag – Gewohnheiten und Glaubensmuster überdenken

Wir zeigen gern mit dem Finger auf andere Länder und Kulturen, wenn es um Tierquälerei geht. Dabei vergessen wir oft, wie schlecht es vielen Tieren geht, die mitten unter uns leben – nicht nur den Millionen von Nutztieren, die in Mastanlagen ein kurzes, erbärmliches Leben haben, sondern auch unzähligen Haustieren, die ein trauriges Dasein jenseits einer artgerechten Haltung fristen. Und damit meine ich nicht nur jene Hunde, die offensichtlich von ihren Besitzern misshandelt werden, oder einzeln gehaltene Kaninchen und Vögel, sondern Tiere, die von ihren Menschen geliebt und gut behandelt werden und trotzdem kein schönes Leben führen. Warum? Weil die Tierbesitzer den Empfehlungen der Industrie Glauben schenken und sich an sie halten.

Warum sollte ein streunender Hund aus einem ost- oder südeuropäischen Dorf seine Freiheit gegen eine Stadtwohnung, in der von morgens bis abends der Fernseher oder laute Musik läuft, eintauschen wollen? Warum sollte ihm denaturiertes Trockenfutter besser schmecken als die Essensreste, die er im Müll gefunden hat? Warum sollte es besser für ihn sein, eines Tages an Krebs oder Nierenversagen zu sterben, weil sein Körper vergiftet ist, als sein Leben lang einfach nur Hund zu sein und dann irgendwann naturgemäß in die ewigen Jagdgründe aufzubrechen?

Starke Gerüche, Dauerlärm, Konflikte unter den Menschen – all das ist nicht gut für einen Hund und grenzt an Quälerei, auch wenn das nicht beabsichtigt ist. Daneben gibt es mit Absicht durchgeführte Gräueltaten an wehrlosen Tieren wie das Aufhängen von Galgos und das Ertränken von Katzenbabys, um nur zwei zu nennen. Doch bei allen Arten der Tierquälerei, die es auf dieser Welt gibt, finde ich jene am unerträglichsten, die Tag für Tag in unserem eigenen Land geschehen – von neokapitalistischen Lobbyisten in die Wege geleitet und von der Politik geduldet. Sie sind nicht verboten und haben Methode:

- ✓ das Krankmachen der Tiere durch minderwertige Ernährung und eine übermäßige Verabreichung chemischer Mittel
- ✓ das Krankhalten der Tiere, um Geld damit zu verdienen

Unsere Hunde haben mittlerweile sämtliche Zivilisationskrankheiten entwickelt, die es vor einigen Jahrzehnten eigentlich nur beim Menschen gegeben hat. Sie sind fehlernährt, vergiftet und krank. Sie kratzen und beißen sich blutig, und kaum jemand macht publik, dass irgendetwas nicht richtig läuft. Lerne durch deinen Hund wieder eigenverantwortliches Denken und Handeln. Glaube nicht alles, was dir erzählt wird, sondern informiere dich selbst, dafür stehen dir zahlreiche Möglichkeiten zur Verfügung. Tausche dich mit Gleichgesinnten aus, suche den Dialog, und nimm an Seminaren teil. Lege irrationale Ängste ab, und vertraue deiner Intuition. Nimm dieses Buch zum Anlass, alte Gewohnheiten zu überdenken und Dinge zu verändern. Die Natur bietet Lösungen für viele Probleme. Schlage einen neuen Weg ein, noch bevor der alte ausgetreten ist.

Suche dir für tierärztliche Behandlungen eine Praxis, in der deine naturheilkundlichen Ansichten akzeptiert werden und du sogar motiviert wirst, bei manchen Beschwerden lieber einen Tierheilpraktiker aufzusuchen. Es ist für alle Beteiligten hilfreich, wenn Hand in Hand gearbeitet wird. Wähle bitte eine privat arbeitende Praxis und keine, die bereits einer Kette angehört. Zurzeit werden immer mehr Tierarztpraxen von zwei großen Dienstleistern übernommen, was an sich nicht schlimm ist. Diese wurden jedoch kürzlich von zwei der größten deutschen Konzerne aufgekauft, die neben bedenklichen Lebensmitteln wie Süßigkeiten oder gezuckerten Babytees auch minderwertige Hundefutter herstellen. Ihnen geht es nur um Umsatzzahlen, nicht um das Wohl der Tiere. Stimmen die Geldeinnahmen am Monatsende nicht, werden die Mediziner zu Marketing-Fortbildungen geschickt. Boykottiere diese Form der tierärztlichen Versorgung so gut es geht.

Der Hund ist ein natürliches Wesen, kein Chemieendlager. Er ist unser Seelengefährte, nicht unser Mülleimer. Er liebt uns bedingungslos und tröstet uns, wenn wir traurig sind, doch wir sollten nicht Tag für Tag unseren Frust und Schmerz auf ihm abladen, sondern stattdessen unser Leben verändern.

Ein gesunder und glücklicher Hund ist keine Glückssache. Du kannst unendlich viel dazu beitragen und gleichzeitig wichtige Erkenntnisse für dein eigenes Leben erlangen. Ihr lebt in einer Partnerschaft, in der ihr mit-

und aneinander wachsen sollt. Gemeinsam könnt ihr ein wunderschönes Leben führen.

An dieser Stelle möchte ich noch auf ein Thema eingehen, das mir sehr wichtig ist: Tierschutzhunde. Diese sind in ihrer Vielfalt kaum zu übertreffen, insbesondere dann, wenn sie aus dem Ausland kommen. Es gibt Welpen, die in Müllcontainern gefunden wurden, sich aber dennoch prächtig entwickeln. Manche Hunde kommen aus einer Rudelhaltung und lassen sich wunderbar in eine bereits bestehende Hundegruppe integrieren, wohingegen vereinsamte Kettenhunde es nie gelernt haben, mit ihren Artgenossen zu kommunizieren, und für sie ein Leben in einem Haus mit enormem Stress verbunden sein kann. Viele Tiere haben Schlimmes erlebt, was ihre Verhaltensmuster geprägt und ihre Gesundheit beeinflusst hat. Manche sind von Beginn an umgänglich und folgsam. Ein selbstbewusster, intelligenter Leithund jedoch wird nicht verstehen können, warum er auf einmal einem Zweibeiner gehorchen soll. Ein individuelles Hundetraining kann euch dabei unterstützen, ein gutes Team zu werden.

Was noch wichtiger ist: Prüfe vor der Adoption, ob es sich um eine seriöse Tierschutzorganisation handelt, die regelmäßig vor Ort ist und nur Tiere nach Deutschland bringt, die es hier wirklich besser haben und die nicht heimlich nachgezüchtet worden sind.

Als Tierheilpraktikerin beobachte ich oftmals, dass Hunde aus dem Ausland spätestens nach den ersten Wochen bei ihren neuen Besitzern mit großen gesundheitlichen Problemen zu kämpfen haben – und das ist nicht selten ein hausgemachtes Problem. Wir müssen uns Folgendes vor Augen führen: Der Hund wird per Internet an neue Besitzer vermittelt, die ihn schnellstmöglich bei sich haben wollen. Innerhalb kürzester Zeit wird er daher mehrfach geimpft, gechipt, entwurmt, mit Antiparasitenmitteln behandelt und manchmal sogar noch kastriert. Wenn Letzteres bei einer Hündin in einer ungünstigen Phase des Hormonzyklus durchgeführt wird, kann sie dadurch den Rest ihres Lebens unter hormonellen Störungen leiden. Die Hunde sind also oftmals traumatisiert und mangelernährt, wurden mit einem bunten Chemiecocktail behandelt und sind vielleicht sogar hormonell angeschlagen. Dann müssen sie teilweise 24 Stunden lang in einer kleinen Transportbox kauern, bevor sie in Deutschland ankommen und dort mit einem völlig anderen Leben konfrontiert werden: neue Menschen, die eine fremde Sprache sprechen, eine ungewohnte Umgebung und eventuell auch Klimazone. Dann sollen sie sich in kürzester Zeit an ihre neuen Besitzer gewöhnen, an ein Leben in der Wohnung und Hunderte neue Umweltreize. Wenn sie sich aus purer Nervosität oder als Reaktion auf synthetische Duftstoffe, mit denen sie vorher nie in Berührung gekommen sind, dann kratzen, suchen die besorgten Besitzer sofort einen Tierarzt auf, und die Hunde, deren Leber und Nieren sowieso schon auf Hochtouren laufen, bekommen zur Vorsicht noch einmal ein Milbenmittel und vielleicht auch eine Kortisonspritze.

Meine inständige Bitte lautet: Lasst den Hund doch erst einmal ankommen! Sonst kann dies der Beginn eines Teufelskreises sein, in dem er gesundheitlich nie wieder richtig auf die Beine kommt. Im schlimmsten Fall überlebt der Hund sein neues Leben nicht lange.

Sicherlich hält die Naturheilkunde einige Mittel bereit, mit denen ein Ankommen unterstützt werden kann, jedoch ist kein Mittel dieser Welt in der Lage, Zeit, Geduld und Liebe zu ersetzen.

Hat der Hund gemerkt, dass du ein nettes Wesen bist, kannst du langsam damit beginnen, seine Ernährung seinen individuellen Bedürfnissen anzupassen und eine Darmsanierung durchzuführen. Auch hier wird vielleicht nicht alles sofort rund laufen. Eventuell muss eine Futtermittelanalyse gemacht oder zunächst mit einer Ausschlussernährung begonnen werden. Verträgt er das neue Futter gut, kannst du damit anfangen, Leber und Nieren zu unterstützen und den Zellstoffwechsel anzuregen. Ganz langsam und immer nur das, was geht und der Hund verkraften kann. Eine gut ausgebildete Fachperson wird euch sicher gern begleiten, wenn du dich unsicher fühlst.

Bitte nimm dir meine Worte zu Herzen, denn manchmal enden gut gemeinte Tierrettungen durch Unwissenheit und Ungeduld in einer Katastrophe.

Entscheide dich für ein Leben im Zeichen der Natur, dann wirst du das Leben deines Hundes, dein eigenes und dadurch die ganze Welt zum Positiven verändern!

Regenbogenbrücke – wann ist es Zeit zum Loslassen?

Ich führe ein abwechslungsreiches Leben, habe Erfahrungen sammeln dürfen, die für mehrere Inkarnationen ausreichend gewesen wären. Es gibt nicht viel, was mich heute noch aus der Bahn werfen könnte. Ich habe gelacht und geweint, habe Beziehungen beendet und bin verlassen worden und habe mir nahestehende Menschen und meinen geliebten Kater zu Grabe getragen. Ich habe die Folgen von Wirtschaftsaufschwung und Weltwirtschaftskrise am eigenen Leib erfahren, wurde gut und schlecht bezahlt, bin durch Existenzängste hindurchgegangen und habe Bewusstsein für die Jahreszeiten des Lebens mit all ihren unaufhaltsamen Gegebenheiten erlangt. Und doch gab es eines, vor dem ich zehneinhalb Jahre lang große Angst hatte: der Tag, an dem mein Seelenhund die Regenbogenbrücke erreicht haben würde.

Ich habe mit Menschen gesprochen, die Hunde lieben, aber ihr Herz nicht noch einmal öffnen können, weil der Verlust ihres Seelenhundes so weh getan hat, Menschen, die noch viele Jahre nach dessen Tod nicht in der Lage sind, darüber zu sprechen, ohne zu weinen. Ich kann das gut verstehen, denn schon beim Schreiben über dieses Thema werde ich emotional. Und doch ist es schade, wenn du dein Herz verschlossen hältst, denn eines ist ganz sicher: Dein Seelenhund möchte, dass du glücklich bist. In welcher Dimension auch immer er nach seinem Tod auf dich wartet, er hat dir mit seiner Anwesenheit zu einem schöneren und bewussteren Leben verhelfen wollen. Dich nach seinem Tod in jahrelanger Trauer und Isolierung auf der Erde zurückzulassen, war nicht seine Absicht, und sicher stimmt es ihn traurig. Habt ihr nicht irgendwann einmal beschlossen, für immer Partner zu sein? Wolltet ihr nicht aneinander wachsen? Warum sollte das nicht auch über den Tod hinaus gelten?

Über die Regenbogenbrücke gehen – so nennen wir den Tod oder das Sterben eines geliebten Tieres. Eine schöne Vorstellung: Unser Hund läuft über eine bunte Brücke, um im Regenbogenland frei von allen Schmerzen mit anderen Hunden spielen zu können. Doch leider schlafen die wenigsten Hunde einfach ein oder fallen beim Spielen tot um. In den meisten Fällen muss der Besitzer den Todeszeitpunkt durch Einschläferung bestimmen. Doch wann ist es Zeit, loszulassen? In Akutfällen, bei Unfällen oder geplatzten Tumoren mit irreparablen Schäden und größten Schmerzen muss schnell gehandelt werden. Hier ist die Entscheidung eindeutig. Doch was ist mit dem alten Hund, der sein Leben glücklich und zufrieden mit dir teilt und den seine Altersleiden immer mehr beeinträchtigen? Bevor du eine voreilige Entscheidung triffst oder auf Anraten eines Tierarztes deinen Hund einschläfern lässt, kann ich dir nur raten, dir folgende Fragen zu stellen:

- ✓ Will dein Hund wirklich schon gehen?
- ✓ Hat er unerträgliche Schmerzen, die durch starke schulmedizinische Schmerzmittel nicht mehr gelindert werden können? Oder sind es nur Alterszipperlein, die völlig normal sind und auf die er ein Recht hat?
- ✓ Hast du ein Problem damit, dich mit dem Altern und Sterben auseinanderzusetzen? Macht dir das Angst?
- ✓ Leidet dein Hund, oder ist es dein eigenes Leid, das du nicht ertragen kannst?
- ✓ Wirst du durch deinen Hund schmerzhaft daran erinnert, dass du dich in deinen Augen nicht genug um deine sterbende Mutter oder Großmutter gekümmert hast?
- ✓ Ist dir dein Hund im Alter lästig geworden, oder hast du Sorge, die Kosten für seine medizinische Versorgung könnten steigen?
- ✓ Willst du lieber den Tierarzt entscheiden lassen, weil du keine Verantwortung übernehmen kannst und Angst vor Schuldgefühlen hast?
- ✓ Oder kannst du immer noch nicht Nein sagen, wenn eine deiner Meinung nach höherrangige Person Forderungen an dich stellt?

Denke in Ruhe über diese Fragen nach, und finde ehrliche Antworten. Wenn Gedanken über Schmerzen, das Altern und den Tod in dir Urängste auslösen, suche dir professionelle Hilfe. Der Tag wird kommen, an dem auch du gehen musst – dein Hund bietet dir die Möglichkeit, dich mit diesen Themen zu beschäftigen und deine Ängste zu überwinden.
Sicherlich haben so manche Tiere zu lange leiden müssen, weil ihre Besitzer nicht loslassen konnten und bis zuletzt hofften. Es gibt aber auch Menschen, die von Schuldgefühlen geplagt werden, weil sie den Blick ihres Hundes zum Zeitpunkt des Einschläferns nicht vergessen können, der ihnen eindeutig gesagt hat: »Was machst du denn? Ich will doch noch bleiben!«

Warum sollte ein Hund, der nur noch zwei funktionierende Beine hat und ein orthopädisches Hilfsgerät braucht, keine Lebensberechtigung haben? Hunde fühlen kein Selbstmitleid – das ist ein rein menschliches Gefühl. Wenn sie ein Bein oder ihr Augenlicht verlieren, arrangieren sie sich mit diesem Schicksal und empfinden trotzdem noch Lebensfreude. Wieso sollte es für einen alten Hund eine Zumutung sein, ihm auf die Beine zu helfen, wenn er allein nicht mehr gut hochkommt? Ist das ein Grund zum Einschläfern? Warum sollte eine kränkelnde, anorektisch aussehende Hündin aus dem Tierschutz nicht noch schöne Jahre bei lieben Menschen verbringen dürfen, bevor sie für immer einschläft – eine Hündin, die Spaß hat, Begeisterung zeigt und ihre üppigen Mahlzeiten mit überschwänglicher Freude verschlingt, die außerdem Tag für Tag durch ihren liebevollen Blick signalisiert, wie glücklich sie über ihren wundervollen Lebensabend ist, auch wenn es hier und da einmal wehtut und die vielen Spuren der Verwahrlosung nicht allesamt beseitigt werden können?

Sollte bei deinem Seelenhund der normale Sterbeprozess beginnen, also sämtliche Organfunktionen nachlassen, was mit Schwäche sowie der Verweigerung von Nahrung und Wasser einhergeht, so versuche, zu erkennen, ob er den natürlichen Weg gehen oder Sterbehilfe bekommen will. Der natürliche Sterbeprozess beim Hund ist nicht mit Schmerzen verbunden, da in diesem Fall körpereigene Endorphine ausgeschüttet werden. Er kann bis zu einer Woche dauern, in der du bei deinem Hund sein und ihn mit all deiner Liebe begleiten solltest. Leidet dein Hund aufgrund einer schwerwiegenden, unheilbaren Erkrankung unter großen Schmerzen und signalisiert dir durch seinen Blick den Wunsch nach Erlösung, bitte den Tierarzt deines Vertrauens um einen Hausbesuch, um deinen treuen Weggefährten zu Hause auf Blumen gebettet zur Regenbogenbrücke zu begleiten. So kann er ohne Angst in deinen Armen einschlafen, und seine Seele kann sich in Liebe eingetaucht mit der Ewigkeit verbinden.

Sicherlich gibt es in deinem Leben etwas, was durch das Leben mit deinem Seelenhund an deiner Seite in dir gewachsen ist und was nach außen gebracht werden will. Vielleicht möchtest du eine Aus- oder Fortbildung machen, dich mit Sterbebegleitung, Naturheilkunde oder anderen Themen beschäftigen. Oder du hast den innigen Wunsch, eine Reise zu machen, die mit Hund unmöglich gewesen wäre. Schaue nach vorn, und tue es!

Versuche, im Sinne deines Seelenhundes zu handeln, und lasse dich nicht fremdbestimmen. Jedes Ende ist auch ein neuer Anfang.

Die Zeit der Trauer und Schmerzverarbeitung

In unserer Gesellschaft gibt es keine richtige Trauerkultur, und der christliche Glaube lässt viele Fragen, die mit Sterben und Tod zu tun haben, unbeantwortet. Wenn du einfach wie gewohnt weitermachst, wird sich die Trauer zu einem späteren Zeitpunkt in deinem Leben ein Ventil suchen oder stets ein latenter Begleiter bleiben und sich wie ein dunkler Schleier um deine Aura legen. Nur wenn du zulässt, den Schmerz in vollem Umfang zu fühlen, wirst du dir selbst bereits während der Trauerphase und in deinem weiteren Leben erlauben können, auch wieder Freude zu empfinden. Jede Träne ist ein kleiner Schritt in Richtung Heilung, doch sie sollte bewusst geweint werden. Vielleicht ist es dir kurzfristig möglich, Urlaub zu nehmen. Wenn du Familie hast, mache ihr unmissverständlich klar, wie wichtig dir eine Auszeit ist. Vielleicht hast du einen Partner oder einen sehr guten Freund, der dich in dieser schweren Phase begleiten möchte. Unter Umständen benötigst du diese Zeit aber auch ganz für dich allein.

In diesem Kapitel möchte ich meine Erfahrungen mit dir teilen, das, was mir geholfen hat, den Tod meines Seelenhundes zu verarbeiten. Auch heute noch überollen mich von Zeit zu Zeit starke Trauergefühle. Doch diesen Momenten, in denen die Trauer aus mir herausbricht, folgt ein wohliges Gefühl der Zuversicht.

Wandern in der Natur

Wo könnten wir Trauer einfacher zulassen als in der Natur? Wo könnte sie besser in Leichtigkeit transformiert werden? Der Wind bläst den Kopf frei und trocknet die Tränen, die Stille lässt Raum für Erinnerungen, der Ozean konfrontiert uns mit unserer Herkunft und der Essenz allen Seins. Die Natur reinigt uns, in ihr fühlen wir uns geborgen und dem Himmel ganz nah. Hier können wir sein, wie wir wirklich sind. Wir müssen uns nicht verstellen und werden bedingungslos angenommen – wie von unserem Tier.

Gibt es einen Ort auf dieser Welt, der dich fasziniert und den du gern einmal mit allen Sinnen genießen möchtest? Ein Waldgebiet? Eine Küsten- oder Heidelandschaft? Einen Nationalpark? Möchtest du am Atlantik zelten oder bei einer irischen Oma einkehren, die dich jeden Morgen mit frisch gebackenen Scones verwöhnt? Oder wolltest du schon immer das große Naturschutzgebiet in der Nähe durchwandern? Finde heraus, was deine Seele nährt, und beginne mit den Vorbereitungen, sobald du dich bereit dazu fühlst. Besorge dir alles, was du zum Wandern brauchst: Rucksack, Wanderhose, Unterwäsche und T-Shirts aus schnell trocknendem Mikrofasermaterial, Wanderweste, Fleecejacke und eine dünne Baumwolljacke, Wanderschuhe, dünne und dicke Socken, Windjacke, Stirnband, Sonnencreme, eventuell Sonnenblocker, Creme für sonnenbeanspruchte Haut und Propolis für kleine Wunden, jede Menge Papiertaschentücher für Tränen und die Toilette in freier Natur, dünne Plastikbeutel, Wanderführer, Notizbuch und Stift sowie einen Fotoapparat, sofern du kein Smartphone besitzt. Wenn du gerade einen finanziellen Engpass durchlebst, kannst du dir manche Sachen auch leihen oder gebraucht kaufen. Deine Auszeit soll kein teurer Luxusurlaub werden, sondern dich mit dem Ursprung des Lebens rückverbinden, damit du den Tod als Teil des Lebens und somit wieder als etwas völlig Normales empfinden kannst.

Wandern befreit das Herz. Nirgendwo erkennt man sich selbst dermaßen als Teil eines universellen Kreislaufs und versteht die Jahreszeiten des Lebens so gut wie in der freien Natur. Wandern ist meiner Meinung nach eine wunderbare Möglichkeit, um den Tod eines geliebten Gefährten besser verarbeiten zu können und zurück ins Vertrauen zu finden.

Schreiben und Malen als Therapie

Schreiben und Malen können helfen, einen Verlust zu verarbeiten. Wenn du dich zu einer Wanderung entschließt, kannst du die Eindrücke des Tages bereits abends zu Papier bringen. Manchmal kommt durch ein trauriges Erlebnis in der Gegenwart auch ganz viel Traurigkeit aus der Kindheit zum Vorschein, die transformiert werden möchte. Durch das Schreiben oder Malen kannst du diesen Gefühlen Gestalt verleihen und ihnen endlich den nötigen Raum geben.

Nimm einfach ein Blatt Papier und einen Stift, und beginne mit den ersten Sätzen. Schreibe einen Roman, deine Familiengeschichte oder deine

Biografie. Schreibe eine Geschichte über deinen Hund und darüber, was er dir bedeutet hat. Oder du verfasst ein Gedicht, in dem du dich für alles bedankst, was er dir gegeben hat, und für alles um Verzeihung bittest, was du ihm nicht geben konntest. Auch das ist ein wichtiger Teil der Trauerverarbeitung. Du musst deine Zeilen oder Bilder niemandem zeigen, wenn du das nicht möchtest. Schreiben und Malen befreien. Probiere es aus. Ich habe bereits drei Romane verfasst, und jedes Wort darin war ein Stück Vergangenheitsbewältigung und ein Schritt in Richtung Freiheit.

Energetische Wohnraumrenovierung

Sorge dafür, dass du dich gerade in dieser schwierigen Zeit in deinem Zuhause wohlfühlst. Gestalte die Wände mit Bildern, die dein Herz zum Leuchten bringen, beispielsweise mit hübsch eingerahmten Fotos, die dich mit deinem Hund zeigen – vielleicht im Urlaub, als ihr beide entspannt und glücklich wart. Spiele beim Dekorieren mit deinen Lieblingsfarben, und gönne dir den Sessel oder das Sitzkissen, das du schon so lange haben wolltest. Düfte in Form von ätherischen Ölen oder japanischen Räucherstäbchen können dir täglich eine psychische Unterstützung sein. Jasmin, Sandelholz, Ylang Ylang, Rose, Bergamotte, Limette und Grapefruit regen die Produktion von Endorphinen an und tragen zur Entstehung von Glücksgefühlen bei. Das Verräuchern von Damiana in Kombination mit dem Tragen eines Dumortierits (Mineralstein, der durch Trauer und Kummer verursachte Blockaden löst) sorgt für einen Hauch von Leichtigkeit während der schweren Trauerarbeit.

Naturheilkunde

Suche dir einen guten Heilpraktiker, mit dem du dein persönliches Konstitutionsmittel erarbeiten kannst, oder nutze andere Mittel für deine Heilung, die dir die Naturheilkunde zur Verfügung stellt, z. B. das homöopathische Trauermittel Ignatia amara. Auf Seelenebene können dir Bachblüten oder diverse andere Essenzen, Elixiere und energetische Sprays eine gute Hilfe dabei sein, wieder ins Gleichgewicht zu kommen. Schaue dich dahin gehend um, und lasse dich inspirieren. Wenn du bereits während des Sterbeprozesses deines Hundes mit der Einnahme von Essenzen begonnen hast, führe dies noch einige Wochen oder Monate fort.

Therapeutische Hilfe

Falls du es nicht schaffen solltest, aus eigenem Antrieb wieder in die Spur zu kommen, scheue dich nicht davor, therapeutische Hilfe in Anspruch zu nehmen. Der Verlust eines geliebten Tieres ist nicht selten der Beginn einer Phase, in der man das Leben an sich infrage stellt. Vielleicht ist eine homöopathische Behandlung oder eine Gesprächstherapie gut für dich. Es gibt viele Möglichkeiten. Ein paar Sitzungen bei dem für dich passenden Therapeuten können Wunder bewirken.

Entspannungsmethoden und meditative Körperarbeit

Bei der Trauerarbeit geht es v. a. um das bewusste Fühlen und Wahrnehmen sowie um das Zulassen und Durchleben von Gefühlen. Neben vielen anderen Entspannungsmethoden gibt es verschiedene Arten des Yoga. Diese aus Indien stammende philosophische Lehre umfasst geistige und körperliche Übungen. Je nach Yogaart werden diese Übungen mit Meditationstechniken und dem Singen von Mantras abgerundet. Vielleicht werden auch in deiner Nähe Kurse angeboten, die dich ansprechen. Probiere es aus, und öffne dich für ganz neue spirituelle Wege. Gib dem Feuer der Begeisterung eine Chance, entfacht zu werden. Eine Krise kann auch eine Chance bedeuten.

Musik, Tanz und Gesang

Die Musik ist sicher einer der größten und wunderbarsten Heiler dieser Welt. Sie ist Energie, die ganz unterschiedliche Gefühle in uns auslöst. Daher kann sie uns dabei unterstützen, Trauergefühle zuzulassen und zu durchleben. Traue dich, ganz tief in deine Gefühle hineinzugehen, die Musik wird dich tragen.

Wenn du gern tanzt, dann schüttle die Trauer aus dir heraus. Drehe die Musik laut auf, oder gehe mit Freunden tanzen, und lasse angestaute Energien nach draußen fließen. Wenn du es lieber ruhiger magst, wäre der meditative Tanz vielleicht eine Möglichkeit, dich und deine Gefühle auszudrücken. Wenn das alles Neuland für dich bedeutet, betritt neue Pfade. Vielleicht ist gerade jetzt der richtige Zeitpunkt dafür.

Eine weitere wunderbare Möglichkeit, seinem Inneren Ausdruck zu verleihen und Blockaden zu lösen, ist das Singen. Ich lege jedem Menschen ans Herz, einige Gesangsstunden zu nehmen, um die eigene Stimme als Werkzeug, sich auszudrücken, neu zu entdecken, insbesondere den Menschen, denen gerade dieses Medium Probleme bereitet, die eigentlich gern singen würden, sich aber nicht trauen. Ich habe immer singen wollen, war jedoch stets zu unsicher. Ich konnte noch nicht einmal einen Satz sprechen, ohne zu stottern. Die Vorstellung, vor anderen Menschen frei sprechen zu müssen oder gar zu singen, war für mich der reine Horror. Ich bin zwar noch immer keine Rampensau und agiere lieber im Hintergrund, gebe aber mittlerweile von Herzen gern Seminare und habe kein Problem mehr damit, vor einer Gruppe ein Lied vorzutragen. Ich war nie bei einem Logopäden, doch ich nutze seit über zwei Jahrzehnten die Wunder von Mutter Erde für meine Heilung: Musik, Gesang, Meditation, Düfte, Steine, Aufenthalte in der Natur, das Schreiben, Malen und vieles mehr.

Ich habe in meinem Leben viele Krisen erlebt. Aber wusstest du, dass das Wort »Krise« nichts anderes als »Wendepunkt« oder »Erneuerung« bedeutet? Auch wenn der Schmerz groß ist – wir gehen einen Schritt weiter und erschaffen etwas Neues.

Sport und gesunde Ernährung

Während einer Phase größter Traurigkeit und Verzweiflung kommt es einem nahezu belanglos vor, auf die eigene Gesundheit zu achten. Wenn das Herz blutet, wird vieles unwichtig – doch gerade das kann der Beginn eines Teufelskreises sein. Wenn dein Körper über Wochen hinweg nicht ausreichend Nährstoffe erhält und zugleich durch die emotionale Ausnahmesituation geschwächt ist, verlierst du schnell deine Lebenskraft und läufst Gefahr, immer weiter in eine Lähmung zu verfallen. Ich möchte dir hier unbedingt ans Herz legen, auf dich zu achten. Wenn dir Kraft und Appetit für die Zubereitung von gesunden Mahlzeiten fehlen, versorge deine Zellen wenigstens mit guten, bioverfügbaren Vitalstoffen. Du benötigst B-Vitamine für starke Nerven und Vitamin D für die Psyche. Außerdem führt ein Eisenmangel zu Antriebslosigkeit, die sich so ähnlich wie eine Depression anfühlen kann. Auch Bewegung und Sport jeglicher Art, vornehmlich an der frischen Luft, tragen dazu bei, dass deine Zellen mit Sauerstoff versorgt werden und du dich körperlich vitaler fühlst. Schlacken werden durch die Poren ausgeschieden, und nach einer Dusche fühlst du dich gleich viel besser. Ein Peeling mit einem basischen Badesalz macht die Haut geschmeidig und reinigt dich energetisch. Mache Körperübungen, dehne dich, und lasse dich massieren.

Die Sehnsucht nach unserem geliebten Tier wird immer bestehen bleiben, und wir müssen lernen, mit dem Verlust zu leben. Doch wir können viel dafür tun, unser Herz zu heilen und es für ein neues Tier zu öffnen. Du allein entscheidest, ob und wann es so weit sein wird. Nimm dir dafür alle Zeit, die du brauchst.

Das Leben deines Seelenhundes war zu kurz?

Einer der am häufigsten gehörten Sätze in meinem Leben ist »Mein Hund ist auch so alt geworden« – meist im Zusammenhang mit der Verharmlosung von minderwertiger Ernährung, Überimpfung oder der Verabreichung von Chemiecocktails. Auf der anderen Seite belastet es Hundebesitzer sehr, wenn ihre Tiere früh sterben. Bei einem bin ich mir ganz sicher: Die Anzahl unserer Jahre oder, wie es die Yogis sagen, unserer Atemzüge steht zum Zeitpunkt unserer Geburt bereits fest. Mache dir keine Vorwürfe, wenn dein Hund zu jung gehen musste. Das Wichtigste ist nicht, wie lange ein Mensch oder ein Tier lebt, sondern die Qualität der Lebenszeit, und dafür können wir sehr viel tun.

> Wie die Geburt gehört auch der Tod zum Leben. Dein Seelenhund geht nur voraus, und eines Tages werdet ihr euch wiedersehen.

Systemische Aufstellungsarbeit – Beziehungen heilen, Ordnung wiederherstellen

Für die Anwendung dieser Therapieform benötigst du die Hilfe einer ausgebildeten Fachperson, die neben dir als Aufsteller mit weiteren Personen als Vertreter arbeitet. Eine Aufstellung dauert in der Regel eine bis zwei Stunden. Dein Hund oder betroffene Familienmitglieder sind dabei nicht anwesend. Grundvoraussetzung für eine Aufstellung ist ein persönliches Anliegen, das du bearbeiten möchtest, z. B.:

- ✓ Ich leide darunter, dass mein Mann ständig eifersüchtig auf meinen Hund ist, aber traue mich nicht, ihn damit zu konfrontieren.
- ✓ Ich werde total wütend, wenn mein Hund sein Futter nicht fressen will.
- ✓ Ich habe meinem Hund gegenüber ein schlechtes Gewissen, weil ich jetzt auch eine Katze habe.

Es wird davon ausgegangen, dass alle Beziehungen, ob innerhalb der Familie, zwischen Arbeitskollegen oder mit Haustieren, einer gewissen Energie oder Ordnung unterliegen. Jedes Mitglied hat seinen festen Platz in dieser Beziehungsstruktur und ist ein energetisches Teil des großen Ganzen – sowohl in den morphogenetischen Feldern (Hypothese des Biologen Rupert Sheldrake) als auch im höheren Plan eines jeden Menschen.

Durch Kriegsgeschehnisse, Missbrauch, traumatische Erlebnisse oder das unbewusste Bestreben der Menschen, die Leere, die Verstorbene hinterlassen, anderweitig zu füllen, entstehen in der Beziehungsordnung Ungleichgewichte. So kann es beispielsweise sein, dass eines von vier in einer liebevollen Familie aufgewachsenen Kindern aus unerklärlichen Gründen vom rechten Weg abdriftet, drogensüchtig und kriminell wird, während sich seine drei Geschwister völlig normal entwickeln. Das vierte Kind lebt vielleicht gar nicht sein eigenes Leben, sondern unbewusst das eines verstorbenen Familienmitglieds, das nicht genug gewürdigt wurde und dessen Platz es nun eingenommen hat. Dies muss nicht der Bruder, sondern kann auch der Onkel oder Großvater sein.

Zu Beginn der Aufstellungsarbeit werden die mitwirkenden Personen von dir (Aufsteller) als Vertreter deines Hundes, deiner Familienmitglieder oder anderer Personen intuitiv im Raum aufgestellt. Hierdurch entsteht ein energetisches Gruppenfeld, und die Stellvertreter beginnen, sich wie dein Hund bzw. die Menschen zu fühlen, die sie vertreten. Die ausgebildete Fachperson, die dein Anliegen kennt, stellt den Personen nun Fragen über ihre Gefühle. Auf diese Weise werden Zuneigungen und Abneigungen sichtbar sowie Hintergründe verständlich, und Beziehungen können durch verbale Ablösungsrituale in die Ordnung gebracht werden. Warum diese Methode funktioniert, weiß niemand so genau, aber sie hat schon unzähligen Menschen geholfen, problematische Beziehungen zu heilen.

In jeder Familie gibt es kleinere oder größere Tragödien. Die Generation, die von Menschen erzogen wurde, die den Zweiten Weltkrieg erlebt haben, hat jedoch eine besonders große energetische Unordnung in der Familienstruktur davongetragen, da während dieser traumatischen Kriegszeit das Leben fast aller Menschen völlig aus den Fugen geriet. Familienmitglieder kehrten nicht von der Front zurück oder kamen anderweitig gewaltsam ums Leben. Gefühle vereisten, dementsprechend verlief die Erziehung. Die Liebesunfähigkeit und die daraus resultierende Härte der Eltern erlebten viele Menschen der Nachkriegsgeneration am eigenen Leib, was ihr Leben noch heute auf negative Weise beeinflusst. Hinzu kommt die Schuld, die Eltern und Großeltern während des Krieges auf sich geladen haben, über die sie nie gesprochen, die sie nie verarbeitet und somit auf die nächste Generation übertragen haben. Nie zuvor befanden sich derart viele Menschen in psychotherapeutischer Behandlung oder auf der Suche nach der Heilung ihres Inneren Kindes wie heute.

All das kann dazu beitragen, dass du dich deinem Hund gegenüber schuldig fühlst, weil du auch eine Katze hast (Angst, beiden nicht genug Liebe geben zu können und dadurch abgelehnt zu werden), dass du wütend wirst, weil er sein Futter nicht frisst (»Wir hatten im Krieg nichts zu essen – dir geht es zu gut!«), oder dass du dich nicht mit deinem Mann auseinandersetzen willst, obwohl es dich stark belastet, dass er eifersüchtig auf deinen Hund reagiert (traditionelle Geschlechterrollen: »Hauptsache, dem Mann geht es gut« – die Frau muss ihn umsorgen und ihre Gefühle für sich behalten).

Vielleicht ist dein Hund in dein Leben getreten, um dir genau dieses Ahnenthema vor Augen zu führen, damit du es heilen und mehr Freude in deinem Leben zulassen kannst. Er will dir helfen, deinen Platz in dieser Welt zu finden, du selbst sein zu können – ohne Angst und Schuldgefühle. Auch religiöse Auslegungen haben dazu beigetragen, dass sich manche Menschen noch heute als Sünder, die gar nicht hätten geboren werden dürfen, empfinden. Noch gegen Mitte des letzten Jahrhunderts wurden unzähligen von den Eltern abgeschobenen jungen Frauen in irischen Klöstern ihre dort heimlich geborenen Kinder weggenommen und an reiche Amerikaner verkauft. Als Buße für ihre »Sünden« mussten die Frauen dort für viele Jahre unentgeltlich schuften. So entstanden auf beiden Seiten, sowohl bei den Müttern als auch bei den Kindern, große Lücken in der Familienstruktur, die über Generationen hinweg Leid verursacht haben.

In der heutigen Zeit hat die Beeinträchtigung der Familienstrukturen ganz neue Dimensionen angenommen. Je nach Informationsquelle enden 15–30 % aller Schwangerschaften in Fehlgeburten, was mit dem steigenden Alter der Mütter zu tun haben soll. Vielen Fehlgeburten gehen jedoch künstliche Befruchtungen voraus. Es scheint in unserer Gesellschaft ein Tabuthema zu sein, doch viele junge Frauen können nicht mehr auf natürlichem Wege und ohne die Einnahme von Medikamenten schwanger werden, wenn sie jahrelang mit hochmodernen Mitteln wie dem Hormonchip oder dem Vaginalring verhütet haben. Der Eisprung bleibt aus. Die daraufhin oftmals folgenden kostspieligen künstlichen Befruchtungen enden nicht selten in Fehlgeburten, die die Entwicklung der lebend geborenen Geschwister oder anderer Familienmitglieder durchaus beeinträchtigen können. Darf ein Familienmitglied durch Fehlgeburt oder Abtreibung nicht leben, kann dies bei Eltern bzw. Geschwistern ein lebenslanges Gefühl der Sehnsucht und Traurigkeit hinterlassen, das sie dann möglicherweise auf ihre Hunde projizieren.

Bei einer systemischen Aufstellung werden diese Verstrickungen und Gefühle sichtbar und können durch einfache Rituale gelöst werden. Die Vertreter werden anschließend wieder aus ihren Rollen entlassen. Auf diese Weise löst sich das energetische Feld auf.

In den morphogenetischen Feldern wird jede Emotion, alles, was war und ist, abgespeichert. Diese Felder stehen uns jederzeit zur Verfügung. Daher ist es uns möglich, alte Energien zu verändern und Heilung zu bewirken. Wir bedienen uns quasi ihrer Energien und Informationen und transformieren sie.

Empathische, intuitionsgeschulte Therapeuten sind auch in der Lage, Aufstellungsarbeit ohne menschliche Vertreter durchzuführen. Manche von ihnen benutzen z. B. Holzfiguren als Vertreter und fühlen sich nacheinander in jedes Mitglied der aufgestellten Gruppe hinein, andere nehmen das geschriebene Wort als Botschaft zu Hilfe.

Die systemische Aufstellungsarbeit ist ein wirksames Werkzeug, um die Beziehungen zwischen dir und deinem Hund und allen weiteren Familienmitgliedern zu heilen.

Die systemische Aufstellungsarbeit ist nicht nur hilfreich, um familiäre Strukturen und zwischenmenschliche Beziehungen zu beleuchten und in die Ordnung zu bringen. Sie kann auch Konflikte zwischen dir und deinem Hund deutlich machen und eure Beziehung durch einfache Rituale positiv beeinflussen.

Trennungshunde – wenn du glaubst, du schaffst es nicht allein

Niemand bekommt einen Hund aufgezwungen. Die Aufnahme eines solchen faszinierenden, bedingungslos liebenden Tieres erfolgt aus unserer eigenen Entscheidung heraus. Sowohl Tierschutzmitarbeiter als auch seriöse Züchter sind bestrebt, Menschen, die sich einen Hund zulegen wollen, das Ausmaß ihrer Entscheidung und die damit verbundene jahrelange Verantwortung bewusst zu machen. Trotzdem werden jährlich über 300 000 Tiere in deutschen Tierheimen abgegeben. Im Jahr 2012 lebten ca. 5,5 Millionen Hunde in deutschen Haushalten, Tendenz steigend. Viele von ihnen sind Teil einer Familie oder haben zwei Bezugspersonen, die in einer Partnerschaft zusammenleben. Diesen Zahlen gegenüber sehen wir eine konstante Scheidungsquote von fast 40 % und noch häufigere Trennungen nicht ehelicher Lebensgemeinschaften. In Schulklassen sind Scheidungskinder mittlerweile in der Überzahl. Doch was passiert im Falle einer Trennung mit dem Hund, der sich wie kein anderes Haustier an seine Menschen bindet und Teil der Familie geworden ist? Wieso schaffen es so viele Menschen nicht, für ihre Hunde eine vernünftige Lösung zu finden?

Diversen Studien zufolge lebt ein Teil der Besitzer von meist Rassehunden in relativ guten wirtschaftlichen Verhältnissen, während derzeit bereits über 14 % der Bundesbürger aufgrund von Arbeitslosigkeit sowie des geringen Lohnniveaus an der Armutsgrenze leben. Und so wird mittlerweile auch bei 85 % der Abgaben von Hunden Geldnot als Grund genannt. Doch ist es wirklich Geldmangel, der die Menschen zu dieser Entscheidung treibt? Ist es nicht oftmals die Angst vor finanziellen Problemen? Die Angst vor Veränderungen? Die Angst, den Bedürfnissen des Hundes allein nicht gerecht werden zu können? Die Angst vor Überforderung, gemischt mit Verzweiflung und dem Schmerz, der mit einer Trennung einhergeht? Sofern nicht Gleichgültigkeit und Lieblosigkeit die Gründe sind, den jahrelangen Weggefährten im Tierheim abzugeben oder auszusetzen, gibt es für

Alleinstehende mit Hund, gleich, ob wohlhabend oder geringverdienend, viele gute Lösungen:

»Ich bin voll berufstätig und kann mich tagsüber nicht um meinen Hund kümmern.«

Dann findest du sicherlich einen netten Menschen in der Nachbarschaft oder im Freundeskreis, der mittags eine Stunde Zeit für einen schönen Spaziergang mit deinem Hund hat. Schüler, Studenten, Arbeitslose oder Rentner verdienen sich gern ein paar Euros nebenbei. Viele würden diese »Pflicht« sicher auch ohne Bezahlung übernehmen und wären sogar dankbar dafür. Wenn du einen verhaltensauffälligen Hund besitzt, könnte man diesen mit einem professionellen Hundetraining an seinen neuen Gassigeher heranführen.

Sollte sich niemand für den Mittagsspaziergang finden, nimm Kontakt zu Hundepensionen oder Hundesittern in deiner Nähe auf. Dort werden die Tiere oftmals in größere Hundegruppen integriert, so hat dein Hund jede Menge Spaß und körperliche Betätigung, während du Geld für euch beide verdienst.

Manchen Menschen ist es sogar möglich, ihre Hunde mit ins Büro zu nehmen. Mit etwas Glück zeigt dein Arbeitgeber Verständnis für deine neue Lebenssituation. Außerdem haben Studien längst bewiesen, dass sich die Anwesenheit von Hunden positiv auf die Arbeitsqualität auswirkt. Solltest du keine für dich und deinen Hund zufriedenstellende Lösung finden, könntest du deinen Arbeitgeber um eine verlängerte Mittagspause bitten oder versuchen, deine Wochenarbeitszeit auf 30 Stunden zu reduzieren.

Du glaubst, das ist alles leichter gesagt als getan? Nein, das ist es nicht – glaube mir! Probleme sind da, damit wir sie lösen. Wir sind keine Opfer, wir sind Schöpfer! Und wenn du es wirklich willst, kannst du dein Leben neu strukturieren und dadurch ein glücklicherer Mensch werden – stark und selbstbewusst.

»Ich habe eine Teilzeitstelle – mein Hund müsste sechs Stunden auf mich warten.«

Sei gewiss, jeder Hund wartet lieber sechs Stunden auf seinen Menschen als 24 Stunden lang in einem Tierheimzwinger auf einen neuen Besitzer, der vielleicht niemals kommt. Wenn du deinen Hund vor der Arbeit mit einem langen Spaziergang und einer Spieleinheit auslastest, ist es überhaupt kein Problem für ihn, mehrere Stunden auf dich zu warten. Die meisten Hunde schlafen oder dösen weitaus länger als zehn Stunden pro Tag. Auch in der Stadt kann man ausgiebige Spaziergänge machen, und Suchspielchen lassen sich in jeder Wohnung durchführen.

Für den Fall, dass dein Hund wesentlich länger allein bleiben müsste, wäre es gut, dich früh genug um einen Gassigeher zu bemühen. Mit einer Teilzeitstelle bist du als Hundebesitzer flexibler als ein Vollberufstätiger.

Sollte das Geld zum Leben nicht ausreichen, kannst du dich nach einem Minijob in den Abendstunden oder am Wochenende umsehen. Erkenne und schätze deine neuen Lebensumstände als Herausforderung, an der du wachsen kannst. Die Gewissheit, allein für dich und deinen Hund sorgen zu können, wird dich stark machen.

»Ich kann es mir finanziell nicht leisten, allein für meinen Hund zu sorgen.«

Ich möchte an dieser Stelle keinen Haushaltscheck mit dir durchführen, bitte dich jedoch darum, einmal zu überdenken, ob wirklich alles, wofür du dein Geld ausgibst, nötig ist. Sind die künstlichen Fingernägel wirklich wichtiger als der treueste Freund, den du jemals hattest? Oder die Zigaretten? Es gibt kein anderes Land in Europa, in dem die Lebensmittel so günstig sind wie in Deutschland. Natürlich ist Nahrung in Bioqualität besser. Wenn du dir diese aber nicht leisten kannst, dann ist das frisch gelieferte, knackige Gemüse vom türkischen Händler um die Ecke oder aus dem Supermarkt eine gute und günstige Alternative. Frisch zubereitetes Essen ist nicht nur preiswerter, sondern auch gesünder als Fertigprodukte.

Wenn wir einmal genau hinsehen, ist es gar nicht so teuer, für einen Hund zu sorgen. Zu den Fixkosten wie Haftpflichtversicherung und Steuern kommen noch die Kosten für sein Fressen und seine medizinische Versorgung hinzu. Die gesündeste Art, einen Hund zu ernähren, ist die Rohfütterung. Wie schön, dass sie auch eine der preiswertesten ist. Günstiges

Fleisch bekommst du in BARF-Shops oder direkt beim Schlachthof. Vielleicht kennst du sogar einen Metzger, der dir Knochen, Knorpel, Fleischreste und Innereien für wenig Geld beiseitelegt. Die Obst- und Gemüseeinheiten für deinen Hund kannst du in jedem Discounter kaufen. Oder du bekommst von dem Gemüsehändler, bei dem du seit Jahren einkaufst, die Ausschussware, die er anderweitig nicht mehr verkaufen kann. Es gibt viele Möglichkeiten.

Für den Fall, dass dein Hund trotz gesunden Futters erkrankt, solltest du dir jeden Monat ein paar Euros zur Seite legen. Zudem besteht bei hohen Tierarztkosten die Möglichkeit der Ratenzahlung. Oder du bittest deinen Partner, deine Familie oder Freunde um eine Kostenbeteiligung. Hast du niemanden, der dich in schwierigen Zeiten unterstützen kann, solltest du in Notfällen auf jeden Fall den zuständigen Tierschutzverein kontaktieren und mit den Leuten vor Ort über deine Situation reden.

In vielen Städten gibt es mittlerweile auch Tiertafeln, wo ehrenamtliche Helfer einmal in der Woche Tierfutter an Bedürftige ausgeben. Vergiss deinen Stolz, und lasse dir von den engagierten Menschen durch die dunklen Zeiten helfen, damit am Ende des Tunnels die Sonne wieder scheinen kann. Selbst zu erfahren, was das Wort »Nächstenliebe« bedeutet, kann eine sehr wichtige Lektion für dich sein. Denke immer daran: Nichts in unserem Leben geschieht ohne Grund. Betrachte alles, was dir widerfährt, als ein Puzzleteil des großen Ganzen, das dich einen kleinen Schritt weiterbringt. Und auch die Tür, von der du anfangs dachtest, sie sei zum Öffnen zu schwer, lässt sich vielleicht leichter bewegen, als du denkst. Hinter ihr kann sich ein wunderschöner Garten verbergen – eine Chance, die du nicht verpassen solltest.

»Wer bekommt im Falle der Trennung oder Scheidung das Sorgerecht für den Hund?«

Vor Gericht wird ein Hund wie eine Sache behandelt (Urteil vom 25.11.2010 II-10WF 240/10). Das heißt, er wird demjenigen zugesprochen, der ihn mit in die Partnerschaft gebracht oder ihn bezahlt hat. Sollte dein Hund zu denen gehören, den beide Seiten gern behalten würden, kann er sich glücklich schätzen, denn leider ist ein beiderseitiges Interesse eher die Ausnahme.

Hier gilt: Handle immer zum Wohle des Hundes! Hat der Hund mit deinem Ex-Partner wesentlich mehr Zeit verbracht und eine intensivere

Bindung zu ihm als zu dir aufgebaut, dann lasse ihn bitte bei ihm. Findet gemeinsam die beste Lösung für den Hund! Vergiss deinen Stolz und deinen Schmerz, und sei vernünftig. Wenn der Hund sich an die neuen Lebensumstände gewöhnt hat, kannst du ihn vielleicht besuchen und ausführen. Merkst du jedoch, dass ihn deine Besuche verwirren und er leidet, wenn du ihn wieder verlassen musst, dann brich den Kontakt erst einmal ab – auch wenn diese Lektion in Bezug auf deinen Hund wohl eine der härtesten ist. Einem Kind kann man vieles erklären, einem Hund nicht. Für ihn ist die neue Situation ohnehin schwierig. Allerdings gibt es auch viele Hunde, die sich den Änderungen im Leben ihrer Besitzer problemlos anpassen können und für die eine Art Hundesharing überhaupt kein Problem darstellt. Das sollte im Einzelfall entschieden werden.

»Mein Hund trauert seit der Trennung. Wie kann ich ihm helfen?«

Zur Unterstützung eines Hundes, der sich in einer Trauerphase befindet, bietet die Naturheilkunde mehrere Möglichkeiten. Das bekannteste Trauermittel der Homöopathie ist mit Sicherheit Ignatia amara, das wir dem Hund für mehrere Wochen in einer D-Potenz verabreichen können. Außerdem kann das jeweilige klassisch-homöopathische Konstitutionsmittel einem Trennungshund ebenfalls helfen, wieder ins Gleichgewicht zu kommen. Ein Tierheilpraktiker kann dir helfen, herauszufinden, um welches Mittel es sich dabei handelt. Eine weitere Möglichkeit für deinen Hund und dich selbst sind Bachblüten oder andere Essenzen, die euch bei der Neuorientierung unterstützen und seelisch in die Balance bringen können. Eine parallel durchgeführte Eigenbehandlung ergibt meistens Sinn, damit auch die eigene Trauer durchlebt und verarbeitet werden kann.

Ansonsten leidet dein Hund für dich mit, auch wenn er sich selbst bereits längst mit der neuen Lebenssituation arrangiert hat. Des Weiteren sollte man dem Hund die neue Situation so angenehm wie möglich gestalten. Leckere Mahlzeiten und willkommene Ablenkung durch schöne Ausflüge sowie Spiel- und Streicheleinheiten gehören hier dazu.

Und vergiss nicht, auf dich selbst zu achten und alles daran zu setzen, die neue Situation so gut wie möglich zu verkraften. Den größten Gefallen, den du deinem Hund tun kannst, ist, schnellstmöglich wieder ein glücklicher, ausgeglichener Mensch zu werden. Und genau auf diesem Weg wird dein Hund dir die größte Hilfe sein. Er wird dich unterstützen, im Hier und Jetzt zu leben, der neuen Situation mutig entgegenzutreten und an ihr zu wachsen.

Jede neue Lebenssituation eröffnet dir neue Chancen. Dein Hund will dir helfen, diese wahrzunehmen. Vergiss das bitte nie.

Urlaub mit deinem Seelenhund – Spaß oder Stress?

Ein Urlaub mit Hund sollte nie stressig, sondern eine Zeit der Entspannung sein, in der es keinen Zeitdruck und keine Termine gibt – Zeitfenster gefüllt mit schönen Eindrücken und Dingen, die Spaß machen.

Wo solltet ihr euren Urlaub verbringen? Das kommt darauf an, was dir und deinem Hund Freude bereitet und ihr unter einer schönen Zeit versteht. Ein Hund, der Wasser liebt, gehört natürlich ans Meer oder an einen See. Wenn ihr gern zusammen lauft, dann könnt ihr ebenfalls ans Meer verreisen oder auch in die Berge fahren. Lässt du dich gern einmal verwöhnen oder bekochen, wäre ein Hundehotel vielleicht eine gute Idee. Liebst du es aber, selbst zu kochen und gerade im Urlaub viele neue Rezepte auszuprobieren, dann wäre ein Ferienhaus die bessere Wahl. Prüfe vor der Buchung, ob die Treppen im Feriendomizil für deinen Hund begehbar und nicht zu steil sind.

Als mein Basco noch jung, ungestüm und unsicher war, war ich der Überzeugung, niemals mit ihm in den Urlaub fahren zu können. Ich glaubte, eine fremde Umgebung würde ihn noch mehr verunsichern. Damals benötigte er immer ein Spielzeug oder Stöckchen, das er während unserer Spaziergänge im Maul mit sich trug und das wir »Stinker« nannten. Die Hundetrainerin meinte, das gäbe ihm Sicherheit und sei okay.

Nachdem ich vier Jahre lang mit Basco und meinem Kater Streuner allein gelebt hatte, kam mein heutiger Ehemann Andreas in unser Leben, und nach den ersten Wochen eifersüchtigen Protests inklusive kleiner Beißereien sah Basco ein, dass Andreas ein toller Kerl war, und die zwei wurden dicke Freunde. Andreas gehört zu den Menschen, die Basco und seine Eigenarten verstanden und akzeptierten. Zwei Monate später gingen die beiden das erste Mal allein spazieren – eine Premiere für Basco, der, nachdem ich ihn aus dem Tierheim geholt hatte, aus Angst vor erneuter

Trennung niemals mit jemand anderem außer mir mitgegangen wäre und dies durch energisches Leinebeißen sehr deutlich zu verstehen gegeben hatte. Andreas war nach mir die erste Person, bei der sich Basco sicher fühlte. Mit ihm brauchte er noch nicht einmal einen Stinker. In den zehn Jahren zuvor hatte es nur wenige Wochen im Jahr gegeben, in denen Basco seinen Stinker ebenfalls nicht benötigt hatte – und das war während unseres Urlaubs. Sicher eingelullt in einer Blase der Entspannung und Gemeinsamkeit, in Vorfreude auf Strand, Watt und Wasser, die fröhlichen Gesichter seiner Menschen – all das machte ihn glücklich und ließ ihn seine Unsicherheit vergessen. Im Urlaub war Basco stets ein komplett anderer Hund.

Damit wir in den Urlaub fahren konnten, ersetzten wir meinen ausgedienten Kleinwagen durch ein altes Wohnmobil, denn Basco gehörte zu den Hunden, mit denen eine Autofahrt unmöglich war. Er rastete förmlich aus, und auch ein geduldiges Training und Bachblüten brachten keinen Erfolg. Im Wohnmobil hingegen lag er stets entspannt unter dem Tisch und fühlte sich wohl.

Wenn es irgendwie möglich ist, dann nehmt euch ein paar Tage frei, und macht Urlaub. Ganz gleich, wo – Urlaub muss nicht teuer sein. Gerade in Vor- und Nachsaison werden Ferienhäuser recht günstig angeboten. Im Internet kannst du auf den Seiten der Ferienhausanbieter selbst nach einer Unterkunft Ausschau halten und dir Domizile anzeigen lassen, die euren Wünschen und Ansprüchen entsprechen. Das ist unkompliziert und macht richtig Spaß.

Reiseapotheke

Ob du zwei Tage oder zwei Wochen mit deinem Hund wegfährst: Packe die Reiseapotheke und das Erste-Hilfe-Zubehör ein, damit im Falle einer kleinen Verletzung keine Panik aufkommt und keine Zeit für die Suche nach einer Apotheke vergeudet wird. Die auf S. 96 aufgeführten Mittel für die Hausapotheke sollten auch auf Reisen nie fehlen. Nimm auch immer ein alternatives Durchfallmittel mit wie Möhren – klein geschnitten und mindestens eine Stunde lang gekocht, sind diese ein wunderbarer Durchfallhemmer, weil sie die überschüssige Flüssigkeit im Darm aufsaugen und auf natürliche Weise binden. Durch das Schlucken von Salzwasser kann der Hund schnell Durchfall bekommen, der aber eher als Reinigung des Darmtrakts zu sehen ist. Meist entleert sich der Hund dann einmal komplett, und danach ist alles wieder gut. Gehe dennoch lieber auf Nummer sicher, indem du z. B. vor dem Urlaub einen Erste-Hilfe-Kurs für Notfälle bei Hunden besuchst. Dort lernt man u. a. das fachgerechte Verbinden einer Pfote. Dieses Wissen gibt Sicherheit.

Nimm auch reichlich Futter mit. Aufgrund der außergewöhnlich vielen Bewegung hat der Hund einen erhöhten Energieverbrauch und benötigt größere Mengen an Nahrung. Es kann problematisch werden, wenn der Hundeproviant im Urlaub ausgeht und dann auf einen Sack Futter aus dem Supermarkt zurückgegriffen werden muss.

Urlaub in Deutschland

Nordsee, Ostsee, Mecklenburgische Seenplatte, Harz, Eifel, Bayerischer Wald, Bodensee und viele andere landschaftliche Highlights hat unser Land zu bieten.

Zwei meiner Erfahrung nach für Hundebesitzer empfehlenswerte Gegenden sind der Bereich Darß/Zingst an der mecklenburgischen Ostsee und St.-Peter-Ording in Schleswig Holstein mit dem größten Strand Europas, der

sich bei Ebbe in einen riesigen Spielplatz für Hunde und ihre Menschen verwandelt. Dort können sogar Jagdhunde wie Galgos oder Podencos problemlos und gefahrfrei toben. Der Darß ist ein artenreiches Waldgebiet, das in Richtung Westen durchquert zum wunderschönen Weststrand führt. Sehr idyllisch!

Richtig einsame und für mein Empfinden erholsame Orte habe ich allerdings eher außerhalb Deutschlands gefunden. Vielleicht bist du aber der Typ Mensch, der die Gesellschaft von netten Leuten liebt und dessen Hund gern Artgenossen zum Spielen hat. Dann wirst du innerhalb Deutschlands sicher fündig, beispielsweise in einem Ferienpark an der Mecklenburgischen Seenplatte.

Urlaub im Ausland

Innerhalb der EU gilt für deinen Hund die Nachweispflicht einer gültigen Tollwutimpfung. Solltest du diese im Falle einer Kontrolle nicht vorweisen können, kommt dein Hund für mehrere Wochen in Quarantäne. Eine derartige Kontrolle kommt zwar faktisch nie vor, dennoch solltest du das Risiko nicht eingehen. Entscheidest du dich für eine Tollwutimpfung, achte darauf, dass der Tierarzt eine Gültigkeit von drei Jahren in den Impfpass einträgt, und führe bei deinem Hund anschließend eine Entgiftungskur durch. Anleitungen hierzu findest du im Kapitel »Impfungen« (siehe S. 170). Prüfe vor dem Urlaub stets die aktuellen Einreisebestimmungen.

Anreise im Flugzeug: Eine solche ist nur mit sehr kleinen Hunden problemlos möglich, da diese in einer Tasche zwischen die eigenen Beine gestellt werden dürfen. Für große Hunde, die in einer Hundebox in den Gepäckraum verfrachtet werden, kann eine Flugreise zu einem traumatischen Erlebnis werden. Das sollte für dich nicht infrage kommen!

Anreise im Auto: Wenn du mit deinem Hund mit dem Auto verreist, versuche, nachts zu fahren, dann verschläft er meist einen Teil der Reise. Lege je nach seiner Konstitution, der Autogröße und den herrschenden Temperaturen regelmäßige Pausen ein. Bei Reisekrankheit hat sich eine Hundebox gut bewährt. Es können auch homöopathische Mittel oder Bachblüten ausprobiert werden. Bevor ein empfindlicher Hund über viele Stunden hinweg leidet, sich erbricht, speichelt oder panisch ist, würde ich über ein Schlafmittel für ihn nachdenken und mich dementsprechend von einem guten Tierarzt beraten lassen.

Weitere Alternativen: In einem Wohnmobil fühlen sich meist auch Hunde wohl, die sonst nie oder nicht gern mit dem Auto fahren. Du kannst eins mieten und es ausprobieren. Solltet ihr, um euer Reiseziel zu erreichen, eine Fähre nutzen müssen, bedenke vorher, dass sich dein Hund während der gesamten Überfahrt in einer Hundebox oder einem eigens dafür vorgesehenen Zwinger aufhalten muss. So etwas ist meiner Meinung nach nur einem sehr souveränen Hund zuzumuten. Manche Fähren bieten allerdings Kabinen auf speziellen Hundedecks an. Dort finden sich Bereiche, in denen sich die Hunde während der Überfahrt lösen können.

Urlaub in den Niederlanden

Viele Hundebesitzer schwören darauf: lange Strände, coole Leute und wunderschöne Inseln wie Texel, wo das Meer hinter Endlosdünen und Krüppelkiefernwäldern wie ein Schatz versteckt ist. Empfehlenswert!

Urlaub in Südeuropa

Je weiter es euch in den Süden Europas verschlägt, desto größer wird für deinen Hund die Ansteckungsgefahr mit Infektionskrankheiten wie Leishmaniose, Anaplasmose und Ehrlichiose, die von Insekten bzw. Zecken übertragen werden. Die für Leishmaniose verantwortliche Sandmücke soll sich mittlerweile allerdings schon in Mittel- und Nordeuropa breitgemacht haben. Trotzdem ist die Gefahr in südeuropäischen Ländern wie Spanien, Italien und Kroatien um ein Vielfaches größer. Daher sollten sich Hunde dort nach Sonnenuntergang und vor Sonnenaufgang immer im Haus aufhalten.

Reibe deinen Hund abends mit natürlichen mückenabwehrenden Mitteln wie Lavendelöl ein, und buche vorzugsweise eine Ferienwohnung im ersten Stock, da sich Sandmücken nur bis zu zwei Metern über dem Erdboden aufhalten. Lasse dich keinesfalls zu einer Leishmanioseimpfung überreden. Diese deckt nur einen Bruchteil der Erregerstämme ab und bietet daher kaum Schutz. Sie muss dreimal hintereinander geimpft werden und ist als kritisch zu betrachten.

Ich kenne einen jungen Rhodesian Ridgeback, bei dem die Leishmaniose trotz der Schutzimpfung drei Jahre nach dem Spanienurlaub, in dem er sich höchstwahrscheinlich mit Leishmanien infiziert hatte, ausbrach. Der Ausbruch mit akutem Nierenversagen erfolgte, nachdem er wenige Tage zuvor das zweite Mal innerhalb von vier Wochen eine Leptospiroseimpfung erhalten hatte. Durch das Schicksal dieses Hundes wird die Unwirksamkeit einer Leishmanioseimpfung ebenso deutlich wie die Belastung des Immunsystems durch eine Impfung. Niemand weiß, ob die Krankheit jemals ausgebrochen wäre, wäre das Immunsystem des Hundes nicht durch die Leptospiroseimpfung völlig überfordert gewesen.

Urlaub in Frankreich

Die Franzosen mögen Hunde, was man u. a. daran sieht, dass sich die Anzahl der Ferienhäuser, die eine Internetagentur als Treffer anzeigt, kaum verringert, sobald man das Häkchen bei »Hunde erlaubt« setzt. Unsere europäischen Nachbarn scheinen, was Hundehaufen am Straßenrand angeht, auch nicht so pingelig zu sein wie wir Deutschen – eine Tatsache, die man nicht mögen muss, die aber auffällig ist. Außer zur Hochsaison von Juni bis August sind Hunde an jedem Strand erlaubt. Spezielle Hundestrände gibt es dort nicht. Ich liebe die Bretagne und die Normandie – wunderschöne, mystisch anmutende Landschaften, endlose Weiten, smaragdgrünes Meer und kilometerlange, gut gekennzeichnete Küstenwanderwege. Die Ebbe hinterlässt einen festen Boden, auf dem man sehr gut laufen kann, und kleine, den Hund zum Planschen einladende Priele. Die Tage haben viele Sonnenstunden, und das Klima ist sogar im November noch recht mild. Auch wenn du die französische Sprache nicht beherrschst, ist eine Kommunikation immer irgendwie möglich. Die Franzosen sind sehr unkompliziert.

Urlaub in Nordeuropa

Das landschaftlich wunderschöne und für Hunde eigentlich perfekt geeignete Dänemark kommt für mich als Tierschützerin und Hundehalterin nicht infrage. Auch wenn das dort geltende umstrittene Hundegesetz im Jahr 2014 entschärft wurde, ist es mir persönlich aus ethischen und moralischen Gründen nicht möglich, eine schöne Zeit in einem Land zu verbringen, in dem Hunde eingeschläfert wurden, weil sie bestimmten Rassen angehörten oder eine Reinrassigkeit nicht bewiesen werden konnte. Das an den Tieren begangene Unrecht und das Leid der betroffenen Hundebesitzer durch ignorante Politiker sind unermesslich. Ich kann bis heute nicht verstehen, dass Tierärzte diese Tötungen durchführen konnten. Da fällt mir der Satz eines Professors ein, den er einer Bekannten von mir während ihres Tiermedizinstudiums gegenüber geäußert hat: »Wenn du dieses Studium aus Tierliebe gewählt hast, bist du fehl am Platz.«

Schweden ist eine wunderbare Alternative zu Dänemark, und, wie mir Ämter und Botschaften schriftlich bestätigt haben, findet das dänische Hundegesetz für Durchreisende keine Anwendung. Schweden ist ein großes, küstenreiches Land mit unzähligen kleinen und großen Seen. Du kannst dort absolute Einsamkeit und Ruhe finden, z. B. in einem abgelegenen Haus im Wald mit eigenem Zugang zum See, eigener Feuerstelle, Ruderboot und Kanu. Außer dem Geschrei von Wasservögeln oder nistenden Fischadlern wirst du keinerlei Geräusche wahrnehmen. Dein Hund kann ohne Halsband oder Geschirr laufen und wird, wenn er eine Wasserratte ist, die schönste Zeit seines Lebens verbringen. Einfach wundervoll! Wenn ihr eure eigenen Lebensmittel mitnehmt und außerhalb der Saison fahrt, ist ein Urlaub dort auch nicht teuer. Je nachdem, wohin es euch verschlägt, ist der nächste Laden eventuell ohnehin kilometerweit entfernt.

Wohin auch immer du mit deinem Hund fährst, denke immer daran, bei Wanderungen genügend Trinkwasser und ein Handy mit darin gespeicherten Notfalltelefonnummern wie die von Feuerwehr, Polizei, Taxiunternehmen und Tierkliniken mitzunehmen. Stecke eventuell auch ein Wörterbuch ein.

Für den Fall, dass dein Hund gern und ausdauernd schwimmt, solltest du immer im Stand-by-Modus am Strand oder Ufer warten und ihn nicht aus den Augen lassen, während er im Wasser ist. Ein schwimmender Hund kann aus verschiedenen Gründen die Orientierung verlieren, insbesondere dann, wenn eine Insel vorgelagert ist oder er nicht mehr gut hört. Während unseres Urlaubs in der Normandie schien es so, als wollte Basco bis nach Jersey schwimmen, und er war irgendwann kaum noch zu sehen. Glücklicherweise ist Andreas ein sehr guter Schwimmer und scheut auch kaltes Wasser nicht. Sei auf Rettungseinsätze vorbereitet, und trage als Brillenträger bei Küstenwanderungen besser Kontaktlinsen, da eine Brille, falls du ins Wasser musst, von Nachteil ist. Handtücher sollten sich ohnehin in deinem Rucksack befinden.

Ein Urlaub mit Hund bringt unendliche Freude, er inspiriert dich und macht alle Beteiligten glücklich. Eure Seelen werden die wunderschönen Eindrücke geradezu aufsaugen, und ihr tankt Kraft für die Herausforderungen des Alltags.

> Betrachte deine Vorlieben und die deines Hundes, und dann gönne euch eine Zeit, in der ihr das, was ihr am meisten liebt, in vollen Zügen genießen könnt. Ihr werdet unvergessliche Tage erleben, die euch immer in Erinnerung bleiben und euch Kraft für anstrengende Zeiten geben werden.

Verständigung zwischen dir und deinem Seelenhund

Verständigung durch Telepathie

Telepathie (zu altgriechisch tēle »fern, weit« und páthos »Leiden«) ist eine Bezeichnung für die Übertragung von Informationen zwischen Lebewesen ohne Beteiligung bekannter Sinneskanäle. Wissenschaftlern, die Dinge nicht als getrennt voneinander betrachten, ist bereits seit Jahrhunderten klar, dass die Telepathie etwas ganz Normales ist. Noch heute wird sie von einigen Naturvölkern, beispielsweise den Aborigines, als gängiges Kommunikationsmittel eingesetzt. Leider ist diese wunderbare Fähigkeit bei einem Großteil der Menschheit in Vergessenheit geraten. Doch sie ist nicht verloren, sondern bedarf nur der Übung.

In der ganzheitlichen Tiermedizin ist es mitunter sehr schwer, die Ursachen eines Leidens oder eine Erkrankung in einem relativ frühen Stadium zu erkennen, da die Tiere dem Behandelnden über ihren seelischen und körperlichen Zustand nicht Bericht erstatten können. Jeder Hunde- und Katzenbesitzer weiß, wie hoch die Schmerzgrenze unserer Haustiere sein kann, und so ist es beim Erkennen erster Symptome manchmal schon zu spät. Hast du dir nicht auch schon gewünscht, mit Tieren sprechen zu können? Hältst du eine Kommunikation auf Schwingungsebene für möglich? Falls ja, mit wem sollte sie besser funktionieren als mit den reinsten und liebevollsten Lebewesen auf Erden – den Tieren?

Es gibt verschiedene Techniken, mit Tieren zu kommunizieren. Bei nahezu allen visualisiert der Mensch eine Verbindung zwischen sich und dem Tier, z. B. in Form eines Bandes, einer Brücke oder eines silbernen Lichtstrahls. »Liebe« und »Vertrauen« sind auch hier die Zauberwörter – sie gewähren uns Einblick in die Gefühlswelt unseres Seelenhundes.

Es gibt viele Bücher auf dem Markt, die sich mit diesem wunderbaren Thema auseinandersetzen und in denen alles genau beschrieben wird. Auch Beate Seebauer hat sich der Tierkommunikation gewidmet und bietet sogar Seminare an, in denen man die Techniken erlernen kann. Wenn du daran Interesse hast, besuche am besten eines dieser Seminare, in denen viel geübt wird. Das bereitet dir sicherlich große Freude und bringt dich und deinen Hund noch näher zusammen.

Verständigung durch Körpersprache und Kommandos

In einer Beziehung zwischen Mensch und Hund ist es äußerst wichtig, einander zu verstehen, damit keine Missverständnisse aufkommen, die fatale Folgen nach sich ziehen können. Der Hund spricht seine eigene Sprache, und wir sollten diese lernen, gleich, ob durch ein gutes Hundetraining, im Austausch mit anderen Hundehaltern oder mit der Hilfe von Fachliteratur. Er ist unser Seelenfreund, doch er ist und bleibt ein Hund, der uns auf der Nase herumtanzen wird, wenn wir ihm unbewusst signalisieren, er sei der Chef bzw. müsste die Rudelführung übernehmen, weil wir dazu nicht in der Lage sind.

Es gibt einige Grundregeln, über die sich sämtliche Fachleute und Hundebesitzer einig sind. Bei Fragen wie »Wer geht als Erster durch die Tür?« gibt es heutzutage allerdings keine einheitliche Meinung mehr. Schaue, was für deinen Hund am sinnvollsten ist. Jeder Hund ist ein Individuum – dementsprechend sollte auch ein gutes Hundetraining ablaufen.

Neben allen Erziehungsmaßnahmen und Regeln, die ein Hund für eine unbeschwerte Partnerschaft mit dir einhalten muss, sollten seine individuellen Charakterzüge stets berücksichtigt werden. Auch rassetypische Eigenarten spielen eine große Rolle. Pauschalaussagen sind hier fehl am Platz.

Beim Hundetraining geht es nicht nur um die Eigenarten des Hundes, sondern auch um dein korrektes Verhalten. Hier kommt letztendlich zum Vorschein, ob du deinem Hund die nötige Sicherheit gibst und er dich als Alphatier ernst nimmt. Schaue dir verschiedene Hundetrainer an, und informiere dich über deren Methoden und Philosophien, bevor du dich für einen von ihnen entscheidest. Die Chemie zwischen euch muss stimmen, denn es ist wichtig, dass ihr gut zusammenarbeiten und, falls nötig, im Zuge des Hundetrainings auch persönliche Dinge miteinander besprechen könnt.

Bitte sei bei einem Hund aus dem ausländischen Tierschutz ganz besonders geduldig und einfühlsam. Für viele dieser Hunde ist alles neu: die Sprache, das Laufen an der Leine, die Nähe zum Menschen sowie die Erwartungen, die an sie gestellt werden. Oftmals sind sie verstört, traumatisiert und ängstlich. Manche fügen sich schnell in ihre neue Lebenssituation ein, bei anderen bleiben trotz Geduld und eines guten Trainings Ängste und Eigenarten zurück, die von dir angenommen werden müssen. Sei dir dieser Herausforderung bewusst, bevor du einen Tierschutzhund aufnimmst. Leider werden immer wieder Hunde aus dem Tierschutz zurückgegeben – teilweise, weil sie Angst vor Gewitter haben, während des Fressens knurren oder nicht sofort stubenrein sind. Für die Tiere ist das ebenso eine Katastrophe wie für die Tierschutzmitarbeiter, die dann von heute auf morgen eine neue Unterbringungsmöglichkeit finden müssen.

> Dein Hund möchte von dir verstanden und gelenkt werden, aber er will auch seine Charaktereigenschaften behalten dürfen – selbst dann, wenn diese dich manchmal nerven. Wenn du das akzeptierst, wirst du toleranter und selbstsicherer, und dein Hund ist glücklich.

Würmer und Einzeller – unnötige Panikmache vor natürlichen Parasiten

Für Parasiten wie Würmer in ihren unterschiedlichsten Formen oder Einzeller wie Giardien ist die übermäßige Ansiedlung im gesunden Darm eines immunstarken Hundes fast unmöglich. Gleiches gilt für eine unverhältnismäßig starke Vermehrung von Würmern, die von Natur aus in einer geringen, nicht schädlichen Menge im Hundedarm vorhanden sind. Giardien sind in geringer Anzahl auch nicht weiter gefährlich, jedoch dürfen sie keinen Durchfall verursachen. Ist das aber der Fall, dann ist die Darmflora vermutlich aus dem Gleichgewicht geraten – meist gut zu erkennen an breiigem, schleimigem Kot.

Um den Darm gesund zu erhalten, sollte nach Möglichkeit auf chemische Wurmkuren verzichtet werden. Besonders die häufig prophylaktisch verabreichten chemischen Wurmkuren sind völlig sinnlos, zerstören zudem die Darmflora und bereiten somit Parasiten erst den Weg. Werden sie eingesetzt, obwohl keine starke Verwurmung vorliegt, dann schaden sie mehr, als dass sie nutzen. Daher empfehle ich, stattdessen mehrmals im Jahr von drei aufeinanderfolgenden Kotabsetzungen des Hundes Proben zu sammeln und diese beim Tierarzt oder Tierheilpraktiker zur Untersuchung abzugeben. Hat der Hund akuten Durchfall und es besteht der Verdacht auf Giardien, wird eine einzelne Kotprobe direkt zum Labor gegeben.

Ein gesunder Hund wird eher selten ein Wurmproblem bekommen. Sollte dies dennoch einmal eintreten, kann eine Impfung oder eine Schwächung der Immunabwehr durch einen akuten Infekt eine Rolle spielen. Im Urlaub am Meer verspeist ein Hund auch gern einmal einen gammeligen Fisch oder in ländlichen Gegenden Pferdeäpfel, die im Grunde nur aus Faserstoffen bestehen. Gefährlich werden diese allerdings, wenn das Pferd Darmparasiten mit ausgeschieden oder selbst eine chemische Wurmkur bekommen hat.

Der Befall mit Bandwürmern geht in der Regel mit einer Gewichtsabnahme einher. Die häufig auftretenden Spulwürmer sind manchmal deutlich im Kot zu erkennen, dennoch ist in vielen Fällen ein Übermaß an Darmparasiten und Wurmeiern für unser Auge nicht ersichtlich.

Um Würmern auf gesunde Weise entgegenzuwirken, kannst du deinem Hund mehrmals in der Woche ein oder mehrere der folgenden natürlichen Mittel in sein Futter mischen oder sie ihm zur direkten Einnahme zwischen den Mahlzeiten anbieten.

- ✓ Ananas und Papaya – frisch oder pulverisiert als Kapseln
- ✓ Propolis – flüssig oder als Pulver zur prophylaktischen Wurmbehandlung; auch bei leichtem Wurmbefall geeignet
- ✓ Möhren – püriert
- ✓ Kokosraspel – sehr energiereich, daher Vorsicht bei übergewichtigen Hunden
- ✓ Kokosfett
- ✓ Kürbiskerne – hochwirksam gegen Bandwürmer; als Pulver oder als Brei mit Buttermilch und Honig püriert
- ✓ Knoblauch – je nach Größe eine bis drei Zehen pro Woche ins Futter gepresst
- ✓ Bachblüte Crab Apple – wenige Tropfen mit Wasser oder Apfelessig verdünnt oder 2–4 Globuli am besten direkt ins Maul verabreichen
- ✓ Abrotanum D1, Natrium sulfuricum D12 und Lachesis D12 – als homöopathische Wurmkur alle sechs Monate acht Tage lang zweimal täglich direkt ins Maul geben
- ✓ wurmtreibende Kräutermischungen von verschiedenen Anbietern
- ✓ Kräutersud aus Beifuß (Wermutkraut)
- ✓ Kräutersud aus Ingwer, Knoblauch und Petersilie

- ✓ Kräuterpillen aus der Traditionellen Chinesischen Medizin im Falle von Giardien
- ✓ Kräutertinkturen auf der Basis von Bartflechte und Ringelblume, die bei Kokzidien und Giardien äußerst wirksam sind
- ✓ ätherische Öle wie Cystus, Thymian, Majoran, Oregano, Weihrauch, Copaiba, Lavendel, Anis, Fenchel und Ingwer sowie Beifußgattungen wie Estragon und Davana – in das Fell streichen, 1 Tropfen über das Trinkwasser verabreichen oder in noch geringerer Dosis mithilfe eines Zahnstochers über das Futter anbieten

Mische den Kräutersud, die Kräuterpillen und die Kräutertinkturen bitte nicht mehrmals in der Woche zur Prophylaxe in das Hundefutter, sondern verabreiche sie nur kurweise oder bei Verdacht auf Wurm- oder Einzellerbefall und gemäß den Dosierungsanleitungen. Bei den anderen pflanzlichen Mitteln empfehle ich, kleinen Hunden bis 15 kg 1 TL, mittelgroßen Hunden 1 EL und großen Hunden ab 30 kg 2 EL als Tagesdosis zu verabreichen. Eine Entwurmung mit Kräutern ist kurz vor dem Vollmond am effektivsten, weil die Parasiten dann am aktivsten sind und aus der Darmschleimhaut hervortreten.

Wenn ein Giardienbefall diagnostiziert wurde, solltest du dem Hund keine Kohlenhydrate (Getreide, Kartoffeln etc.) füttern. Außerdem muss dann verstärkt auf die Hygiene geachtet werden, um eine Rekontamination zu vermeiden. Dazu gehört, dass du den Kot, den dein Hund z. B. im Garten abgesetzt hat, mit kochendem Wasser übergießt und Kotreste an seinem After mit einem Papiertuch und etwas Wasser entfernst. Des Weiteren solltest du seine Ruheplätze mit Tüchern auslegen, die täglich ausgetauscht und bei 90 °C in die Kochwäsche gegeben werden. Um eine Übertragung der Giardien auf andere Hunde zu vermeiden, solltest du den Kot deines Hundes in der freien Natur nicht liegen lassen, sondern entsprechend entsorgen. Giardien sollten nur dann behandelt werden, wenn sie Durchfall verursachen. In geringer Population sind sie wahrscheinlich im Darm der meisten Zwei- und Vierbeiner vorhanden und bereiten dort keine Probleme.

Eine homöopathische Wurmkur kann man ausnahmslos jedem Hund verabreichen. Es gibt jedoch Hunde, bei denen man um eine chemische Wurmkur nicht herumkommen wird. Das sind Tiere mit einem sehr schwachen

Immunsystem, deren Körper kaum noch Selbstheilungskräfte entwickelt und deren Darm daher einer Überbevölkerung an Würmern nichts entgegenzusetzen hat. Auch bei Hunden, deren Nervensystem geschädigt ist oder die unter Epilepsie leiden und bei denen eine Vielzahl verschiedener Kräuter zu viele Reize auslösen könnte, die anderen Mittel jedoch keine Wirkung zeigen, muss man zur chemischen Wurmkur greifen. Dasselbe gilt, wenn bei der Kotuntersuchung eine sehr starke Verwurmung bzw. übermäßig viele Wurmeier festgestellt werden, sodass die Gefahr besteht, bei der Durchführung einer pflanzlichen Wurmkur zu viel Zeit zu verlieren. Zu viele Würmer können ebenso Schäden im Darm anrichten wie eine chemische Wurmkur. Hier sollte man vernünftig abwägen. Wenn ein Welpe bereits ein Wurmbäuchlein hat, ist es ebenfalls allerhöchste Zeit für eine chemische Wurmkur.

Nach der Verabreichung der chemischen Wurmkur sollte eine Darmsanierung über mehrere Wochen durchgeführt werden.

Investiere dein Geld lieber in die Darmgesundheit deines Hundes und in natürliche Mittel, die wurmtreibend wirken, anstatt in chemische Wurmkuren. Dann wird er vielleicht niemals in seinem Leben ein Wurmproblem bekommen.

Xylofon und Co –
wenn Geräusche für den Hund zum Horror werden

Gemeinsam mit dem Hund den Lieblingsfilm anzusehen und gleichzeitig Streicheleinheiten zu verteilen, ist eine schöne Art und Weise, den Tag zu beenden, und während des Kochens Musik zu hören und beim Lieblingssong auch mal die Lautstärke hochzudrehen, macht Spaß. Das ist auch alles kein Problem, aber denke daran: Dein Hund hat ein viel feineres Gehör als du. Durch dieses kann er höhere Frequenzen, die wir nicht mehr hören, intensiv und deutlich wahrnehmen. Eine laute Dauerbeschallung ist für keinen Hund eine Freude, erst recht nicht für einen, der ohnehin schlecht zur Ruhe kommt und nervöses Verhalten an den Tag legt. Auch die optischen Reize des Fernsehers beeinflussen Hunde negativ. Daher sollte sich sein Ruheplatz nicht direkt neben dem Fernseher oder den Lautsprecherboxen befinden. Solltest du Tuba, Trompete, Saxofon oder ein ähnlich lautes Instrument spielen, schicke deinen Hund vorher in ein anderes Zimmer. Das Gleiche gilt für das Xylofon, das zwar nicht laut ist, aber dafür hochfrequente Töne erzeugt, die auf einen Hund sehr irritierend wirken können. Auch laute Computerspiele sind für ein sensibles Tier mit gutem Gehör eine Zumutung und können unter Umständen sogar Ängste bei ihm auslösen. Viele Hunde mögen die Geräusche von elektrischen Geräten wie die eines Staubsaugers nicht. Durch sein außergewöhnlich gutes Gehör ist es jedoch auch möglich, dass dein Hund die Mäuse auf dem Dachboden hört oder die Schwingungsgeräusche eines Windrades wahrnimmt und darauf eigenartig reagiert. Das solltest du stets bedenken.

Dein Hund braucht Ruhephasen, in denen er sich von den intensiven Reizen seiner Umwelt erholen kann.

Yin und Yang – in allem einen gesunden Ausgleich finden

Yin und Yang

Die Begriffe »Yin« und »Yang« sowie das dazugehörige Zeichen (Monade – Tai Chi) sind den meisten Menschen bekannt. Auch wissen viele, dass sie etwas mit Balance zu tun haben. Doch was bedeuten sie genau?
In der Traditionellen Chinesischen Medizin (TCM) sind Yin und Yang komplementäre Gegensätze, die einander bedingen und sich ergänzen. Sie sind untrennbar miteinander verbunden und können sich ineinander umwandeln. Man findet sie in der Natur und in jedem Lebewesen. Alle Phänomene des Universums sind die Folge des ständigen Wechsels zwischen Yin und Yang und beinhalten beide Aspekte.

In der westlichen Welt sagt man, dass wir auf der Erde in der Polarität leben: kein Licht ohne Schatten, kein Tag ohne Nacht, keine Freude ohne Trauer. Nach dem Frühling kommt der Sommer, dem der Herbst folgt und dem sich wiederum der Winter anschließt, woraufhin alles wieder von vorn beginnt. Es gibt Tausende Beispiele für sich bedingende Gegensätze wie männlich und weiblich, trocken und feucht, heiß und kalt oder das Bewahren und die Transformation. Einen gesunden Ausgleich schaffen, nichts exzessiv betreiben und neben großer Freude auch einmal Trauer zulassen – so könnte man das Yin- und Yang-Prinzip auf den Alltag übertragen. Um die Gesundheit zu erhalten, sollten sowohl Yin- als auch Yang-Qualitäten gleichgewichtig gelebt werden.

Die fünf Elemente

Das Prinzip von Yin und Yang spiegelt sich auch in der chinesischen Elementelehre und deren fünf Elementen wider, die auch als fünf Wandlungsphasen (Wu Xing) bezeichnet werden. Diese stehen in einer Wechselwirkung zueinander. Den Elementen werden ganzheitlich Organe, Sinnesorgane bzw. -funktionen, Körpergewebe, Körperflüssigkeiten, Emotionen, Geschmäcke, Gerüche, Farben, Jahreszeiten und klimatische Faktoren zugeordnet.

Die Lehre der fünf Elemente ist sehr hilfreich, um Diagnosen zu stellen und Zusammenhänge zwischen der Geburtskonstitution, dem Verhalten und den körperlichen Schwachstellen zu erkennen. Alle Lebewesen vereinen Anteile jedes einzelnen Elements in sich. In den meisten Fällen ist jedoch zu erkennen, dass ein bestimmtes Element hervorsticht bzw. dominiert.

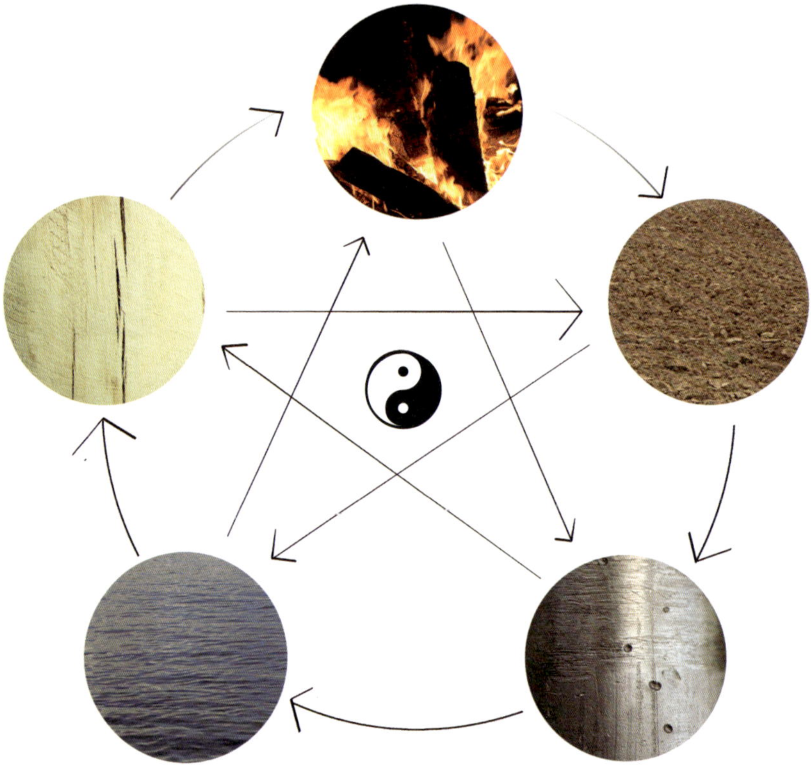

Zuordnungen zu den Wandlungsphasen:

Holz

Mein Belgischer Schäferhund Basco war aufgrund seines Hangs zu Hyperaktivität, seiner Arbeitswut und seiner geringer Toleranzschwelle dem Element Holz zuzuordnen. Die Leber als speicherndes Organ hängt mit der Emotion Wut/Zorn zusammen und ist dem Holzelement ebenso zugeordnet wie die Gallenblase als ausleitendes Organ. Weitere Zuordnungen sind Augen (Sinnesorgan), Bänder und Sehnen (Gewebe), sauer (Geschmack), ranzig (Geruch), Frühling (Jahreszeit), Grün (Farbe) und Wind (Klimafaktor).

Holz-Hunde sind ehrgeizig, neigen zur Dominanz, sind aber nicht führungsfähig.

Feuer

Das Holz nährt das Feuer. Feuertypen stehen gern im Mittelpunkt, sind impulsiv und können Hitze oft nicht gut vertragen, weil sie von Natur aus bereits viel Wärme in sich haben. Der Feuertyp neigt zu Erkrankungen der Gefäße sowie zu Herz- und Kreislaufproblemen. Dünndarm und Dreifach-Erwärmer sind dem Element Feuer ebenfalls zugeordnet. Weitere Zuordnungen sind Zunge (Sinnesorgan), Blutgefäße (Gewebe), Freude (Emotion), bitter (Geschmack), beißend (Geruch), Rot (Farbe), Sommer (Jahreszeit) und Hitze (Klimafaktor).

Feuer-Hunde sind kontaktfreudig, kommunikativ und wollen am liebsten immer spielen und Spaß haben.

Erde

Holz wird im Feuer zu Erde. Der Erde entsprechen die Organe Milz/Pankreas (speichernd) und Magen (ausleitend). Ebenso sind Muskeln, Fett- und Bindegewebe diesem Element zugeordnet. Weitere Zuordnungen sind Mund (Sinnesorgan), Mitgefühl (Emotion), süß (Geschmack), aromatisch (Geruch), Gelb (Farbe), Spätsommer (Jahreszeit) und Feuchtigkeit (Klimafaktor).

Erdetypen sind oft träge und gemütlich, neigen daher zu Übergewicht und sind manchmal bei Rassen wie dem Golden Retriever zu finden. Erde-Hunde wollen alles richtig machen. Aufgrund ihrer Vorliebe für das Fressen kann man sie sehr gut auf Leckerchen konditionieren.

Metall

In der Erde entsteht Metall. Die entsprechende Farbe ist Weiß. Bei den in diesem Element geborenen Typen muss vermehrt auf die Lunge als speicherndes und den Dickdarm als ausleitendes Organ geachtet werden. Weitere Zuordnungen sind Nase (Sinnesorgan), Haut und Haare (Gewebe), Trauer (Emotion), scharf (Geschmack), modrig (Geruch), Herbst (Jahreszeit) und Trockenheit (Klimafaktor).

Metall-Hunde sind klar strukturiert und wollen gelobt werden.

Wasser

Am Metall sammeln sich Wassertropfen. Diesem Element sind Nieren (speichernd) und Blase (ausleitend), Ohren (Sinnesorgane), Knochen und Zähne (Gewebe) zugeordnet. Die Emotion Angst ist bei Wassertypen dominant, ebenso die Kälte als klimatischer Faktor. Weitere Zuordnungen sind salzig (Geschmack), faulig (Geruch), und Schwarz (Farbe).

Hunde, die während ihrer Welpenzeit Traumatisches erlebt haben oder die Kleinsten im Wurf waren, lassen sich oftmals diesem Element zuordnen. Der typische Wasser-Hund hat eine tief liegende Ängstlichkeit und benötigt mehr als andere Typen eine Person, die ihm Sicherheit vermittelt. Meist handelt es sich hierbei um Tiere, die nicht als Anfängerhunde geeignet sind.

Das Wasser nährt das Holz, und der Kreislauf schließt sich wieder.

Selbstverständlich kann auch ein Holztyp eine Ohrenentzündung und ein Erdetyp ein Herzproblem bekommen. Hier handelt es sich lediglich um die angeborenen Qualitäten bzw. Themen. Die Ursachen für Ungleichgewichte im Körper können vielschichtig sein.

Die Zuordnung eines Tieres zu einem Element kann für die Diagnosestellung hilfreich sein, muss aber stets im Kontext mit anderen Kriterien gesehen werden. Als Therapeut sollte man mehrere Methoden der Ursachenfindung im Blick haben.

Wenn sich im Energiekreislauf ein Stau bildet, entstehen im Gewebe oder in den Organen Unter- oder Überenergien, die sich in Symptomen ausdrücken können. Diese zu erkennen und zu regulieren, ist das Ziel der TCM.

Die TCM bietet hilfreiche Techniken wie Akupunktur und Akupressur, bei denen es darum geht, den Energiefluss entlang der Meridiane (Energiebahnen) zu regulieren. Wenn die Energie richtig fließt, werden die Organ- und Gewebezellen gut versorgt. Der Organismus kann sich regenerieren und kommt wieder in die Balance – ins Yin und Yang. Die TCM ist spannend und in sich logisch aufgebaut. Doch sie ist auch sehr anspruchsvoll und umfangreich, und daher ist es schwierig, sie mit ein paar Sätzen verständlich zu erklären. Es macht Freude, sich mit ihr zu beschäftigen. Sei jedoch achtsam bei der Wahl deiner Ausbildungsstätte, und suche nach erfahrenen Dozenten, die auch in der Praxis mit der TCM arbeiten.

Achte auf eine gesunde Balance in allen Belangen, und finde mithilfe einer Fachperson das Geburtselement deines Hundes heraus. So kannst du seinen mit ins Leben gebrachten Schwachstellen früh genug Beachtung schenken und seine Eigenschaften besser verstehen.

Zweierpack mit Herz und Seele –

wenn Liebe und Frieden in dein Haus einkehren

Kannst du heute noch sagen, wann du beschlossen hast, deine Zeit lieber mit deinem Seelenhund und einem guten Buch zu verbringen, als von einem Termin zum nächsten zu hetzen, immer mit der Absicht, möglichst viele soziale Kontakte zu pflegen und auf dem neuesten Stand zu sein? Weißt du noch, wann genau dieses unbeschreibliche Gefühl des Friedens in dein Herz einkehrte und du endlich SEIN konntest – mit dir selbst und deinem Hund? Nicht isoliert von der Außenwelt, aber in regenerativer Abgeschiedenheit? Ab und zu Besuch zu bekommen, gemeinsam mit Freunden essen zu gehen und gute Gespräche zu führen, sind immer noch Dinge, die du genießt, aber deine Zeit ist dir zu wertvoll geworden, um sie in Small Talk und schlechte Kinofilme zu investieren. Irgendwann hatte die Suche nach Frieden, Glückseligkeit und vollkommener Akzeptanz ein Ende. Denn eines Tages war es da: dieses Wesen, eigenständig und doch ein Teil von dir, durch das du erst vollkommen wurdest: dein Seelenhund.

Jahrelang bin ich in der Welt herumgereist, wenn ich Urlaub hatte. Mein Erspartes landete weder im Autohaus noch im Bekleidungsgeschäft, sondern stets im Reisebüro. Thailand, Ägypten, Nordamerika, Irland, Island und noch viele andere Länder habe ich gesehen. Die schönsten Strände und beeindruckendsten Orte in einer Welt, in der ich mich bereits als Kind fremd und heimatlos fühlte. Heute ist mir klar, dass ich auf der Suche nach diesem einen schönen Gefühl war, aus tiefstem Herzen glücklich und ganz zu sein.

Natürlich braucht nicht jeder Mensch einen Hund an seiner Seite, um sich selbst zu finden. Es gibt unendlich viele Möglichkeiten, wie wir wieder ganz werden und spirituelles Wachstum erlangen können:

- ✓ Therapie, Meditation und Körperarbeit
- ✓ Pilgerreisen oder Naturwanderungen
- ✓ Erziehung von Kindern, insbesondere derer, die nicht der Norm entsprechen
- ✓ ehrenamtliche Arbeit verrichten
- ✓ mit Tieren arbeiten
- ✓ einen Beruf ausüben, der einen erfüllt
- ✓ sich von alten Verhaftungen lösen
- ✓ die Wohnung ausmisten und mit der Vergangenheit abschließen
- ✓ sich von Menschen trennen, die schwingungsmäßig nicht mehr zu einem passen

Ich finde mich in mehreren dieser Punkte wieder, doch hat mir mein Seelenhund ganz besondere Dienste geleistet. Ich könnte auf fast alles im Leben verzichten und würde trotzdem weiterleben. Doch ich möchte nie wieder ohne Hund und fernab der Natur leben. Das ist mein Lebenselixier, das brauche ich, um in diesen anstrengenden Zeiten bestehen und stark sein zu können.

Du und dein Hund, ihr seid ein Zweierpack mit Herz und Seele. Ihr gehört zusammen, ergänzt euch gegenseitig. Nimm Tag für Tag bewusst wahr, was du von deinem Seelenhund lernen kannst. Nimm dir Zeit, und lies dir in Ruhe noch einmal Lulas Abschiedsbrief zu Beginn dieses Buches durch:

»Ich wäre immer für dich da gewesen, in guten wie in schlechten Zeiten.«
Sei auch du da in guten und in schlechten Zeiten – für deinen Seelenhund, deine anderen Tiere und alle Menschen, die du liebst.

»… ich hätte dir helfen können, ein besserer Mensch zu werden, denn ich hätte dir gezeigt, was bedingungslose Liebe ist.«
Versuche auch du, Lob und Zuneigung nicht an Bedingungen zu knüpfen, sondern sie aus vollem Herzen zu verschenken, ohne etwas dafür als Gegenleistung zu erwarten oder zu verlangen.

»Ich hätte dir gezeigt, wie einfach es ist, zu vergeben und Verständnis zu haben.«
Habe auch du mehr Verständnis für die Schwächen deiner Mitmenschen, und lerne, zu vergeben – v.a. dir selbst. Fehler sind Erfahrungen, die wir machen müssen, um zu wachsen.

»Ich hätte dir gezeigt, wie anspruchslos ich bin.«
Finde zurück zum Ursprung, und besinne dich auf das Wesentliche im Leben. Fange endlich an, jeden einzelnen Tag zu genießen.

»... ich hätte dir so gern gezeigt, wie wunderschön die Natur ist.«
Gehe hinaus in die Natur, sauge sie auf, atme sie ein. Die Natur hat große Kräfte, sie transformiert Trauer und Ängste und schenkt dir Gefühle des Glücks und der Zuversicht.

»... du hättest ein mutigerer Mensch werden können ...«
Habe keine Angst mehr vor Anfeindungen und Verletzungen. Das sind die Kämpfe der anderen, die sie mit sich selbst austragen müssen. Du hast damit nichts zu tun.

»Du wärst ein gläubigerer Mensch geworden ...«
Es gibt mehr zwischen Himmel und Erde, als du dir jemals erträumen kannst.

»... ich hätte dich zu einem klügeren Menschen machen können ...«
Erweitere deinen Horizont. Besuche Seminare, und lies Bücher. Wissen macht unabhängig und hilft dir, Entscheidungen zu treffen.

»Du wärst geduldiger geworden ...«
Im Hier und Jetzt den Moment zu genießen, ist das große Geheimnis, das dein Hund mit dir teilen will.

»Durch mich hättest du ein glücklicherer Mensch werden können.«
Mache auch du andere Menschen glücklich. Bringe sie zum Lachen, und gib dein Licht an sie weiter. Glück, das geteilt wird, verdoppelt sich und kommt wieder zu dir zurück.

»Ich hätte dir zu mehr Selbstsicherheit und Mitgefühl verholfen.«
Stehe zu dir selbst, zu deinem Hund und zu allem, was dich glücklich macht. Hilf anderen Menschen und Tieren, die nicht so viel Freude am Leben haben wie du.

Achte deinen Hund,
und genieße jeden Tag mit ihm.

Er ist etwas Besonderes,
etwas Großartiges
und Faszinierendes.

Sein größtes Glück ist es,
an deiner Seite zu sein
und dir Freude zu bereiten.

Versuche, seine Botschaften zu verstehen
und seine Bedürfnisse zu erkennen.

Dein Hund verbindet dich wieder mit der Natur
und dadurch mit dir selbst.

Er ermöglicht dir Heilung auf allen Ebenen.

Dein Hund ist das größte Geschenk,
das dir vom Universum gemacht werden konnte.

Geliebter Hund …

wie soll ich dir danken? Seit ich dich kenne, vergeht kein Tag, an dem ich nicht die Welt vor Freude und Dankbarkeit umarmen könnte, keine Nacht, in der ich nicht mit einem Lächeln im Gesicht einschlafe – horchend, wie du leise schnarchst.

Ich möchte mich bedanken, dass du den Weg mit mir gemeinsam gehst. Durch schwarze Wolken hast du mich gezogen und durch Winde getragen mit deinen unsichtbaren Flügeln.

Geliebter Hund …
wie soll ich dir danken? Noch immer darf ich Tag für Tag mit dir durch Wälder streifen, über Baumstämme springen, durch Pfützen waten und dir zu verstehen geben, dass ich nicht so schnell laufen kann wie du, weil der Boden matschig ist.
Mit dir habe ich Füchse und Dachse gesehen, durch dich weiß ich, wie Buntspechte, Störche und Rehe aus der Nähe aussehen, und kenne sämtliche Gewässer in der Umgebung.

Geliebter Hund …
wie soll ich dir danken? Es macht mich glücklich, dich beim Schlafen zu beobachten. Du strampelst mit den Beinen, wenn du im Traum durch einen Bach läufst oder im Meer schwimmst. Dabei quietschst du vor Vergnügen und zauberst mir ein Lächeln ins Gesicht, noch bevor ich die Augen aufschlage.

Geliebter Hund …
wie soll ich dir danken? Ich genieße jeden Tag, an dem ich ein halbes Dutzend durchgekauter Socken gegen ein Stück Käse eintauschen muss und du mich aufforderst, dir meine leeren Joghurtbecher zum Ausschlecken zu geben. Alles, was ich heute bin, habe ich größtenteils dir zu verdanken. Durch dich fühle ich mich nicht mehr fremd und weiß, warum ich hier bin.

Mein geliebter Seelenhund …
ich hoffe, du genießt dein Leben mit mir so sehr wie ich meines mit dir. Ich liebe dich!

Danke, mein Freund!

Am 3. März 2017 ist mein unendlich geliebter Basco heimgekehrt. Die Lücke, die er in meinem Herzen hinterließ, ist unermesslich groß. Doch er hat mir einen Freund namens Max geschickt, einen Clown auf vier Pfoten, der mich durch sein liebevolles, verrücktes Wesen dreieinhalb Jahre lang jeden Tag zum Lachen gebracht hat – und auch heute noch, wenn ich an ihn denke.

Lebt wohl, ihr wundervollen Seelen. Eines Tages sehen wir uns wieder.

Quellennachweis

Simon, Swanie: BARF. Biologisch artgerechtes rohes Futter. Drei Hunde Nacht 2008

Simon, Swanie: BARF Biologisch artgerechtes rohes Futter für Welpen und trächtige Hündinnen. Drei Hunde Nacht 2008

Simon, Swanie: BARF Senior. Biologisch artgerechtes rohes Futter im Alter und bei Erkrankungen. Drei Hunde Nacht 2008

Reinerth, Susanne: Natural Dog Food. Rohfütterung für Hunde – ein praktischer Leitfaden, Books on Demand 2005

Wolf, Nadine: Das BARF-Buch. Inklusive 14 Rezepten. Nadine Wolf 2015

Ziegler, Dr. Jutta: Tierärzte können das Leben Ihres Tieres gefährden. Neue Wege der Therapie. mvg Verlag 2013

Ziegler, Dr. Jutta: Hunde würden länger leben, wenn … Schwarzbuch Tierarzt. mvg Verlag 2011

Grimm, Hans-Ulrich: Katzen würden Mäuse kaufen. Schwarzbuch Tierfutter. Heyne Verlag 2009

Peichl, Monika: Hunde impfen. Der kritische Ratgeber. Norbert Höpfinger Verlag 2013

Kammerer, Klaus Dieter: Der Jahrtausendirrtum der Veterinärmedizin. Die Hüftgelenksdysplasie infolge Fehlernährung als nicht erbliche Skeletterkrankung des Hundes. Transanimal 2000

Kollerer, Petra: Natürliche Zeckenprophylaxe für Hunde, Flyer für den Ältesten Verband der Tierheilpraktiker Deutschlands seit 1931 e. V.

Becvar, Dr. Wolfgang: Naturheilkunde für Hunde. Franckh-Kosmos Verlag 2003

De Bairacli Levy, Juliette: Das Kräuterhandbuch für Hund und Katze. Drei Hunde Nacht 2009

Reichling, Jürgen; Gachnian-Mirtscheva, Rosa; Frater-Schröder, Marijke; Saller, Reinhard; Isaakovich Rabinovich, Moisei; Widmaier, Wolfgang: Heilpflanzenkunde für die Veterinärpraxis. Springer 2008

Storl, Wolf-Dieter: Borreliose natürlich heilen. Ethnomedizinisches Wissen, ganzheitliche Behandlung und praktische Anwendungen. AT Verlag 2007

Oppermann, Andrea und Matthias: Bitte sag, dass das nicht wahr ist. Ich liebe Dich doch. Wortmacht 2010

Kinkade, Amelia: Tierisch Einfach. Warum und wie Sie Tiere verstehen und mit ihnen sprechen können. Reichel Verlag 2006

Roy, Carola und Ravi: Homöopathischer Ratgeber Mensch und Tier. Lage und Roy Verlag 2008

Hamann, Brigitte: Die 50 besten Superfoods. Gesundheit kann man essen. Kopp Verlag 2012

Genneper, Gisa; Kamphausen, Rolf: Wenn Tiere ihre Menschen spiegeln. Wie Haustiere unsere Probleme übernehmen. Aquamarin Verlag 2014

Strodtbeck, Sophie und Gansloßer, PD Dr. Udo: Kastration und Verhalten beim Hund. Müller Rüschlikon 2011

Eul-Matern, Dr. Christina: Taschenatlas der Akupunktur bei Hund und Katze. Sonntag, J 2010

Gienger, Michael: Die Steinheilkunde. Ein Handbuch. Neue Erde 1995

Modner, Annette: Fastfood-Generation Hund. Facharbeit im Zuge der Ausbildung zur Tierheilpraktikerin bei der Naturheilschule Prester in Münster 2010–2012

Hübner, Kerstin: Heilmittel aus dem Bienenreich in der Tierheilpraxis. Präsentation 2012

Prester, Mechthild, 1. Vorsitzende des THP Ältesten Verband der Tierheilpraktiker Deutschlands seit 1931 e. V., Hölkenbusch 11, Münster: Schulungsunterlagen

Primavera Life GmbH, Naturparadies 1, Oy-Mittelberg: Seminarunterlagen

PhytAro Heilpflanzenschule, Im Karrenberg 56, Dortmund: Seminarunterlagen Phytotherapie und Homöopathie in der Tierheilkunde von Dr. Barbara Seibert

Schmitt, Susanne: Dorn Therapiezentrum für Hunde, Dr. Josef-Schröder-Str. 17, 53913 Swisttal-Mömerzheim: Dorn-Therapie für Hunde. Seminarunterlagen 2014

Kempinger, Andrea und Heinz: Energetische Farblichtanwendungen. Skript

www.artgerecht-tier.de: Schairon GmbH, vertreten durch Klaus-Rainer und Ralf Töllner und Manfred Heinrich Heßel

PETA (People for the ethical treatment of animals) Deutschland e. V., Stuttgart: Kindern Mitgefühl vemitteln. Flyer

Gesellschaft für Vitalpilzkunde e. V., Haydnstraße 24, D-86368 Gerstenhof: Schulungsunterlagen

Bildnachweis

Bilder von der Bilddatenbank www.shutterstock.com:

S. 9: # 526832290 (© sayan putti); S. 13: # 90349234 (© Woodhouse); S. 18: # 341326427 (© dezy); S. 21: # 1249058386 (© Switlana Sonyashna); S. 29/30, 85/86: # 105420536 (© secondcorner); S. 32: # 1249058386 (© Switlana Sonyashna); S. 33: # 213045262 (© StepanPopov); S. 36: # 523839115 (© Africa Studio); S. 37: # 1131648473 (© Pixel-Shot); S. 38: # 1569507181 (© dezy); S. 40: # 357377348 (© Africa Studio); S. 42: # 1187108368 (© stockcreations); S. 43: # 1617561226 (© Zontica); S. 46: # 191218205 (© Erlo Brown); S. 48: # 210323455 (© Maximilian100); S. 50: # 1193095255 (© Stickler); S. 54: # 495475843 (© Stickler); S. 55: # 410858638 (© Valentina Razumova); S. 58: # 440589886 (© Susan Schmitz); S. 59: # 165622454 (© Ann Tyurina); S. 60: # 1581900763 (© Sebastian Duda); S. 65: # 111932978 (© Ksenia Raykova); S. 67: # 1212373000 (© Prystai); S. 70: # 360043397 (© claupad); S. 72: # 216206308 (© Alexandra Anschiz); S. 74: # 357977585 (© MaraZe); S. 75: # 436458028 (© kobeza); S. 78: # 296651120 (© greenphotoKK); S. 84: # 472096669 (© NARUCHA KLINUDOM); S. 89: # 249194122 (© Chamille White); S. 92: # 1035957685 (© Africa Studio); S. 94/95: # 1034725591 (© PhotoIris2021); S. 98: # 398325547 (© Andrea Mangoni); S. 103: # 268608662 (© Best dog photo); S. 104: # 424428721 (© Natalia Fedosova); S. 111: # 544503379 (© underworld); S. 119: # 530897812 (© RugliG); S. 121: # 504980047 (© asia.marangio); S. 122: # 384777484 (© Bildagentur Zoonar GmbH); S. 123: # 1613767255 (© Monika Wisniewska); S. 124: # 1922877731 (© Aleksey Boyko); S. 130: # 82691251 (© Nicky Rhodes); S. 131: # 1139171267 (© ARTFULLY PHOTOGRAPHER); S. 132: # 666556393 (© Anya Poustozerova); S. 134: # 290086394 (© Billion Photos); S. 136: # 238557220 (© Maria Ivanushkina); S. 138: # 443757271 (© Anton Sterkhov); S. 139: # 538655848 (© Amelia Martin); S. 143: # 107587298 (© Emily Skeels); S. 145: # 1144417676 (© xkunclova); S. 151: # 207453409 (© BIGANDT.COM); S. 154: # 128344397 (© Barna Tanko); S. 157: # 1659085036 (© Daniel Besic); S. 159: # 1427458274 (© Photo-Vista.de); S. 160: # 469086980 (© Javier Brosch); S. 163: # 350049857 (© dezy); S. 165: # 124496461 (© benokky1972); S. 167: # 95883541 (© dogboxstudio); S. 173: # 1903588117 (© Yekatseryna Netuk); S. 175: # 272365319 (© 135pixels); S. 177: # 259670459 (© The Dog Photographer); S. 178: # 486176401 (© PolinaBright); S. 181: # 189411116 (© Burry van den Brink); S. 182: # 1807260556 (© Ermolaev Alexander); S. 187: # 421660141 (© Cristina Conti); S. 191: # 423213691 (© Reddogs); S. 193: # 1200166420 (© alexei_tm); S. 201: # 203262223 (© ARTSILENSE); S. 202: # 95893366 (© Eric Isselee); S. 203: # 455371510 (© Angyalosi Beata); S. 205: # 504323749 (© AlexKot); S. 210: # 1946322700 (© UncleFedor); S. 212: # 54169561 (© Pavel Shlykov); S. 215: # 1503284522 (© Ripio); S. 221: # 515268481 (© TMArt); S. 222: # 393917158 (© Best dog photo); S. 229: # 613464620 (© Aleksandr Simonov); S. 231: # 139712488 (© Dudarev Mikhail); S. 232: # 304590230 (© anjajuli); S. 236: # 321504695 (© Ataka); S. 241: # 439606243 (© Michal Ninger); S. 244: # 483112066 (© Dean Drobot); S. 245: # 157619246 (© Lisa Yen); S. 246: # 523103803 (© FreeProd33); S. 248: # 383068801 (© Sina Ettmer Photography); S. 249: # 479815321 (© manushot); S. 255: # 98671928 (© mdmmikle); S. 257: # 408732532 (© DREIDREIEINS Foto); S. 259: # 580785517 (© Massimo Salesi); S. 260: # 102272188 (© Eskemar), # 544260742 (© magic pictures); S. 261/262: # 200053448 (© La Gorda); S. 263: # 1822880045 (© dezy); S. 267: # 718646440 (© Zivica Kerkez)

Bilder auf S. 16, 17, 106, 107, 109, 117, 169, 216, 225, 238, 251, 264 und das Autorenbild auf hinterer Klappe: © Sarah Mikulla, www.dogs-on-tour.nrw

Alle weiteren Fotos: © Susanne Orrù-Benterbusch